100 Übungen aus der Mechanik

Von

Dr. techn. **Erwin Pawelka**
Wien

Zusammengefaßte und erweiterte 4. und 2. Auflage
von „Übungen aus der Mechanik"
I. und II. Band

Mit 154 Textabbildungen

Springer-Verlag Wien GmbH 1948

ISBN 978-3-662-35896-2   ISBN 978-3-662-36726-1 (eBook)
DOI 10.1007/978-3-662-36726-1

Vorwort.

Das vorliegende Buch ist eine Zusammenfassung und Ergänzung meiner beiden inzwischen vergriffenen Bände „Übungen aus der Mechanik (1. Band, 3. Aufl., 1944, 2. Band, 1945)", mit den gleichen Absichten und Zielen. Aus den Vorworten jener beiden Bände kann daher hier, zum Teil wörtlich, wiederholt weraen: Das vorliegende Buch beabsichtigt, bei den Studierenden technischer Hochschulen das Interesse an der Mechanik zu wecken, den Blick für die in der Technik auftretenden mechanischen Probleme zu schärfen und die Fähigkeit zu ihrer Lösung auszubilden. In dieser Absicht bringe ich Aufgaben auf mechanischem Gebiet, wie sie mir in meiner Konstruktions- und Entwicklungstätigkeit unterkamen, sowie einige andere, die ich mir für den Zweck des Buches erdacht habe. Wenn ich auch alle hundert Aufgaben selbständig gelöst habe, ist mir doch bewußt, daß manche davon schon in der Literatur behandelt worden ist, wie ich in einzelnen Fällen selbst feststellen konnte.

Wien, im März 1948.

Erwin Pawelka.

Inhaltsverzeichnis.

I. Kinematik.

1. Übung.

Ein Umdrehungskörper (Abb. 1) dreht sich, eine Ebene berührend, um seine Achse $a\,a$, während sich diese um die (zur Ebene senkrechte) feste oder momentane Achse $s\,s$ schwenkt, welche die Ebene im Punkt S schneidet. Welcher Beziehung gehorchen die Gleitgeschwindigkeiten der Berührungspunkte des Drehkörpers mit der Ebene? (Wichtig für Betrachtungen über den Bogenlauf der Eisenbahnfahrzeuge!)

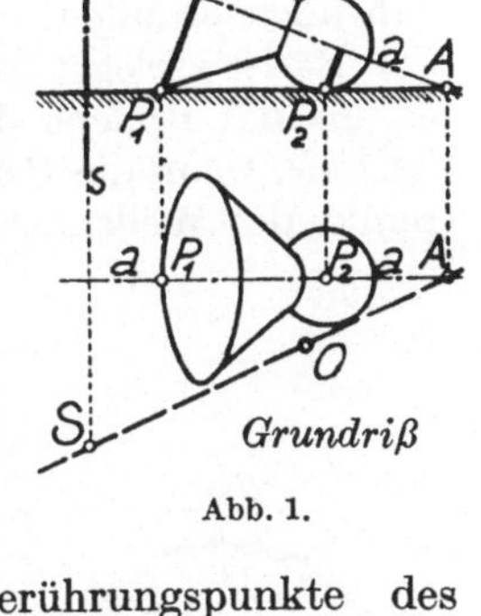

Abb. 1.

Infolge der Drehung um die Achse $a\,a$ *allein* haben die Berührungspunkte $P_1 \ldots$ P_n Geschwindigkeiten, die sich wie die Abstände dieser Berührungspunkte von der Achse $a\,a$ verhalten oder, wie ein Blick auf Abb. 1 lehrt, wie die Entfernungen der Berührungspunkte vom Punkte A, in welchem die Achse des Drehkörpers die Ebene schneidet. Das heißt, der Geschwindigkeitszustand der Berührungspunkte des Drehkörpers infolge der Drehung um dessen Achse ist der gleiche wie bei einer momentanen Drehung um A.

Der Geschwindigkeitszustand der Berührungspunkte des Drehkörpers infolge seiner Schwenkung um die Achse $s\,s$ *allein* ist der einer Drehung um den festen oder momentanen Pol S. Nach dem Satz der drei Pole sind somit bei der wirklichen Bewegung die Geschwindigkeiten der Berührungspunkte wie bei einer Drehung um einen Momentanpol O, der auf der Verbindungsgeraden des Schnittpunktes (A) von Drehkörperachse und Ebene mit dem Schnittpunkt (S) von Schwenkachse und Ebene liegt.

2. Übung.

Abb. 2 zeigt ein Reibradgetriebe. Man bestimme zeichnerisch aus den Winkelgeschwindigkeiten ω_1 und ω_2 der Getriebewellen I

bzw. *II* die Winkelgeschwindigkeit ω_b der gegenseitigen „Bohrreibung" der Räder, die Bedeutung für die Radabnutzung hat.

Falls die Räder gegenseitig nicht gleiten, muß ihre relative Winkelgeschwindigkeit durch den gemeinsamen Berührungspunkt *B* der Räder gehen. Bezeichnet ω_{21} die relative Winkelgeschwindigkeit des Rades *2* gegen das Rad *1*, dann ist $\bar{\omega}_2 = \bar{\omega}_1 + \bar{\omega}_{21}$; außerdem müssen sich die drei Winkelgeschwindigkeitsvektoren in einem Punkt schneiden. Es geht also ω_{21} einerseits durch *B*, anderseits durch den Schnittpunkt *S* der beiden Wellenachsen und kann aus dem in Abb. 2 gezeichneten Parallelogramm gefunden werden, welches zugleich das Verhältnis von ω_2 zu ω_1, d. h. die Übersetzung festlegt. ω_{21} wird in zwei Komponenten, ω_b in Richtung der Berührungsnormalen und ω_r in Richtung der Berührungsebene der Räder zerlegt. ω_b ist die Winkelgeschwindigkeit des Bohrens, ω_r die des Rollens des Rades *2* gegen das Rad *1*. Kein Bohren besteht, wenn die Berührungsebene der Räder durch den Schnittpunkt der Wellenachsen geht.

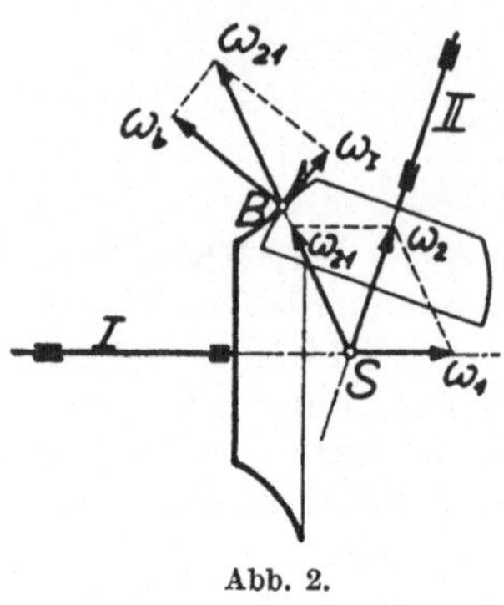

Abb. 2.

3. Übung.

Abb. 3 zeigt ein Umlaufräderwerk aus Kettentrieben. Es ist zeichnerisch die Übersetzung zwischen dem umlaufenden Steg *S* und Rad *3* zu bestimmen, wenn Rad *1* feststeht.

Der Drehpol O_2 des Rädersatzes *2* muß, Satz der drei Pole, auf Mitte Steg liegen. Das Kettenstück *AB* dreht sich momentan gegen *1* um *A*, anderseits dreht sich Rädersatz *2* gegen Kettenstück *AB* um *B*. Als zweiter geometrischer Ort von O_2 ergibt sich,

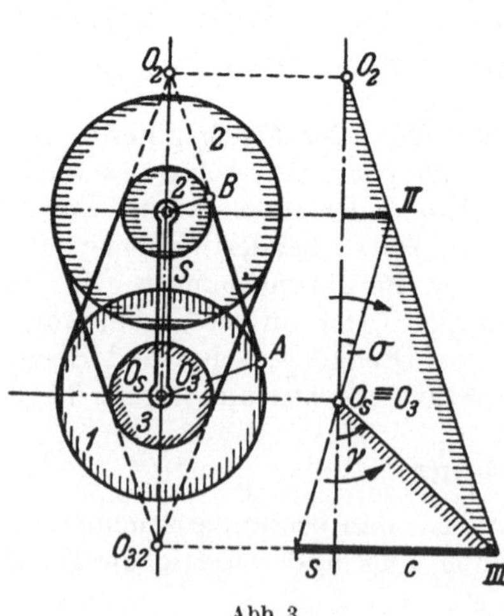

Abb. 3.

wieder nach obigem Satz, die Verlängerung von AB und damit O_2 selbst. Die gleiche Überlegung ergibt O_{32} als momentanen Drehpol von Rad 3 gegen Rädersatz 2. Daher ergibt sich folgende Geschwindigkeitsverteilung für die Zentrale des Getriebes. *Steg:* Geschwindigkeit steigt längs $O_8\,II$. *Rädersatz 2:* Geschwindigkeit steigt längs $O_2\,II\,III$. *Rad 3:* Geschwindigkeit steigt längs $O_3\,III$. Demgemäß ist das Verhältnis der Winkelgeschwindigkeiten ω_3 und ω_s von Rad 3, bzw. vom Steg:

$$\frac{\omega_3}{\omega_s} = \frac{\operatorname{tg}\gamma}{\operatorname{tg}\sigma} = \frac{c}{s}.$$

Man sieht auch, daß beide entgegengesetzt sind.

4. Übung.

Gegeben das Gelenkviereck $0\,1\,2\,3$, Abb. 4, bei welchem die Seite 0 ruht und Punkt $(1\,2)$ eine bekannte Geschwindigkeit v hat. Ohne an den relativen Geschwindigkeitsverhältnissen der Glieder gegeneinander etwas zu ändern, werden der Reihe nach statt 0 die Seiten $1, 2, 3$ festgehalten. Ermittle auf einfachste Art zeichnerisch die nunmehr auftretenden Geschwindigkeiten der Gelenkpunkte.

Man greife jeweils zwei sich deckende Punkte so heraus, daß der eine dem *ursprünglich* ruhenden, der andere dem *nachher* ruhenden Glied angehört. Die Geschwindigkeit des zweitgenannten Punktes bei der ersten Bewegungsart ist leicht zu bestimmen. Die gleiche und entgegengesetzte Geschwindigkeit ist die relative des ersten

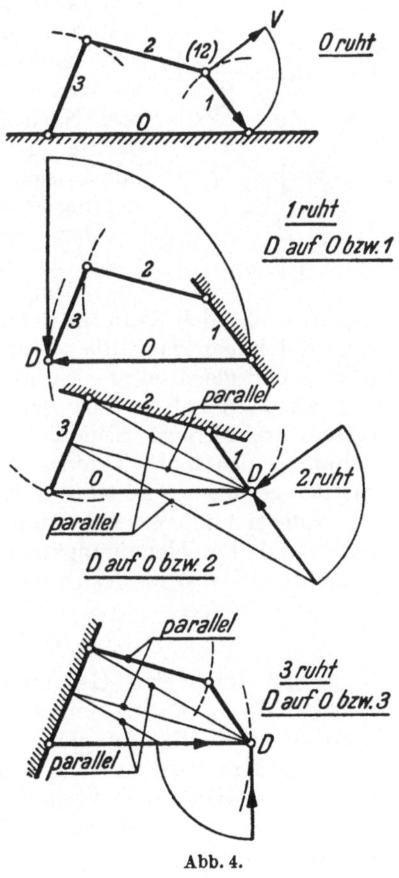

Abb. 4.

Punktes gegen das nachher ruhende Glied, wird also nach der
kinematischen Umkehrung zu der absoluten, nach welcher
gefragt war. Zweckmäßig stellt man v so in der Zeichnung
dar, daß die gedrehte Geschwindigkeit v mit der Länge der zugehörigen Kurbel zusammenfällt. Die gewählten Deckpunkte
sind jeweils durch D bezeichnet. Die Ermittlungen geschehen
mittels der gedrehten Geschwindigkeiten in bekannter Weise.

5. Übung.

Abb. 5 zeigt die Verbindung der beiden umlaufenden Wellen 1
und 2, deren Achsen gegeneinander versetzt sind, durch ein so-
genanntes Schleppkurbelgetriebe. Das periodische Schwanken
des Verhältnisses der Winkelgeschwindig-
keiten ω_1 und ω_2 der beiden Wellen ist durch
eine kinematische Umkehrung des Getriebes
zu veranschaulichen, derart, daß das Vor-
und Nacheilen der Welle 2 gegen eine ge-
dachte, gleichachsig zu 2 liegende, jedoch
mit ω_1 sich drehende Welle als absolute Bewegung erscheint.

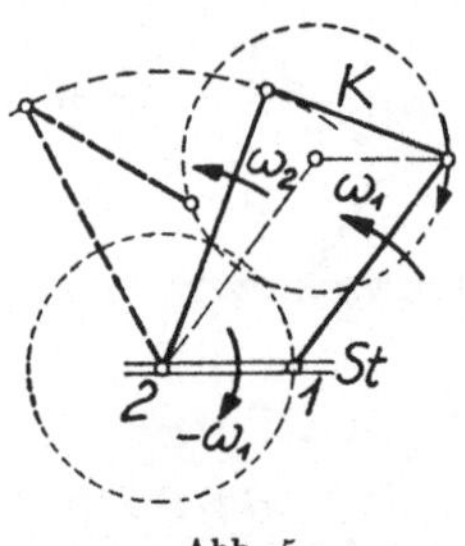

Abb. 5.

Dazu erteilt man sämtlichen Getriebe-
teilen zusätzlich die Winkelgeschwindigkeit
$-\omega_1$ um Wellenachse 2. Der Getriebe-
steg St dreht sich dann um letztere Achse mit $-\omega_1$. Welle und
Kurbel 1 haben dann die Winkelgeschwindigkeit ω_1 um Wellenachse 1 und gleichzeitig $-\omega_1$ um Wellenachse 2, d. h. sie machen
eine wegen der Konstanz der Entfernung der beiden Wellenachsen kreisförmige Schiebung. Man kann also (Abb. 5) den
Bahnkreis des Kurbelzapfens von Welle 1 zeichnen und findet
mit der gegebenen Länge der Koppel K die gesuchte Bewegung
von Kurbel und Welle 2. Man könnte weiter die Geschwindig-
keits- und Beschleunigungsverhältnisse des Vor- und Zurück-
pendelns dieser Welle feststellen.

6. Übung.

Abb. 6 zeigt eine Gelenkkupplung zur Verbindung zweier
Wellen, deren Mittel im allgemeinen nicht zusammenfallen
(Abb. 6 zeigt die Kupplung bei zusammenfallenden Wellen-
mitteln). Man bestimme die Winkelgeschwindigkeit der Welle 2
aus der von Welle 1 im Verlaufe einer Umdrehung der letzteren,
wenn die beiden Wellenmittel M_1, M_2 um die kleine Strecke e
gegenseitig versetzt sind.

Die Indizes z, 1, 2, r bezeichnen bzw. die Zwischenscheibe, die Welle *1*, die Welle *2* und den ruhenden Raum. ω_{z2} bedeutet dann z. B. die Winkelgeschwindigkeit des Systems z gegen das System 2.

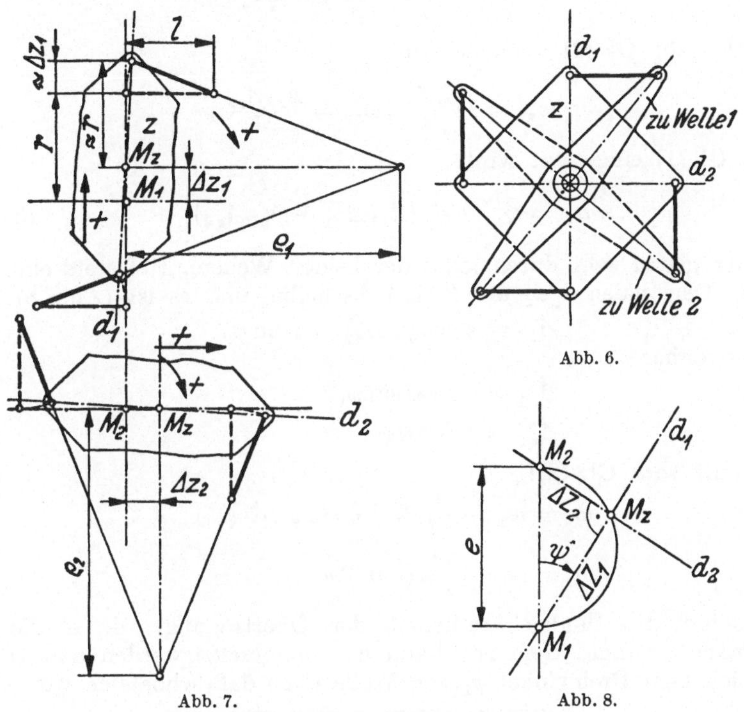

Abb. 6.

Abb. 7. Abb. 8.

Aus der Vereinigung von

$$\omega_{2r} = \omega_{1r} + \omega_{21} \quad \text{und} \quad \omega_{21} = \omega_{z1} + \omega_{2z} = \omega_{z1} - \omega_{z2}$$

entsteht unter Weglassung des Index r:

$$\omega_2 = \omega_1 + \omega_{z1} - \omega_{z2}. \tag{1}$$

Um ω_{z1} und ω_{z2} zu bestimmen, betrachte man eine kleine Verschiebung des Zwischenscheibenmittelpunktes M_z gegenüber System 1 bzw. 2 um $\varDelta_{z1}$ bzw. $\varDelta_{z2}$ (Abb. 7). Aus Symmetriegründen muß die Bahn von M_z in der Mittellage dieses Punktes einen Wendepunkt haben, d. h. M_z verschiebt sich praktisch geradlinig. Die Lenkerachsen schneiden sich im Momentanzentrum von z gegen 1 bzw. 2, und es ist

$$\omega_{z1} = \frac{\dot{\Delta}_{z1}}{\varrho_1}, \quad \omega_{z2} = \frac{\dot{\Delta}_{z2}}{\varrho_2}. \tag{2}$$

Laut Abbildung ist sehr annähernd

$$\frac{r}{\varrho_1} = \frac{\Delta_{z1}}{l}, \quad \frac{r}{\varrho_2} = \frac{\Delta_{z2}}{l},$$

daher die Gl. (2) übergehen in

$$\omega_{z1} = \frac{\dot{\Delta}_{z1}\Delta_{z1}}{r\,l}, \omega_{z2} = \frac{\dot{\Delta}_{z2}\Delta_{z2}}{r\,l};$$

in Gl. (1) eingesetzt wird:

$$\omega_2 = \omega_1 + \frac{1}{r\,l}\left(\dot{\Delta}_{z1}\Delta_{z1} - \dot{\Delta}_{z2}\Delta_{z2}\right). \tag{3}$$

Fast genau geht durch jedes der beiden Wellenmittel stets eine der Diagonalen $d_1\,d_2$ der Zwischenscheibe, und es ist (Abb. 8):

$$\Delta_{z1} = e \cos \psi, \quad \Delta_{z2} = e \sin \psi$$

und daher

$$\dot{\Delta}_{z1} = -\,e\,\dot{\psi} \sin \psi,$$

$$\dot{\Delta}_{z2} = e\,\dot{\psi} \cos \psi.$$

Damit wird Gl. (3):

$$\omega_2 = \omega_1 - \frac{1}{r\,l}\cdot 2\,e^2\,\dot{\psi} \sin \psi \cos \psi,$$

$$\omega_2 = \omega_1 - \frac{e^2}{r\,l}\,\dot{\psi} \sin 2\,\psi.$$

Insofern die Ungleichförmigkeit der Übertragung, wie es die Praxis verlangt, klein ist, kann $\dot{\psi} = \omega_1$ gesetzt werden und ψ gleich dem Drehwinkel φ_1 von Welle *1*, so daß schließlich wird:

$$\boxed{\omega_2 = \omega_1 \left(1 - \frac{e^2}{r\,l} \sin 2\,\varphi_1\right).}$$

Der Winkelgeschwindigkeit von 1 überlagert sich eine Sinuslinie mit zwei Wellen je Umdrehung und der Amplitude $\omega_1 \dfrac{e^2}{r\,l}$.

7. Übung.

Zwischen zwei Wellen liegen n hintereinandergeschaltete Zahnradgetriebe mit einer Gesamtübersetzung $\ddot{U}$, die sich in die Einzelübersetzungen $\ddot{U}_1, \ddot{U}_2, \ldots \ddot{U}_n$ aufteilt und deren Ritzel die Teilkreisradien $r_1, r_2, \ldots r_n$ haben. Infolge der Zahnspiele $\Delta_1, \Delta_2, \ldots \Delta_n$ der einzelnen Räderpaare kann man bei festgehaltener langsamer (schneller) Welle die schnelle (langsame) Welle um den Winkel φ_S (φ_L) hin- und herdrehen. φ_S und φ_L heißen die Totgänge an der schnellen, bzw. der langsamen Welle. Wie groß sind sie und in welcher Beziehung stehen sie untereinander?

Man denkt sich die langsame Welle festgehalten und durch ein Drehmoment an der schnellen Welle alle Zahnflanken im entsprechenden Sinn anliegend. Wird jetzt das Zahnspiel $\varDelta_1$ durchlaufen, immer bei festgehaltener langsamer Welle, so dreht sich die schnelle Welle um den Winkel $\dfrac{\varDelta_1}{r_1}\ddot{U}_2 \cdot \ddot{U}_3 \ldots \ddot{U}_n$. Wird das Zahnspiel $\varDelta_2$ durchlaufen, dann dreht sich die schnelle Welle um $\dfrac{\varDelta_2}{r_2}\ddot{U}_3 \cdot \ddot{U}_4 \ldots \ddot{U}_n$. Sind sämtliche Zahnspiele durchlaufen, dann hat sich die schnelle Welle um insgesamt φ_S verdreht:

$$\boxed{\varphi_S = \frac{\varDelta_1}{r_1}\ddot{U}_2 \cdot \ddot{U}_3 \ldots \ddot{U}_n + \frac{\varDelta_2}{r_2}\ddot{U}_3 \cdot \ddot{U}_4 \ldots \ddot{U}_n + \ldots \frac{\varDelta_n}{r_n}.} \qquad (1)$$

Bei festgehaltener schneller Welle bewirkt das Durchlaufen von $\varDelta_n$ eine Drehung der langsamen Welle um

$$\frac{\varDelta_n}{\ddot{U}_n r_n} \cdot \frac{1}{\ddot{U}_{n-1} \ldots \ddot{U}_1} = \frac{\varDelta_n}{r_n \cdot \ddot{U}_1 \ldots \ddot{U}_n}$$

usw., schließlich das Durchlaufen von $\varDelta_1$ die Drehung $\dfrac{\varDelta_1}{r_1 \ddot{U}_1}$, so daß durch Summenbildung der einzelnen Drehungen folgt:

$$\boxed{\varphi_L = \frac{\varDelta_1}{r_1} \cdot \frac{1}{\ddot{U}_1} + \frac{\varDelta_2}{r_2} \frac{1}{\ddot{U}_1 \ddot{U}_2} + \ldots \frac{\varDelta_n}{r_n} \frac{1}{\ddot{U}_1 \ddot{U}_2 \ldots \ddot{U}_n}.} \qquad (2)$$

Durch Multiplikation von Gl. (2) mit $\ddot{U} = \ddot{U}_1, \ddot{U}_2 \ldots \ddot{U}_n$ folgt

$$\ddot{U}\,\varphi_L = \frac{\varDelta_1}{r_1}\ddot{U}_2 \cdot \ddot{U}_3 \ldots \ddot{U}_n + \frac{\varDelta_2}{r_2}\ddot{U}_3 \ddot{U}_4 \ldots \ddot{U}_n + \ldots \frac{\varDelta_n}{r_n}$$

und durch Vergleich mit Gl. (1)

$$\boxed{\frac{\varphi_S}{\varphi_L} = \ddot{U}.}$$

Demnach verhalten sich die Totgänge an der schnellen und an der langsamen Welle wie die Gesamtübersetzung.

8. Übung.

In welcher Richtung setzt sich das in Abb. 9 dargestellte Fahrzeug in Bewegung, wenn am Ende des Hebels H eine von außen kommende Kraft in der eingezeichneten Richtung wirkt?

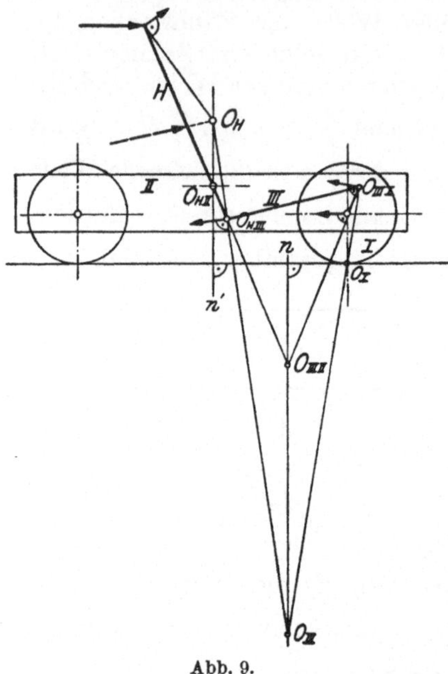

Abb. 9.

Damit Bewegung eingeleitet (Wucht erzeugt, Reibung überwunden) wird, muß positive Arbeit von der Kraft am Hebel geleistet werden, deren Angriffspunkt also jedesfalls eine Bewegungskomponente in Kraftrichtung haben muß. Wie die Fahrzeugbewegung mit der Bewegung des Hebelpunktes zusammenhängt, ist eine rein kinematische Angelegenheit (solange die angetriebene Achse nicht gleitet). Der Momentanpol O_I des angetriebenen Rades ist dessen Aufstandpunkt. Der Momentanpol $O_{III\,II}$ der Stange III gegenüber dem Fahrzeuggestell II ist der Schnitt der (verlängerten) Richtungen von Kurbelradius und Hebel H. Der absolute Pol O_{III} von III muß auf der Senkrechten n zur Fahrrichtung durch $O_{III\,II}$ liegen. Der Pol $O_{III\,I}$ von Stange III gegen das Rad I ist der Kurbelzapfen. Nach dem Satz der drei Pole muß O_{III} auf der Geraden $O_I - O_{III\,I}$ liegen, wodurch in deren Schnittpunkt mit n der Punkt O_{III} gefunden ist. Da der Drehpunkt des Hebels H dessen Momentanpol $O_{H\,II}$ gegen das Fahrzeuggestell ist, liegt der absolute Pol O_H von H auf der durch $O_{H\,II}$ gezogenen Senkrechten n' zur Fahrrichtung.

Das Gelenk zwischen H und III ist der Pol $O_{H\,III}$ von H gegen III. Wieder nach dem Satz der drei Pole muß auf $O_{III} - O_{H\,III}$ der absolute Pol O_H von H liegen, ist also der Schnitt der letztgenannten Geraden mit n'. Die Kraft am Ende von H bestimmt nach dem eingangs Gesagten den Drehsinn von H um den absoluten Pol O_H, wodurch wieder der Drehsinn von III um O_{III}

und der des Rades I um O_I festgelegt ist. Bei der gezeichneten Sachlage entspricht dem eine der Kraftrichtung am Hebelende entgegengesetzte Fahrzeugbewegung.

Ginge die Kraft am Hebel z. B. durch den Pol O_H (in der Abbildung gestrichelt), dann könnte sie keine Arbeit leisten und das Fahrzeug überhaupt nicht von der Stelle bewegen.

9. Übung.

Abb. 10 zeigt den mit Rollenlager versehenen Kopf einer Lokomotiv-Kuppelstange. Welchen Beschleunigungszustand haben die Rollenmittelpunkte? Welcher Unterschied hinsichtlich der zwischen den Rollen und dem Käfig wirkenden Kräfte besteht gegenüber einem Rollenlager mit ruhendem Außenring? (Gleichförmige Bewegung der Lokomotive.)

Die Rollenmittelpunkte liegen in Ruhe zum Käfig; daher ist zweckmäßig dessen Beschleunigungszustand zu ermitteln. Die Kuppelstange samt Außenring macht eine Schiebung. Das Rad (die Kurbel) dreht sich daher gegen die Kuppelstange mit der gleichen Winkelgeschwindigkeit ω, mit welcher es sich selbst dreht. Der Berührungspunkt A einer Rolle mit dem Außenring (Radius r) hat die Geschwindigkeit Null gegen die Stange, der Berührungspunkt J einer Rolle mit dem Innenring (Radius ϱ) hat die Geschwindigkeit $\varrho\,\omega$ gegen die Stange, wie Abb. 10 zeigt.

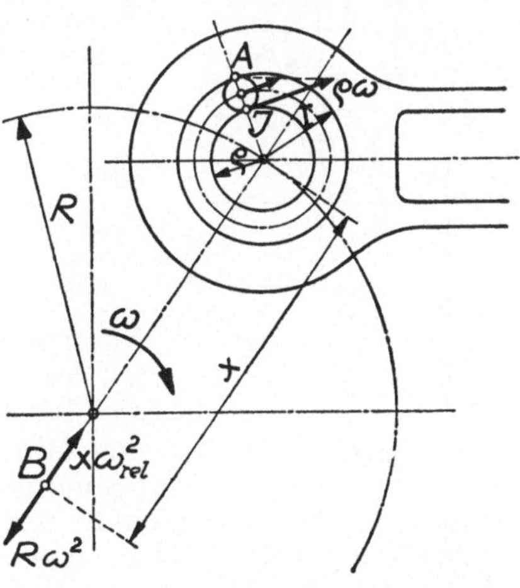

Abb. 10.

Daher hat der Mittelpunkt einer Rolle die Geschwindigkeit $\dfrac{\varrho\,\omega}{2}$ gegen die Stange. Da er auf einem Kreis vom Radius $\dfrac{r+\varrho}{2}$ liegt, hat der Käfig gegenüber der Stange die Winkelgeschwindigkeit $\omega_{\mathrm{rel}} = \dfrac{\dfrac{\varrho\,\omega}{2}}{\dfrac{r+\varrho}{2}} = \omega\,\dfrac{\varrho}{r+\varrho}$; die Kuppelstangenbewegung als Führungsbewegung aufgefaßt, ist die Beschleunigung eines Käfigpunktes die geometrische Summe aus Kuppelstangenbeschleunigung und Beschleunigung infolge der Käfigdrehung gegen die Kuppelstange. Die Beschleunigung aller Punkte der Stange ist die gleiche, nämlich $R\,\omega^2$, wenn R der Kurbelradius ist, und hat die Richtung des Kurbelstrahles, und zwar vom Kurbelzapfen zum Radmittelpunkt hin. Die Beschleunigung infolge der Käfigdrehung gegen die Stange ist die Zentripetalbeschleunigung dieser Drehung, deren Winkelgeschwindigkeit sich zu $\omega_{rel} = \omega\,\dfrac{\varrho}{r+\varrho}$ ergab; die Richtung ist die gegen den Kurbelzapfenmittelpunkt hin. Die beiden Teilbeschleunigungen tilgen sich daher für einen bestimmten Punkt B des Käfigsystems, der gerade auf dem Kurbelstrahl liegt. Die Entfernung x des Punktes B vom Kurbelzapfenmittelpunkt ergibt sich leicht aus dem Ansatz

$$R\,\omega^2 - x\,\omega^2_{rel} = 0 \qquad \text{zu} \qquad x = R\left(\frac{\omega}{\omega_{rel}}\right)^2$$

oder

$$\boxed{x = R\left(1 + \frac{r}{\varrho}\right)^2.} \tag{1}$$

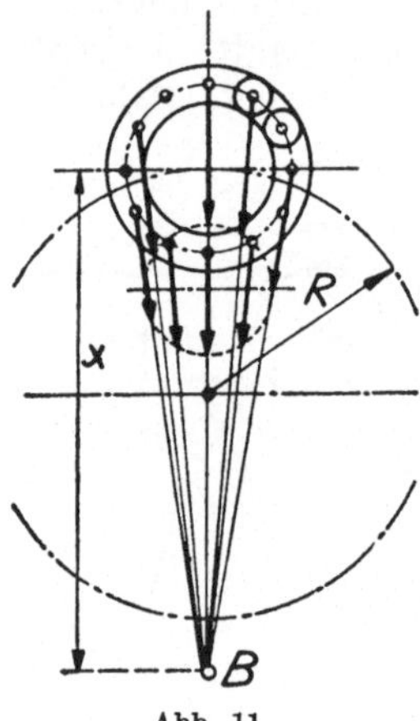

Abb. 11.

Naturgemäß ist B der Beschleunigungspol des Käfigs. Der Käfigmittelpunkt hat die Beschleunigung des Kurbelzapfens; ihre Richtung geht durch den Beschleunigungspol B, also gehen die Beschleunigungen aller Käfigpunkte durch B. Sie müssen den Entfernungen p vom Beschleunigungspol proportional sein. Aus der bekannten Beschleunigung $R\,\omega^2$ des Käfigmittelpunktes ergibt sich daher

$$\frac{R\,\omega^2}{x} = \frac{b}{p}$$

und mit Gl. (1)

$$\boxed{b = \frac{\omega^2}{1 + \dfrac{r}{\varrho}^2}\,p.} \tag{2}$$

(Angenähert gelten diese Berechnungen auch für Wälzlager in *Pleuelstangenköpfen*.)

Abb. 11 zeigt die sich aus dem Vorstehenden ergebenden Beschleunigungen der Mittelpunkte (zugleich Schwerpunkte) der

Rollen. Um die Schwerpunktsbewegung der Rollen zu unterhalten, gehören Kräfte entsprechend den Schwerpunktsbeschleunigungen. Bei den Rollen, welche gerade keine Belastung zwischen Außenring und Innenring übertragen, müssen daher gewisse Komponenten der obigen Kräfte vom Käfig aufgebracht werden, so daß gegen diesen die Rollen zum Teil unter Pressung gleiten. Bei einem Rollenlager mit ruhendem Außenring gibt es keine derartigen Komponenten, weil die Schwerpunktsbeschleunigungen der Rollen dort genau radial gerichtet sind.

10. Übung.

Abb. 12 zeigt ein Kurbelviereck $M_1 K_1 K_2 M_2$, dessen Kurbelzapfen K_1 mit der Geschwindigkeit v_1 gleichförmig umlaufe, sowie ein Kurbelviereck $M_1 K_3 K_2 M_2$, welches aus dem ersten in der ersichtlichen Weise abgeleitet ist. Auf Grund der leicht erkennbaren Tatsachen, daß

1. O_{23} als Schnitt von $M_2 K_2$ und $M_1 K_3$ der Momentanpol der Koppel K_2 K_3 des abgeleiteten Kurbelviereckes ist,

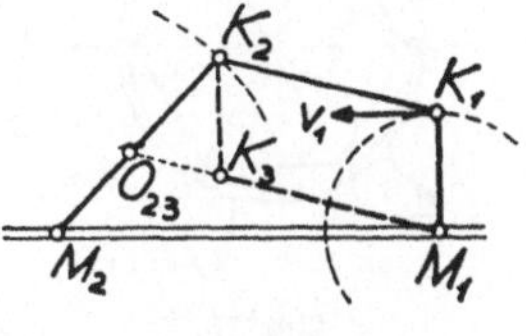

Abb. 12.

2. $K_2 O_{23}$ die gedrehte Geschwindigkeit des Punktes K_2 ist, falls $K_1 M_1$ die gedrehte Geschwindigkeit des Punktes K_1 darstellt, versuche man eine Konstruktion der Beschleunigung b_2 des Punktes K_2.

Die Strecke $K_2 O_{23}$ ist die gedrehte Geschwindigkeit des Punktes K_2. (Die Strecke $K_3 O_{23}$ ist die gedrehte Geschwindigkeit des Punktes K_3.) O_{23} bewegt sich mit der Polwechselgeschwindig-

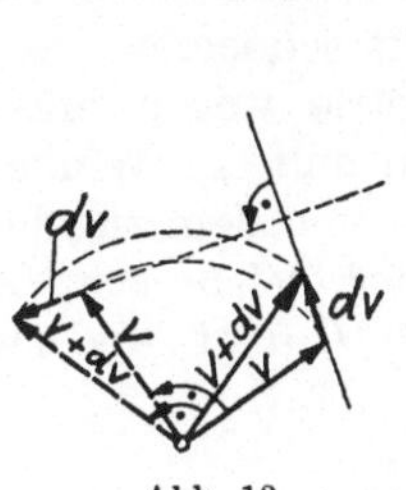

Abb. 13.

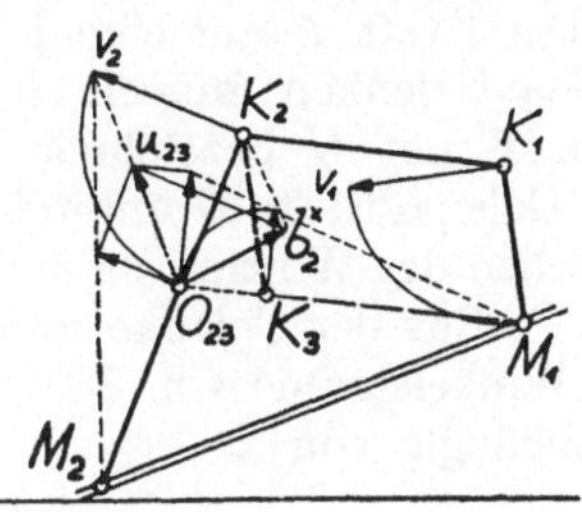

Abb. 14.

keit u_{23} für die Koppel $K_2 K_3$. Zieht man daher von u_{23} die Geschwindigkeit v_2 des Punktes K_2 geometrisch ab, dann hat man von der gedrehten Geschwindigkeit von K_2 deren Wachstumsgeschwindigkeit, welche gleich der gedrehten Beschleunigung dieses Punktes ist, wie die Abb. 13 veranschaulicht.

Abb. 14 zeigt die Durchführung der darauf gegründeten Beschleunigungskonstruktion, die verhältnismäßig geringen zeichnerischen Aufwand erfordert und deren Gang sehr einprägsam ist. Das Ergebnis ist die gedrehte Beschleunigung $b_2{}^*$ des Punktes K_2.

II. Statik.

11. Übung.

Am Umfang eines Kreises liegen, gleichförmig verteilt, eine Anzahl von Gelenkpunkten, die eine gleiche Anzahl von Scheiben zu einer geschlossenen Kette verbinden (Abb. 15). Auf jede

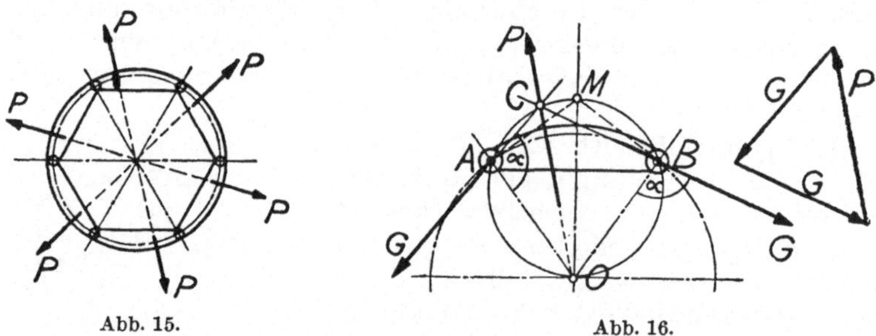

Abb. 15.

Abb. 16.

Scheibe wirkt die radial gerichtete Kraft P. Diese untereinander gleichen Kräfte schließen untereinander gleiche Winkel ein. Das Scheibensystem ist im Gleichgewicht. Es sind Größe und Lage der Gelenkdrücke zeichnerisch zu bestimmen.

Die Kraft P auf eine jede Scheibe und die Drücke in ihren beiden Gelenken müssen sich in einem Punkt schneiden, der in Abb. 16 mit C bezeichnet ist. Der Symmetrie wegen müssen alle Gelenkdrücke G untereinander gleich sein und der Winkel α zwischen der Wirkungslinie des Gelenkdruckes und dem zugehörigen Radius der Gelenke muß für sämtliche der gleiche sein. Aus der Winkelsumme von 360° des Viereckes $OACB$ folgt, und zwar unabhängig von α,

$$\sphericalangle\, ACB = 180° - \sphericalangle\, AOB.$$

Alle möglichen Punkte C müssen daher, dem Satz von den Peripheriewinkeln zufolge, auf einem Kreis liegen, der durch A und B geht. Ein weiterer Punkt dieses Kreises ist M als Schnitt von $MA \perp OA$ und $MB \perp OB$. Es entspricht M nämlich $\alpha = 90°$. Man sieht weiter, daß der Kreis der Punkte C auch durch O

gehen muß (Satz vom Winkel im Halbkreis); er kann also sehr einfach gezeichnet werden. Durch den Schnittpunkt von P mit dem Kreis der Punkte C gehen die Richtungen der zur betrachteten Scheibe gehörenden Gelenkdrücke. Das Kraftdreieck aus diesen beiden und der Kraft P kann daher gezeichnet werden. Es ist gleichschenklig, so daß tatsächlich beide Gelenkdrücke einander gleich sind. Man sieht ferner, daß ihre Größe von der Lage der Kraft P unabhängig ist.

12. Übung.

Zwei Maschinen stehen über eine Zwischenwelle, deren Torsionsmoment M sei, gemäß Abb. 17 (welche einen Grundriß darstellt) in Verbindung. Wo liegen die resultierenden Kräfte, mit welchen, zusätzlich zum Gewicht, die Fundamente der beiden Maschinen beansprucht werden? (Radialkomponenten der Zahndrücke vernachlässigt.)

Auf Maschine I wirken resultierend der Lagerdruck L_I in A_I und der Zahndruck $Z_I = \dfrac{M}{R_I}$ in B_I, auf Maschine II wirken der Lagerdruck L_{II} in A_{II} und der Zahndruck $Z_{II} = \dfrac{M}{R_{II}}$ in B_{II}. Die Reaktionen von Z_I und L_I und von Z_{II} und L_{II} halten die Zwischenwelle im Gleichgewicht. Daher muß die Resultierende der Reaktionen von Z_I und L_I und jene der Reaktionen von Z_{II} und L_{II} durch den Punkt T hindurchgehen, woselbst sie einander tilgen. Daher stehen auch die beiden resultierenden Kräfte auf die Fundamente der beiden Maschinen im Verhältnis von Aktion und Reaktion und gehen durch T. Die Größe K dieser Kräfte ist durch

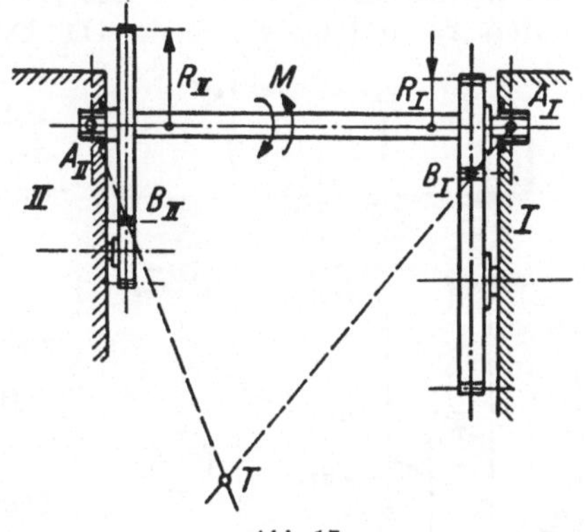

Abb. 17.

$$K = \frac{M}{R_I} \cdot \frac{A_I\,B_I}{A_I\,T} = \frac{M}{R_{II}} \cdot \frac{A_{II}\,B_{II}}{A_{II}\,T}$$

gegeben.

Ist $A_I\,B_I \parallel A_{II}\,B_{II}$, dann besteht die Wirkung in einem Kräftepaar!

13. Übung.

Ein Körper, auf den die Kraft K wirkt, stütze sich, wie Abb. 18 zeigt, auf mehreren Federn von im allgemeinen untereinander verschiedenen Steifigkeiten C ab. Wirkt K nicht, dann sollen alle Federn den Körper kraftlos berühren. Um welche Achse aa und um welchen Winkel φ dreht sich die Stützebene des Körpers, bis Gleichgewicht unter der Belastung K eintritt? Wie groß sind die einzelnen Stützendrücke W? (Von Bedeutung bei Fahrzeugen, die auf Federn ruhen.)

In der ursprünglichen Stützebene wird das Achsenkreuz $x\,y$ gelegt (Abb. 18). Darauf bezogen, seien die laufenden Koordinaten der Drehachse x_a und y_a. Die Lage von K sei durch die Koordinaten x_K und y_K gegeben. Die Drehung φ sei in die Drehungskomponenten φ_x und φ_y zerlegt. Ein Punkt der Stützebene mit den Koordinaten $x,\,y$ senkt sich dann um

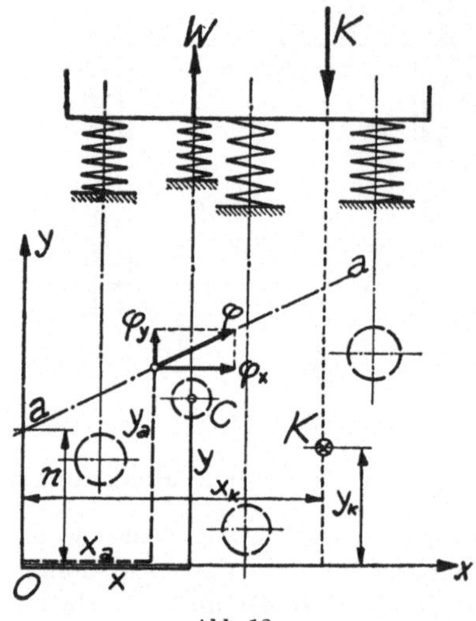

Abb. 18.

$$f = \varphi_x(y - y_a) - \varphi_y(x - x_a), \quad (1)$$

so daß der Druck einer dort befindlichen Feder wird:

$$W = C f = C\,[\varphi_x(y - y_a) - \varphi_y(x - x_a)]. \quad (2)$$

Das Gleichgewicht des Körpers erfordert, daß die Komponentengleichung $K = \sum W$ sowie die Momentengleichung

$$K\,y_K = \sum W\,y$$

und

$$-K\,x_K = -\sum W\,x$$

erfüllt sind. Aus diesen Gleichungen wird mit Gl. (2)

$$\left.\begin{aligned}
K &= \varphi_x\left(\sum C\,y - y_a\sum C\right) - \varphi_y\left(\sum C\,x - x_a\sum C\right), \\
K\,y_K &= \varphi_x\left(\sum C\,y^2 - y_a\sum C\,y\right) - \varphi_y\left(\sum C\,x\,y - x_a\sum C\,y\right), \\
K\,x_K &= \varphi_x\left(\sum C\,x\,y - y_a\sum C\,x\right) - \varphi_y\left(\sum C\,x^2 - x_a\sum C\,x\right).
\end{aligned}\right\} \quad (3)$$

Die Form der darin vorkommenden Summenausdrücke $\sum C\,x$, $\sum C\,y$, $\sum C\,x^2$, $\sum C\,y^2$, $\sum C\,x\,y$ legt es nahe, die Steifigkeiten mit in der Stützebene liegenden Massen zu vergleichen. Dann sind $\sum C x$ und $\sum C y$ die statischen Momente der Steifigkeiten, $\sum C x^2 = J_y$ und $\sum C y^2 = J_x$ die Trägheitsmomente der Steifigkeiten, $\sum C x y = J_{xy}$ ihr Deviationsmoment, alle bezogen auf das gewählte Achsenkreuz bzw. auf dessen Achsen. Ebenso gibt es einen Schwerpunkt der Steifigkeiten, Trägheitshauptachsen und Trägheitsradien. Man erkennt, daß es zweckmäßig ist, *das Achsenkreuz mit den durch den Schwerpunkt der Steifigkeiten gehenden Trägheitshauptachsen des Steifigkeitssystems zusammenfallen* zu lassen, was im folgenden vorausgesetzt ist, denn es wird dann $\sum C x = 0$, $\sum C y = 0$, $\sum C x y = 0$ und die Gl. (3) nehmen die folgenden einfachen Formen an:

$$\frac{K}{\sum C} = -\varphi_x\, y_a + \varphi_y\, x_a. \tag{4}$$

$$K\, y_K = \varphi_x\, J_x. \tag{5}$$

$$K\, x_K = -\varphi_y\, J_y. \tag{6}$$

Aus Gl. (5) und Gl. (6) erhält man die gesuchten Drehungskomponenten

$$\varphi_x = \frac{K\, y_K}{J_x}. \tag{7}$$

$$\varphi_y = -\frac{K\, x_K}{J_y}. \tag{8}$$

In Gl. (4) eingesetzt, erhält man die Gleichung der Drehachse:

$$1 = \frac{x_a}{-\dfrac{J_y}{x_K \sum C}} + \frac{y_a}{-\dfrac{J_x}{y_K \sum C}}. \tag{9}$$

Man erkennt, daß ihre Abschnitte auf den Achsen x und y betragen:

$$m = -\frac{J_y}{x_K \sum C}, \qquad n = -\frac{J_x}{y_K \sum C}.$$

$\dfrac{J_x}{\sum C} = \varrho_x^2$ und $\dfrac{J_y}{\sum C} = \varrho_y^2$ definieren die Trägheitsradien ϱ_x und ϱ_y des Steifigkeitssystems um die Achsen x bzw. y. Ihre Einführung ergibt

$$m = -\frac{\varrho_y^2}{x_K} \tag{10}$$

$$n = -\frac{\varrho_x{}^2}{y_K} \tag{11}$$

zur Bestimmung der Lage der Drehachse. Wenn man Gl. (7) und Gl. (8) in Gl. (1) einsetzt und die Beziehung Gl. (9) berücksichtigt, wird

$$f = \frac{K}{\Sigma C}\left(1 + \frac{x\,x_K}{\varrho_y{}^2} + \frac{y\,y_K}{\varrho_x{}^2}\right). \tag{12}$$

Somit ist der Stützendruck einer Stütze mit der Steifigkeit C

$$W = K\,\frac{C}{\Sigma C}\left(1 + \frac{x\,x_K}{\varrho_y{}^2} + \frac{y\,y_K}{\varrho_x{}^2}\right). \tag{13}$$

Interessant ist, daß die Senkung des Körpers am Orte des Schwerpunktes der Steifigkeiten einfach stets

$$f_0 = \frac{K}{\Sigma C} \tag{14}$$

wird, was aus Gl. (12) mit $x = y = 0$ folgt. Der Körper dreht sich nicht, wenn K durch den Schwerpunkt der Steifigkeiten geht, denn aus Gl. (7) und Gl. (8) folgt mit $x_K = y_K = 0$ auch $\varphi_x = \varphi_y = 0$. Erfolgt die Belastung durch ein Kräftepaar, dann geht die Drehachse durch den Steifigkeitsschwerpunkt, denn der Körper senkt sich daselbst nach Gl. (14) wegen $K = 0$ nicht.

Im Grenzfall des Kräftepaares sind $K\,y_K$ und $-K\,x_K$ dessen Komponenten M_x und M_y und die Gl. (7), (8), (12) und Gl. (13) verwandeln sich dadurch in

$$\varphi_x = \frac{M_x}{J_x}. \tag{7a}$$

$$\varphi_y = \frac{M_y}{J_y}. \tag{8a}$$

$$f = \frac{1}{\Sigma C}\left(\frac{M_x}{\varrho_x{}^2}\,y - \frac{M_y}{\varrho_y{}^2}\,x\right). \tag{12a}$$

$$W = \frac{C}{\Sigma C}\left(\frac{M_x}{\varrho_x{}^2}\,y - \frac{M_y}{\varrho_y{}^2}\,x\right). \tag{13a}$$

14. Übung.

Unter den Federn, welche den in der 13. Übung betrachteten Körper stützen, seien welche, die, wenn die Kraft K nicht wirkt, nicht an die Stützebene heranreichen, sondern von ihr um h abstehen (Abb. 19). (h soll auch als Index zur Kennzeichnung dieser Federn dienen.) Wie verändern sich dadurch die Ergebnisse der 13. Übung?

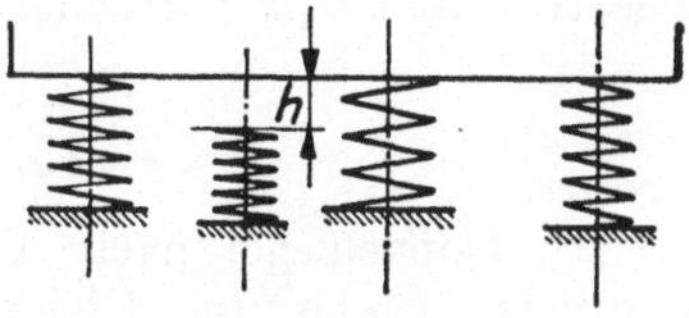

Der Druck einer Feder der hier neu auftretenden Art ist

$$W_h = C_h (f_h - h)$$

Abb. 19.

oder mit Anwendung der Gl. (1) der 13. Übung

$$W_h = C_h [\varphi_x (y_h - y_a) - \varphi_y (x_h - x_a)] - C_h h.$$

Schreibt man die Gleichgewichtsbedingungen wie in der 13. Übung, aber mit Einbeziehung der Drücke W_h an, dann erhält man analog Gl. (3) der früheren Übung

$$K + \sum C_h h = \varphi_x \left(\sum C y + \sum C_h y_h - y_a \left[\sum C + \sum C_h \right] \right) -$$
$$- \varphi_y \left(\sum C x + \sum C_h x_h - \right.$$
$$\left. - x_a \left[\sum C + \sum C_h \right] \right),$$

$$K y_K + \sum C_h h y_h = \varphi_x \left(\sum C y^2 + \sum C_h y_h^2 - y_a \left[\sum C y + \right. \right.$$
$$\left. + \sum C_h y_h \right]) - \varphi_y \left(\sum C x y + \sum C_h x_h y_h - \right.$$
$$\left. - x_a \left[\sum C y + \sum C_h y_h \right] \right),$$

$$K x_K + \sum C_h h x_h = \varphi_x \left(\sum C x y + \sum C_h x_h y_h - \right.$$
$$\left. - y_a \left[\sum C x + \sum C_h x_h \right] \right) - \varphi_y \left(\sum C x^2 + \sum C_h x_h^2 - \right.$$
$$\left. - x_a \left[\sum C x + \sum C_h x_h \right] \right).$$

Die rechten Seiten dieser Gleichungen zeigen, daß darin die Stützen der einen und der anderen Art völlig gleiche Rollen spielen. Hält man den unbelasteten Körper fest, zieht eine von ihm um h abstehende Feder an ihn heran und befestigt sie an ihm, dann wirkt die Feder mit der Kraft $C_h h$ auf den Körper. Die Kraft K kann man mit dem System der Zusatzkräfte $C_h h$ zu einer Resultierenden $\overline{K}$ zusammengesetzt denken; ihre Größe ist $\overline{K} = K + \sum C_h h$. Da außerdem das Moment der Resultierenden stets die Summe der Momente der Komponenten ist, können an Stelle der linken Seiten der obigen drei Gleichungen die Ausdrücke $\overline{K}$, $\overline{K}\,\overline{y}_K$, $\overline{K}\,\overline{x}_K$ treten, wobei $\overline{y}_K$ und $\overline{x}_K$ die Lage von $\overline{K}$ angeben. Damit ist die formale Übereinstimmung mit den Gl. (3) der 13. Übung hergestellt. Man kann daher genau so verfahren wie dort, wenn statt K mit der Resultierenden $\overline{K}$ aus K und den Zusatzkräften $C_h\,h$ gerechnet wird.

15. Übung.

Der Doppelkegel nach Abb. 20 soll auf den Linealen l_1, l_2 an jeder Stelle im Gleichgewicht ruhen können. Welche Beziehung muß dazu zwischen φ, ψ und δ herrschen?

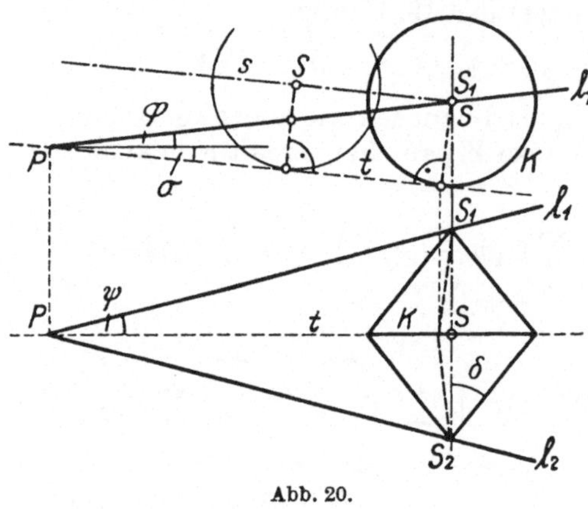

Abb. 20.

Wenn sich eine Gerade mit unveränderlicher Richtung bewegt und einen festen Kegel dauernd berührt, beschreibt der Schnitt der bewegten Geraden mit der Ebene des Kegelbasiskreises eine diesen tangierende Gerade. Bei der kinematischen Umkehrung der Bewegung bewegt sich der Basiskreis eine Gerade dauernd berührend. Die Abb. 20 zeigt den Doppelkegel in der Stellung, in der seine Spitzen S_1, S_2 gerade auf den Linealen l_1 und l_2 liegen, welche sich untereinander und mit der Ebene des Basiskreises im Punkt P schneiden. Bei der Bewegung des Doppelkegels muß sein Basiskreis K einmal durch P gehen. Daher ist in der Abb. 20 die Gerade t jene, welche der Basiskreis des Doppelkegels dauernd berührt und die zu t parallele Gerade s die Bahn des Schwerpunktes S des Doppelkegels; für ihre Neigung σ ergibt sich an Hand von Abb. 20:

$$P\,S\,\sin(\varphi + \sigma) = P\,S\,\cos\varphi\,\operatorname{tg}\psi\,\operatorname{tg}\delta$$

oder

$$\sin(\varphi + \sigma) = \cos\varphi\,\operatorname{tg}\psi\,\operatorname{tg}\delta. \tag{1}$$

Damit der Doppelkegel im Gleichgewicht ist, muß die Schwerpunktsbahn s waagrecht sein, also $\sigma = 0$; damit erhält man aus Gl. (1):

$$\boxed{\operatorname{tg} \delta \, \frac{\operatorname{tg} \psi}{\operatorname{tg} \varphi} = 1.}$$

Je nachdem $\boxed{\operatorname{tg} \delta \, \dfrac{\operatorname{tg} \psi}{\operatorname{tg} \varphi} \gtrless 1}$, will der Doppelkegel „bergauf" oder „bergab" rollen.

16. Übung.

Der Punkt S_G einer Stange (Abb. 21) wird auf der Geraden g, der Punkt S_K auf einer Kurve k reibungsfrei geführt. An *eingeprägten* Kräften wirken: in S_G in Richtung von g die Kraft G, in S_K senkrecht zu g die Kraft K, die proportional dem Abstand von g nach S_K ist. Welche Gestalt muß die Kurve k haben, damit die Stange in allen Lagen bei unveränderlicher Kraft G im Gleichgewicht ist?

Bezogen auf das in Abb. 21 ersichtliche Achsenkreuz seien x und y die laufenden Koordinaten der gesuchten Kurve. Die Entfernung $S_G S_K$ heiße l, jene vom Koordinatenursprung längs g nach S_G heiße y_G. Das Prinzip der virtuellen Verschiebungen ergibt den Ansatz

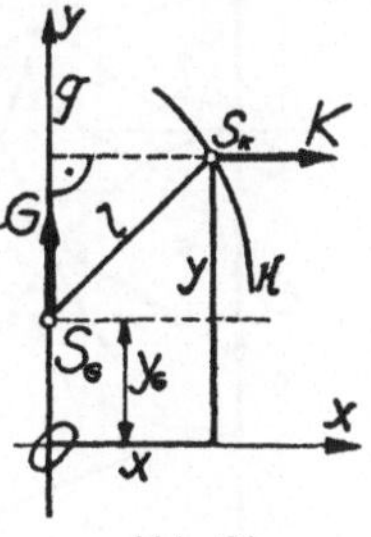

Abb. 21.

$$K \, dx + G \, dy_G = 0, \qquad (1)$$

wobei wegen der Starrheit der Stange $x^2 + (y - y_G)^2 = l^2$ ist, oder $y_G = y - \sqrt{l^2 - x^2}$, woraus folgt:

$$dy_G = dy + \frac{x}{\sqrt{l^2 - x^2}} \, dx. \qquad (2)$$

Mit dem Proportionalitätsfaktor c ist

$$K = c \, x. \qquad (3)$$

Man setzt nun Gl. (2) und Gl. (3) in Gl. (1) ein und erhält:

$$dy = - \left(\frac{c}{G} + \frac{1}{\sqrt{l^2 - x^2}} \right) x \, dx.$$

Das Integral davon lautet mit der Integrationskonstanten C

$$y = - \frac{c}{2\,G} \, x^2 + \sqrt{l^2 - x^2} + C.$$

Weil die Lage des Koordinatenursprungs längs g noch frei ist, kann willkürlich $C = 0$ gesetzt werden:

$$y = -\frac{c}{2G}\,x^2 + \sqrt{l^2 - x^2}. \tag{4}$$

Man erkennt, daß die Ordinaten der durch Gl. (4) gegebenen Kurve (Abb. 22) durch Überlagerung der Ordinaten einer Parabel $y = -\dfrac{c}{2G}\,x^2$ und eines Kreises hervorgehen, der den Koordinaten-

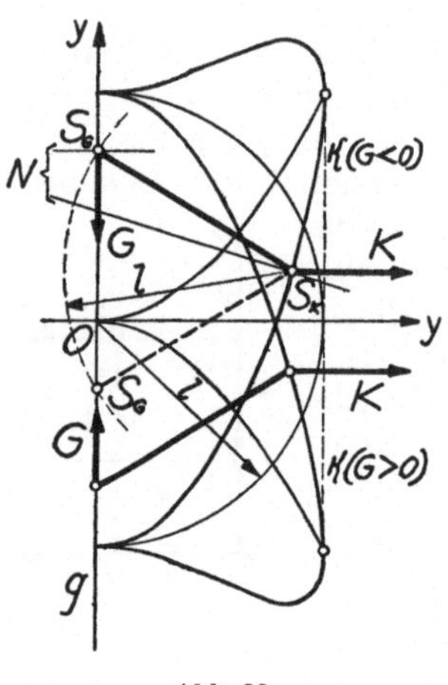

Abb. 22.

ursprung als Mittelpunkt und l als Radius hat.

In der Abb. 22 ist sowohl der Fall $G > 0$, also auch der Fall $G < 0$ dargestellt. Die Kraft G hat dabei die Richtung der positiven bzw. negativen y-Achse. Zu jedem Punkt der Kurve k sind geometrisch zwei Lagen des Punktes S_G und damit der Stange möglich. Ob in beiden bei der vorausgesetzten Richtung von G auch Gleichgewicht möglich ist, kann folgendermaßen ermittelt werden: Man verfolgt für eine der beiden geometrisch möglichen Stangenlagen den Richtungssinn der Momente von G und K um den Schnittpunkt N der Normalen zu g im Punkte S_G mit der Normalen zu k im Punkte S_K. Um N ergeben nämlich die von den Führungen ausgeübten Kräfte keine Momente. Gleichgewicht ist daher für eine solche Lage der Stange möglich, für welche K und G in entgegengesetztem Sinn um N drehen. Das ist aber für beide geometrisch möglichen Lagen erfüllt.

17. Übung.

Differentialgetriebe haben drei um eine gemeinsame Achse drehbare Zweige oder Systeme, 1, 2, 3 genannt. Gegeben ist für den Gleichgewichtsfall das Verhältnis $\dfrac{M_2}{M_1}$ der Drehmomente M_2 und M_1 an den Zweigen 2 bzw. 1. Man bestimme $\dfrac{M_3}{M_1}$ und $\dfrac{M_3}{M_2}$ und die Beziehung zwischen den Winkelgeschwindigkeiten ω_1, ω_2, ω_3 der drei Zweige.

Gleichgewichts-Momentengleichung um die gemeinsame Drehachse:

$$M_1 + M_2 + M_3 = 0. \tag{1}$$

Division von Gl. (1), durch M_1 gibt $1 + \dfrac{M_2}{M_1} + \dfrac{M_3}{M_1} = 0$
und weiterhin

$$\boxed{\frac{M_3}{M_1} = -1 - \frac{M_2}{M_1}.} \tag{2}$$

Division von Gl. (1) durch M_2 gibt $\dfrac{M_1}{M_2} + 1 + \dfrac{M_3}{M_2} = 0$ und
weiterhin

$$\boxed{\frac{M_3}{M_2} = -1 - \frac{1}{\dfrac{M_2}{M_1}}.} \tag{3}$$

Da Gl. (1) auch beim Vorhandensein von Widerständen und
Reibungen *innerhalb* des Getriebes gilt, tun dies auch die gewonnenen Beziehungen. Wenn keine Widerstände und Reibungen
im Getriebe auftreten und weil die Wucht des Getriebes bei
gleichförmigem Umlauf konstant ist, gilt die Leistungsgleichung
$M_1 \omega_1 + M_2 \omega_2 + M_3 \omega_3 = 0$. Aus ihr folgt $\omega_3 = -\omega_1 \dfrac{M_1}{M_3} -$
$-\omega_2 \dfrac{M_2}{M_3}$. Die Gl. (2) und (3) eingesetzt, wird

$$\boxed{\omega_3 \left(1 + \frac{M_2}{M_1}\right) = \omega_1 + \omega_2 \frac{M_2}{M_1}.}$$

18. Übung.

Das in Abb. 23 gezeigte Pendelgehänge wird im Punkt Q
mit der senkrechten Kraft V belastet. Welche waagrechte Kraft
H hält daselbst bei einer kleinen waagrechten Auslenkung h
des Punktes Q Gleichgewicht? (Geg.: a, b, c, α.)

Für kleine Auslenkungen kann die Bahn von Q durch ihren
Krümmungskreis ersetzt werden, dessen Radius q genannt werde.

Im Gleichgewichtsfall muß die Resultierende aus H und V
radial zu liegen kommen, daher ist laut Abbildung $\dfrac{H}{V} = \dfrac{h}{q}$
oder $H = \dfrac{V}{q} \cdot h$; H ist somit proportional h, und man führt
zweckmäßig die einer Federsteifigkeit analoge Größe C ein:

$$C = \frac{H}{h} = \frac{V}{q}. \tag{1}$$

Nach der bekannten kinematischen Methode denkt man sich aus dem gegebenen Krümmungsmittelpunkt O_A der Bahn von A den Krümmungsmittelpunkt O_Q der Bahn von Q gemäß Abb. 23 konstruiert. P ist der Momentanpol für den Körper ABQ, W die Polwechselgeschwindigkeit mit ihren Komponenten W_t und W_n, V_A bzw. V_Q die Geschwindigkeit der Punkte A bzw. Q. Laut Abb. 23 ist

$$\frac{W}{V_Q} = \frac{PO_Q}{O_Q Q} = \frac{c/\operatorname{tg}\alpha - q}{q} =$$

$$= \frac{c}{q\,\operatorname{tg}\alpha} - 1$$

oder

$$\frac{1}{q} = \frac{\operatorname{tg}\alpha}{c}\left(1 + \frac{W}{V_Q}\right). \quad (2)$$

weiter

$$\frac{W\cos\alpha}{V_A} = \frac{PO_A}{O_A A}$$

oder

$$W = V_A \frac{PO_A}{O_A A \cos\alpha} =$$

$$= V_A \frac{(c/\operatorname{tg}\alpha - b)/\cos\alpha}{a}$$

oder

$$W = \frac{c - b\,\operatorname{tg}\alpha}{a\,\sin\alpha}\, V_A. \quad (3)$$

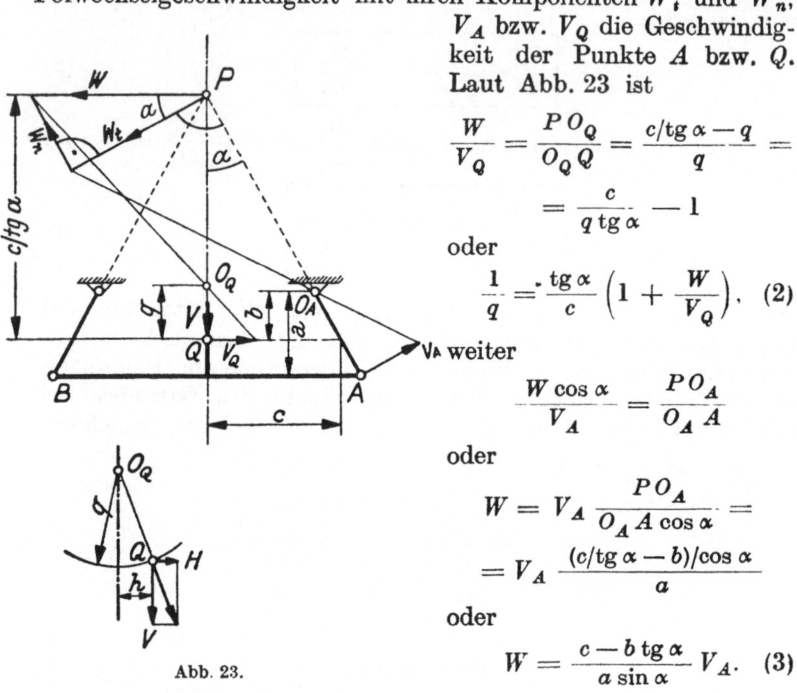

Abb. 23.

Außerdem ist gemäß der Bedeutung des Pols:

$$\frac{V_Q}{V_A} = \frac{PQ}{PA} = \frac{PQ}{(PQ + a - b)/\cos\alpha} \quad \text{und mit } PQ = c/\operatorname{tg}\alpha$$

$$V_Q = V_A \frac{c\cos\alpha}{c + (a - b)\,\operatorname{tg}\alpha}. \quad (4)$$

Indem man Gl. (3) und (4) in Gl. (2) einsetzt und diese Gleichung sodann in Gl. (1), erhält man unter Anwendung der Beziehung $1/\cos^2\alpha = 1 + \operatorname{tg}^2\alpha$

$$C = V\left[\frac{1}{c}\operatorname{tg}\alpha + \frac{1}{a}(1 + \operatorname{tg}^2\alpha)\left(1 - \frac{b}{c}\operatorname{tg}\alpha\right)\left(1 - \frac{b}{c}\operatorname{tg}\alpha + \frac{a}{c}\operatorname{tg}\alpha\right)\right].$$

Zur Probe setzt man einmal $\alpha = 0$ und läßt andermal P mit Q zusammenfallen, was $c = 0$, $b < 0$ bedeutet, und erhält $C = \dfrac{V}{a}$ bzw. $C = \infty$, was für diese beiden Sonderfälle auch unmittelbar folgt.

19. Übung.

Durch Ziehen an einem in der Weise der Abb. 24 herumgeschlungenen Seil soll eine schwere Trommel der dargestellten Form auf einer geneigten Ebene gehalten werden. Man bestimme zeichnerisch die Richtungen, welche das Seil haben darf.

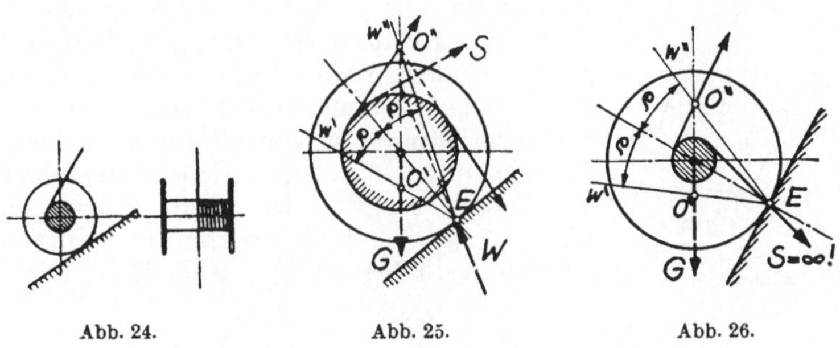

Abb. 24.   Abb. 25.   Abb. 26.

Auf die Trommel wirken (Abb. 25) die Schwere G, der Seilzug S und die zur Resultierenden W zusammengefaßten beiden Widerstandskräfte, welche die Ebene auf die Trommel ausübt. W kann nur in dem Winkelbereich zwischen W' und W'' liegen, der dem Reibungswinkel der Ruhe, ϱ, entspricht. Bei Gleichgewicht der Trommel müssen sich G, S und W in einem Punkt schneiden. Dieser kann nur auf der Strecke zwischen den Punkten O' und O'' liegen, in welchem die Linie der Schwere W' bzw. W'' schneidet. Da das Seil den Trommelkern tangiert, ergeben sich die eingezeichneten Grenzlagen des Seiles. Der so gefundene Bereich kann eine Einschränkung dadurch erfahren, daß im Seil negativer Zug unmöglich ist. Diesen Fall zeigt Abb. 26. Die Betrachtung der Momente um Punkt E gibt immer leicht Aufschluß über den für Gleichgewicht nötigen Richtungssinn der Seilkraft und deren Größe. (Wäre das Seil anders herumgeschlungen, dann müßte auch bedacht werden, daß W nur die Richtung von außen ins Innere der Trommel haben kann.)

20. Übung.

Wie sind die Flanken der in Abb. 27 gezeichneten Freilauf-
kupplung zu formen, damit die Mitnahmeverhältnisse von Ab-
weichungen des Rollendurchmessers (und den
Abplattungen) unabhängig sind?

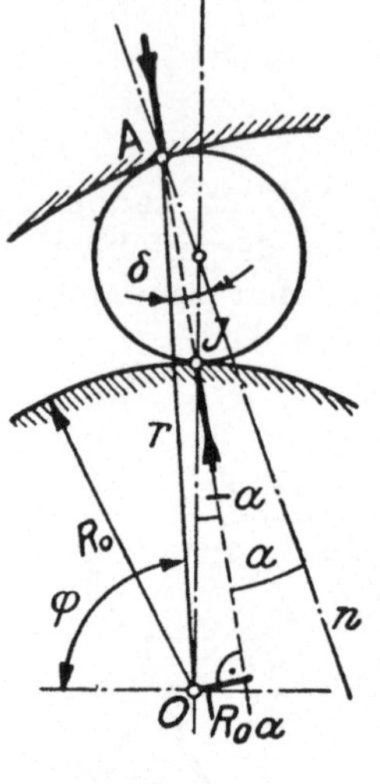

Abb. 27.

Die Rolle berührt den Außenteil in A,
den Innenring in J. Da keine weiteren Kräfte
an der Rolle wirken, wird sie im Gleichgewicht
gehalten durch zwei entgegengesetzte und
gleich große Kräfte, deren gemeinsame Wirkungslinie mit $A J$ zusammenfallen muß.

$A J$ schließt mit den Berührungsnormalen
in A sowie in J je den Winkel α ein. Damit
in A und J Kräfte in Richtung $A J$ übertragen
werden können, muß α kleiner oder höchstens
gleich dem Reibungswinkel sein. Die Mitnahmeverhältnisse sind somit durch α gekennzeichnet und sollen vom Rollendurchmesser
unabhängig sein; α ist klein, ebenso der
Winkel δ zwischen Radiusvektor r und Kurven-
normale n; daher ist laut Abb. 27

$$\delta = \frac{R_0 \alpha}{r} + \alpha$$

oder

$$\delta = \alpha \, \frac{R_0 + r}{r}. \tag{1}$$

Nach der Lehre von den Polarkoordinaten ist $\operatorname{tg} \delta = \dfrac{dr}{r \, d\varphi}$ oder,
weil δ klein ist, sehr angenähert

$$\delta = \frac{dr}{r \, d\varphi}.$$

Hierin setzt man Gl. (1) ein und erhält als Differentialgleichung
der gesuchten Flankenkurve

$$\frac{dr}{R_0 + r} = \alpha \, d\varphi. \tag{2}$$

Weil $dr = d(R_0 + r)$ gesetzt werden kann, ist die Integration
leicht und gibt mit der Integrationskonstanten C'

$$\log \operatorname{nat} C' (R_0 + r) = \alpha \varphi, \quad \text{oder mit} \; \frac{1}{C'} = C$$

$$\boxed{r = C \, e^{\alpha \varphi} - R_0.} \tag{3}$$

In der Praxis ersetzt man die Kurve durch ihren Krümmungskreis, dessen Radius ϱ bekanntlich ist:

$$\varrho = \frac{\left[r^2 + \left(\dfrac{d\,r}{d\,\varphi} \right)^2 \right]^{3/2}}{r^2 + 2 \left(\dfrac{d\,r}{d\,\varphi} \right)^2 - r\,\dfrac{d_r^2}{d\,\varphi^2}}. \tag{4}$$

Aus Gl. (3) ergibt sich $\dfrac{d\,r}{d\,\varphi} = C\,\alpha\,e^{\alpha\varphi}$ und $\dfrac{d_r^2}{d\,\varphi^2} = C\,\alpha^2\,e^{\alpha\varphi}$, oder

weil nach Gl. (3) $C\,e^{\alpha\varphi} = r + R_0$ ist, $\dfrac{d\,r}{d\,\varphi} = \alpha\,(r + R_0)$ und

$\dfrac{d_r^2}{d\,\varphi^2} = \alpha^2\,(r + R_0)$; Gl. (4) ergibt damit:

$$\varrho = r\,\frac{\left(1 + \alpha^2 \left[1 + \dfrac{R_0}{r} \right]^2 \right)^{3/2}}{1 + \alpha^2 \left[1 + \dfrac{R_0}{r} \right] \left[1 + 2\,\dfrac{R_0}{r} \right]}.$$

Daraus folgt für die praktisch vorkommenden Fälle mit großer
Annäherung $\boxed{\varrho = r}$.

21. Übung.

Ein linsenförmiger, von zwei Kugelflächen begrenzter Umdrehungskörper wird (Abb. 28) durch die Kraft P in eine gerade
Keilrille gedrückt. Der Körper wird um einen
Winkel um die Wirkungslinie von P gedreht.
Welchen größten Wert φ darf der Winkel
erreichen, wenn der Körper, sich wieder selbst
überlassen, in seiner Lage bleiben soll?

Im Gleichgewichtsfall müssen sich die Auflagewiderstände W_1 und W_2 in den Berührungspunkten I und II des Umdrehungskörpers
mit der Keilrille auf der Wirkungslinie von P
schneiden. An der Gleitgrenze liegen W_1 und
W_2 auf dem Mantel je eines Kegels, dessen
Achse die Berührungsnormale in I bzw. II ist

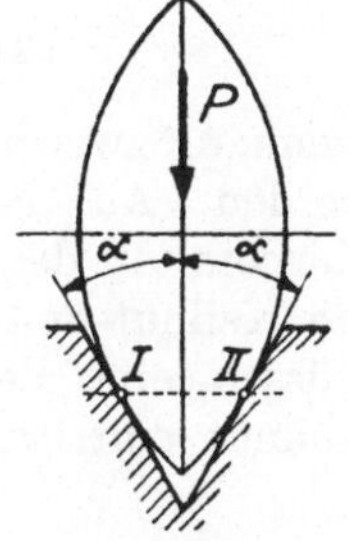

Abb. 28.

und dessen halber Öffnungswinkel die Größe des Reibungswinkels ϱ
der sich berührenden Materialien hat. Berühren sich (Abb. 29)
die beiden Reibungskegel gerade, und zwar auf der Wirkungslinie
von P, dann ist offenbar die größtmögliche Verdrehung φ des
Körpers, aus welcher er gerade nicht mehr zurückkehrt, erreicht.

Für diesen Zustand ergibt die Betrachtung der Abb. 29 einen Zusammenhang der längs bzw. quer zur Keilrille gemessenen halben Entfernungen a bzw. b der Berührungspunkte I und II:

$$\operatorname{tg} \varrho = \frac{a}{b/\cos \alpha}$$

oder

$$\frac{a}{b} = \frac{\operatorname{tg} \varrho}{\cos \alpha}; \tag{1}$$

darin ist α der halbe Öffnungswinkel der Keilrille. Um die Frage nach φ zu beantworten, muß noch der rein geometrische Zusam-

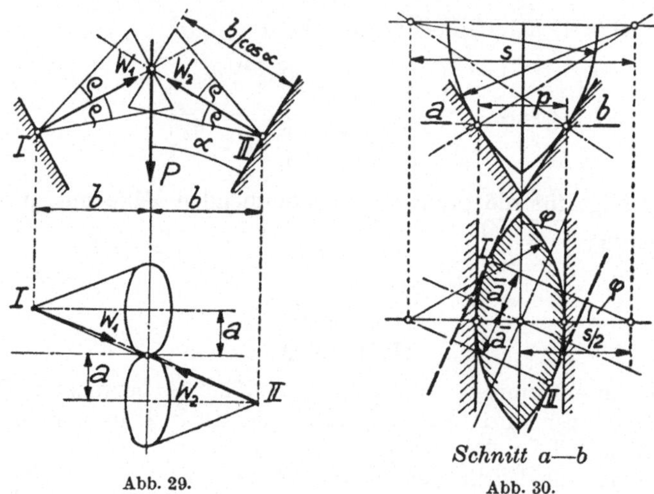

Abb. 29.

Abb. 30.

menhang zwischen φ einerseits und a sowie b anderseits ermittelt werden. Aus Abb. 30 erkennt man, daß bei einer Drehung des Körpers um den Winkel φ ohne gleichzeitige Hebung, wobei sich die Keilnut-Seitenwände in passendem Maß parallel verschieben müssen, eine Verrückung der Punkte I und II in Richtung der Keilnut eintritt, um

$$\bar{a} = \frac{s}{2} \sin \varphi. \tag{2}$$

Darin ist s der Abstand der Kugelmittelpunkte des Drehkörpers. Wenn nun die Keilnut auf das ursprüngliche Maß verengt wird, hebt sich der Drehkörper und die Querentfernung der Berührungspunkte I und II geht auf das bei gerader Stellung des Drehkörpers vorhandene Maß zurück. Also ist

$$b = \frac{p}{2}, \tag{3}$$

wenn p den Abstand der Berührungspunkte des Körpers mit der Keilnut bei gerader Stellung bedeutet.

Bei der Verengung der Keilnut ändert sich die Längsentfernung der Berührungspunkte I und II nicht und daher ist $\bar{a}$ mit a identisch und wegen Gl. (2)

$$a = \frac{s}{2} \sin \varphi. \tag{4}$$

Durch Einsetzen von Gl. (3) und Gl. (4) in Gl. (1) erhält man das gewünschte Ergebnis

$$\sin \varphi = \frac{p}{s} \frac{\operatorname{tg} \varrho}{\cos \alpha}$$

oder, wenn für $\operatorname{tg} \varrho$ die Reibungszahl μ gesetzt wird,

$$\boxed{\sin \varphi = \mu \frac{p}{s \cos \alpha}.}$$

22. Übung.

Abb. 31 zeigt ein kombiniertes Reibrad-Zahnradgetriebe. Die das große Reibrad (Radius R) und das kleine Zahnrad (Radius r) tragende Welle ist in einer Schwinge gelagert, die um die Welle des großen Zahnrades schwenkbar ist. Die Anpressung der Reibräder wird von der auf die Schwinge wirkenden Kraft K hervorgerufen. Welche Abhängigkeit besteht bei Beharrungszustand ohne Gleiten zwischen K und der Umfangskraft P an den Reibrädern? Unter welchen Bedingungen kann K wegfallen? Wenn letzteres der Fall ist, durch welche in die gleiche Wirkungsgerade wie K fallende

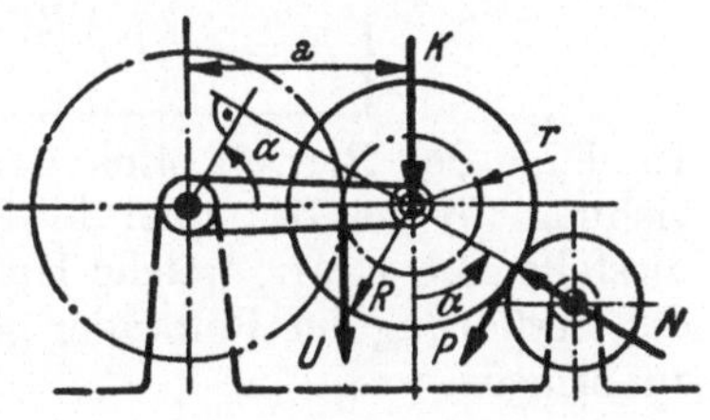

Abb. 31.

Kraft werden die Reibräder zum Gleiten gebracht?

Gleichgewichtsbetrachtung des Systems aus Wippe und darin gelagerter Welle mit dem Zahnrad und dem Reibrad. Aufstellung der Momentengleichung für die Drehachse der Wippe, wobei neben K die folgenden Kräfte eingehen (Abb. 31):

Umfangskraft U auf das kleine Zahnrad.

Umfangskraft P auf das große Reibrad.

Anpreßkraft N auf das letztere.

$$U\,(a - r) + K\,a - N\,a \cos x + P\,(R + a \sin \alpha) = 0. \qquad (1)$$

Gleichgewichts-Momentengleichung für die in der Wippe gelagerte Zahnrad - Reibrad -Welle:

$$U\,r - P\,R = 0. \qquad (2)$$

U aus den Gl. (1) und (2) eliminiert:

$$K = N \cos \alpha - P\left(\frac{R}{r} + \sin \alpha\right). \qquad (3)$$

Damit P ohne Gleiten zustande kommt, muß bei einer Haftreibungszahl μ sein:

$$N \geqq \frac{P}{\mu}. \qquad (4)$$

Die Beziehung (4) in Gl. (3) eingesetzt:

$$\boxed{K \geqq P\left(\frac{\cos \alpha}{\mu} - \sin \alpha - \frac{R}{r}\right).} \qquad (5)$$

Wenn K nicht wirkt, also für $K = 0$, ist die Beziehung (5) erfüllt, wenn (und zwar unabhängig von P!)

$$\boxed{\frac{R}{r} \geqq \frac{\cos \alpha}{\mu} - \sin \alpha.} \qquad (6)$$

An der Gleitgrenze gilt in der Beziehung (5) das Gleichheitszeichen, also

$$\boxed{K = - P\left(\frac{R}{r} + \sin \alpha - \frac{\cos \alpha}{\mu}\right).} \qquad (7)$$

Im Falle der Betrieb ohne Kraft K möglich ist, ist gemäß Beziehung (6) die Klammer in Gl. (7) positiv. Man braucht also diesfalls eine Kraft, welche laut Gl. (7) im Sinne der Aufhebung der Berührung der Reibräder gerichtet ist, um diese zum Gleiten zu bringen.

23. Übung.

Bei dem in Abb. 32 gezeichneten Getriebe führt sich die Zahnstange 1 in einem Gehäuse 2, welches auf der Welle 3 des in die Zahnstange eingreifenden Ritzels 4 drehbar gelagert ist. Die Zahnstange ist an den Hebel 5 angelenkt. Unter Berücksichtigung der Reibungen ist für den eingezeichneten Bewegungssinn des treibenden Ritzels das gegenseitige Verhältnis der Zahn-Führungs- Lager- und Gelenkkräfte für Gleichgewicht zeichnerisch zu bestimmen.

Auf das Gehäuse wirken zwei Kräfte: F, Kraft der Zahnstange gegen die Führung; L, Kraft der Ritzelwelle gegen die Lager des Gehäuses. F ist um den Reibungswinkel ϱ gegen die Normale zur Führungsfläche in einem ohne weiteres angebbaren Sinn geneigt,

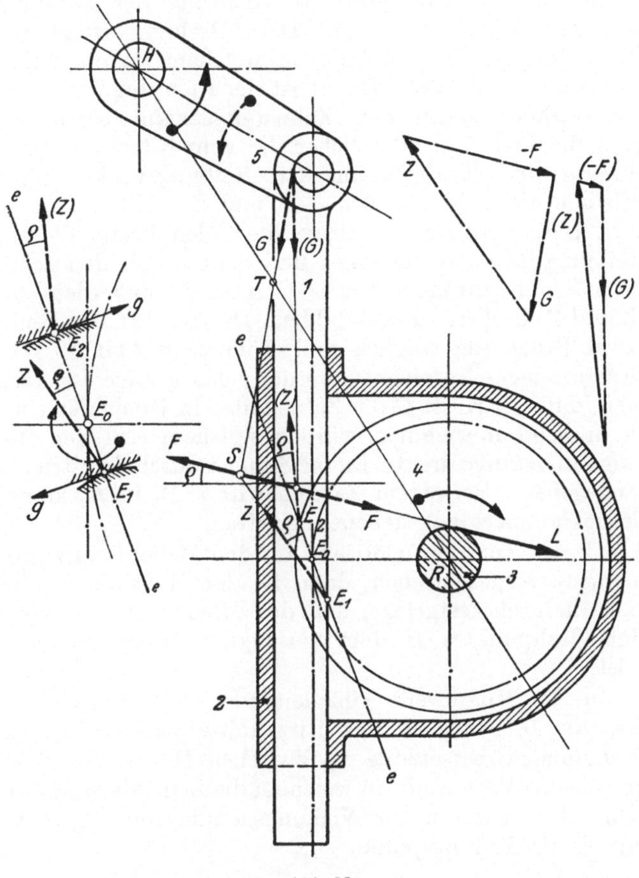

Abb. 32.

Abb. 32. L tangiert den Reibungskreis (deutlichkeitshalber ist der Zapfenkreis selbst benützt!) der Gehäuselagerung, und zwar so, daß durch L das Gehäuse im gleichen Sinne mitgenommen werden will, in dem sich die Ritzelwelle gegen das Gehäuse dreht. Weil gleichgewichthaltend, müssen F und L gegengleich sein und eine gemeinsame Wirkungsgerade haben, welche nach vorstehendem gezeichnet werden kann.

Die auf die Zahnstange wirkenden Kräfte sind strichliert eingezeichnet. Eine davon ist die Reaktion von F, $-F$. Zur weiteren Betrachtung ist anzunehmen, wo auf der Eingriffslinie ee die Zahnflanken einander gerade berühren, z. B. in E_1. Der strichlierte Pfeil (Nebenfigur) gibt die Richtung der Drehung des Ritzels gegen die Zahnstange an. Diese Drehung erfolgt stets um den Punkt E_0 der Eingriffslinie, in welchem sie die Teilgerade der Zahnstange schneidet. Damit ist die Richtung g des Gleitens des Ritzelzahnes gegen den Zahnstangenzahn bestimmt und weiterhin die Richtung, in welcher die vom Ritzel auf die Zahnstange ausgeübte Kraft Z um den Reibungswinkel gegen die Eingriffslinie abweicht. Außer $-F$ und Z wirkt auf die Zahnstange noch die vom Hebel 5 ausgeübte Gelenkkraft. Sie tangiert den Reibungskreis des Gelenkes und geht durch den schon gefundenen Schnittpunkt S von $-F$ und Z; außerdem müssen $-F$, Z und G ein Kraftdreieck bilden. Da von S an den Reibungskreis zwei Tangenten möglich sind, können in Abb. 32 zunächst zwei Kraftdreiecke gezeichnet werden; das gültige ist daran zu erkennen, daß die Kraft G die Zahnstange in jenem Sinn um das Gelenk drehend mitnehmen will, in welchem sich der Hebel 5 gegen die Zahnstange dreht. Dieser Sinn ist durch den strichlierten Pfeil angegeben. Bei einem Zahneingriff z. B. in E_2 käme man auf die geklammert angegebenen Kräfte.

Ist z. B. ein von dem Getriebe auf den Hebel 5 auszuübendes Drehmoment vorgeschrieben, dann ist der Maßstab des Kräftedreieckes dadurch festgelegt, daß das Moment von G bezüglich des Hebeldrehpunktes H dem verlangten Drehmoment gegengleich ist.

Das in die Ritzelwelle einzuleitende Drehmoment ist dem Moment von G bezüglich des Ritzelmittelpunktes gegengleich. Die Drehmomentübersetzung $\ddot{u}_M$ zwischen Hebel und Ritzel ergibt sich als das Verhältnis, in welchem die Zentrale $H\,R$ zwischen Hebel und Ritzel durch die Wirkungsgerade von G geteilt wird, also mit T als Teilungspunkt

$$\boxed{\ddot{u}_M = \frac{H\,T}{T\,R}.}$$

Ohne Reibungen fällt G in die Verbindungsgerade von E_0 und dem Gelenkmittelpunkt. Das Verhältnis der Drehmomentübersetzung bei Reibung zu jenem bei Reibungslosigkeit ist der Getriebewirkungsgrad.

24. Übung.

Ein Kran, der sich um den senkrechten Zapfen O dreht, stützt sich mittels in seinem drehbaren Teil (reibungslos) gelagerter Laufrollen auf einen Laufschienenkranz. Welches der Krandrehung entgegenwirkende Moment M_w entsteht durch eine mit Q belastete Laufrolle, wenn ihre Achse $a\,a$ infolge ungenauer Montage um e an der Achse des Zapfens O vorbeigeht? (Abb. 33.)

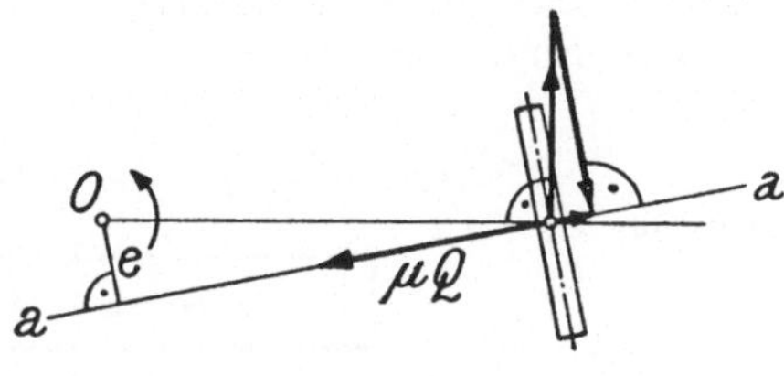

Abb. 33.

Es muß ein Gleiten der Rolle auf der Schiene eintreten, denn die Teilbewegungen, aus denen sich die Bewegung des Rollenpunktes, welcher die Schiene berührt, zusammensetzt, und die von den Drehungen um O und $a\,a$ herrühren, schließen einen Winkel ein, können daher nur eine von Null verschiedene Resultierende geben. Entgegengesetzt diesem Gleiten wirkt von der Schiene her die Gleitreibungskraft $\mu \cdot Q$ auf die Rolle. Bei reibungsfreier Lagerung derselben bedingt das Momentengleichgewicht der Rolle, daß $\mu\,Q \parallel a\,a$ ist. Die Krandrehung wird somit mit dem Moment $\boxed{M_w = Q\,\mu\,e}$ gehemmt.

25. Übung.

Ein Körper (Abb. 34) auf der mit der Geschwindigkeit u bewegten waagrechten Ebene E wird durch die feststehende Führung F, die mit u den Winkel α einschließt, längs dieser abgedrängt. Die Reibung zwischen Körper und Führung entspricht einem Reibungswinkel ϱ. Mit welcher Geschwindigkeit v bewegt sich im Beharrungszustand der Körper längs der Führung?

Parallel zu E wirken auf den Körper zwei Kräfte: Von der Führung her eine gegen die dazu Normale um den Winkel ϱ geneigte Kraft K und die Reibungskraft R, welche die Ebene E auf den

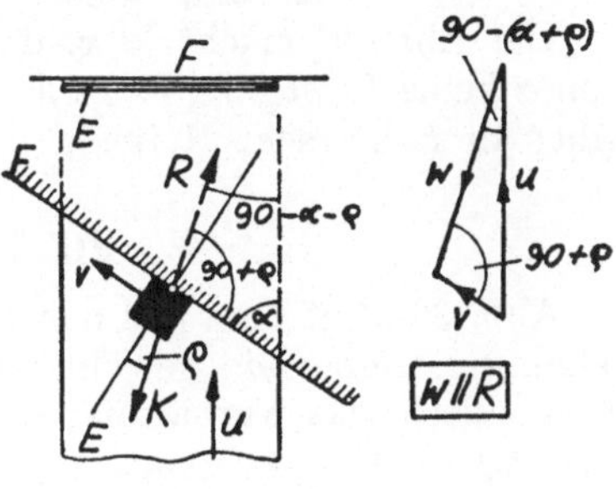

Abb. 34.

Körper ausübt. Im Gleichgewichtsfall sind K und R gleich groß und entgegengesetzt gerichtet. R muß als Reibung die entgegengesetzte Richtung der Relativgeschwindigkeit w des Körpers gegen E haben, d. h. es fällt w in die Richtung von K. Es ist $\bar{u} + \bar{w} = \bar{v}$. Dem entspricht das in Abb. 34 gezeichnete Geschwindigkeitsdreieck.

Der Sinussatz ergibt

$$\frac{u}{\sin (90° + \varrho)} = \frac{v}{\sin [90° - (\alpha + \varrho)]},$$

woraus

$$\boxed{v = u\,(\cos\alpha - \sin\alpha\,\mathrm{tg}\,\varrho).} \tag{1}$$

Führt man die Reibungszahl $\mu = \mathrm{tg}\,\varrho$ zwischen Körper und Führung ein, wird

$$\boxed{v = u\,(\cos\alpha - \mu\sin\alpha).} \tag{2}$$

Daraus ergeben sich die Folgerungen:

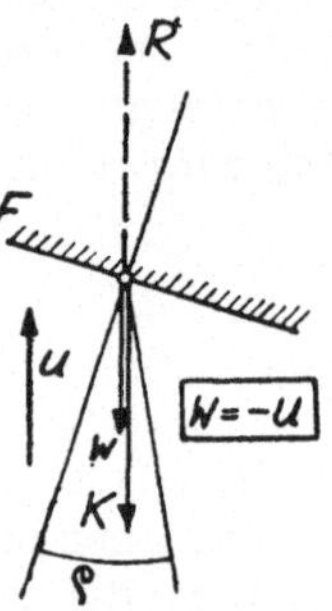

Abb. 35.

1. v ist unabhängig von der Größe der Reibung zwischen Körper und Ebene!

2. Im Beharrungszustand besteht keine Bewegung längs der Führung ($v = 0$), wenn $\mathrm{tg}\,\alpha = \dfrac{1}{\mu}$, d. h. $\alpha = 90° - \varrho$. Für den Bereich von α zwischen $90° - \varrho$ und $90°$ gelten die Gl. (1) und Gl. (2) nicht. (Sie ergeben nämlich dafür einen negativen Wert von v, d. h. eine gegenüber Abb. 34 entgegengesetzte Richtung von v. Dem entsprechen eine Lage von K, die gegenüber Abb. 34 gerade symmetrisch bezüglich der Führungsnormalen ist und damit andere geometrische Beziehungen als die, welche zur Gl. (1) und Gl. (2) führten.)

Die Abb. 35 macht klar, daß es für den genannten Bereich von α keine Bewegung längs der Führung mit Beharrungszustand gibt; an F herrscht Reibung der Ruhe.

26. Übung.

Abb. 36 zeigt zwei aus den gleichen Rädern aufgebaute Übersetzungsgetriebe: ein gewöhnliches mit der Übersetzung $\ddot{u}$, definiert durch das Verhältnis $\omega_{\mathrm{I}}/\omega_{\mathrm{II}}$ der Winkelgeschwindigkeiten von Welle I und Welle II, und ein Planetengetriebe, bei welchem Welle II festgehalten ist. Wie ist die Übersetzung beim letzteren und wie verhalten sich bei gleicher geschwindigkeitsmäßiger und gleicher kräftemäßiger Beanspruchung der Verzahnungen die übertragbaren Leistungen der beiden Getriebearten?

Gleiche kräftemäßige Verzahnungsbeanspruchung ist gewahrt, wenn das Moment an Welle I gleich bleibt. Demnach verhalten sich die im Fragesinn übertragbaren Leistungen einfach wie die bei gleichen Relativgeschwindigkeiten der kämmenden Räder auftretenden Winkelgeschwindigkeiten der Welle I. Beim gewöhnlichen Getriebe ist $\omega_{II} = \omega_I/\ddot{u}$. Um unter Beibehaltung der Relativgeschwindigkeiten das Planetengetriebe aus dem gewöhnlichen Getriebe entstehen zu lassen, erteilt man sämtlichen Teilen um Welle II die Winkelgeschwindigkeit $-\omega_{II} = -\omega_I/\ddot{u}$, denn dadurch kommt Welle II zum Stillstand. Welle I erhält die

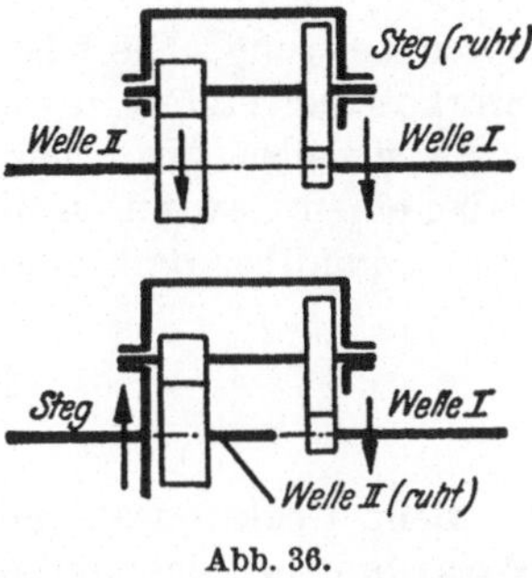

Abb. 36.

Winkelgeschwindigkeit $\omega_I - \dfrac{\omega_I}{\ddot{u}} = \omega_I\left(1 - \dfrac{1}{\ddot{u}}\right)$. Nach obigem *ist daher die vom Planetengetriebe übertragbare Leistung das* $\left(1 - \dfrac{1}{\ddot{u}}\right)$-*fache der vom gewöhnlichen Getriebe übertragbaren Leistung*. Es kommt dabei nur auf den *Betrag* von $1 - \dfrac{1}{\ddot{u}}$ an. Bei der vorgenommenen Umwandlung erhält der bisher ruhende Steg die Winkelgeschwindigkeit $-\dfrac{\omega_I}{\ddot{u}}$. Es ist somit die *Über-*

setzung des Planetengetriebes $\dfrac{\omega_I\left(1 - \dfrac{1}{\ddot{u}}\right)}{-\dfrac{\omega_I}{\ddot{u}}} = -(\ddot{u} - 1)$.

Es kommt dabei nur auf den *Betrag* an. Man erkennt: Mittels des Planetengetriebes kann man starke Übersetzungen erreichen, wenn man $\ddot{u}$ nahe an 1 macht. Dann können aber nur verhältnismäßig kleine Leistungen übertragen werden. Die vorausgesetzten gleichen Kraft- und Geschwindigkeitsverhältnisse bedingen die gleiche Verlustleistung wie beim gewöhnlichen Getriebe mit seiner viel größeren Leistung. Somit muß der Wirkungsgrad des stark übersetzenden Planetengetriebes schlecht sein! Macht man $\ddot{u}$ klein (z. B. $^1/_{10}$), dann kann das Planetengetriebe eine verhältnismäßig große Leistung (die 9-fache des gewöhnlichen Getriebes) übertragen, es ist aber nur eine schwache Übersetzung $\left(\dfrac{9}{10}\right)$ zu erzielen. Die gleichen Verhältnisse herrschen, wenn die Räder auf Welle *I* und Welle *II* Innenverzahnung haben. Hat eines der Räder auf den Wellen *I* und *II* Außen-, das andere Innenverzahnung, dann ist die vom Planetengetriebe übertragbare Leistung das $\left(1 + \dfrac{1}{\ddot{u}}\right)$-fache der vom gewöhnlichen Getriebe übertragbaren Leistung. Die Übersetzung des Planetengetriebes ist $\ddot{u} + 1$. Starke Übersetzungen sind somit in diesem Fall nur zu erreichen, wenn $\ddot{u}$ selbst groß gemacht wird, das Planetengetriebe ergibt dabei einen Gewinn an übertragbarer Leistung und an Wirkungsgrad gegenüber dem gewöhnlichen Getriebe.

III. Kinetik.
27. Übung.

Beim Reaktionsantrieb von Fahrzeugen werden Massen in der Weise beschleunigt, daß die Reaktion zur beschleunigenden Kraft in Richtung der Fahrt auf das Fahrzeug wirkt. Die konstante Fahrzeuggeschwindigkeit sei u. Die Beschleunigung der Massen erfolge auf die Geschwindigkeit w relativ zum Fahrzeug. Wie groß ist der Wirkungsgrad des Reaktionsantriebes in den beiden Hauptfällen:

a) Die zu beschleunigenden Massen ruhen im Fahrzeug (wie z. B. bei der Rakete).

b) Die zu beschleunigenden Massen ruhen absolut (wie z. B. beim Schraubenpropeller).

Die Kraft P wirke während der Zeit t auf die Masse m. Wegen $u = \text{konst.}$ ist die Relativbeschleunigung b von m gegen das Fahrzeug zugleich die Absolutbeschleunigung von m.

Fall a). Die Relativgeschwindigkeit von m wächst während t von Null auf w, also ist

$$b = \frac{w}{t} \quad \text{und} \quad P\,(= m\,b) = \frac{m}{t}\,w. \tag{1}$$

Der Relativweg der Masse m gegen das Fahrzeug während der Beschleunigung von m ist

$$S_r\left(= \frac{b}{2}\,t^2 = \frac{w}{2\,t}\,t^2\right) = \frac{w \cdot t}{2}. \tag{2}$$

Die inneren Kräfte zwischen m und dem Fahrzeug, also P und die Reaktion $-P$, leisten die Arbeit $A_P = P\,S_r$. Es wird mit Gl. (1) und (2)

$$A_P = \frac{m\,w^2}{2}.$$

Um m auf die Geschwindigkeit u des Fahrzeuges zu bringen, mußte schon einmal die Arbeit $A_m = \dfrac{m\,u^2}{2}$ geleistet werden. Der gesamte Arbeitsaufwand $A_a = A_P + A_m$ ist demnach

$$A_a = \frac{m}{2}\,(w^2 + u^2).$$

Die Nutzarbeit A_n besteht darin, daß $-P$ auf das Fahrzeug

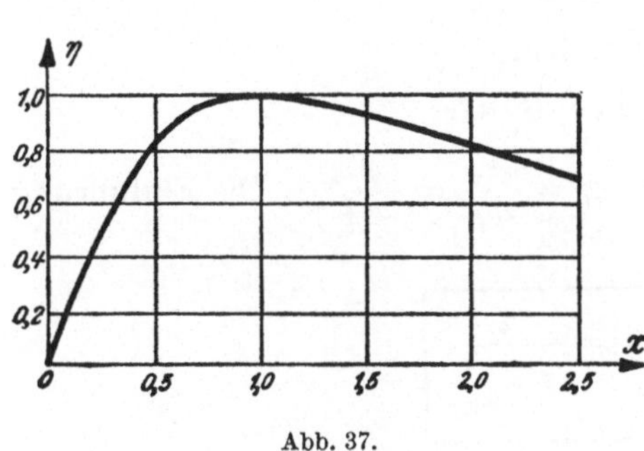

Abb. 37.

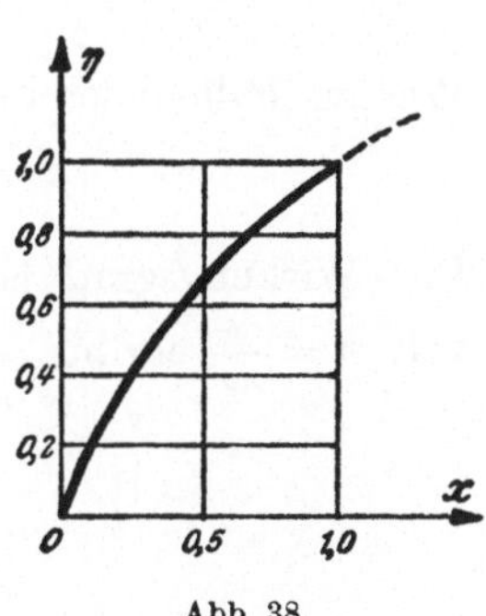

Abb. 38.

wirkt, während es den Weg $-u\,t$ zurücklegt. Es ist also $A_n =$ $= P\,u\,t$ und wegen Gl. (1)

$$A_n = m\,u\,w.$$

Der Wirkungsgrad $\eta = \dfrac{A_n}{A_a}$ wird demnach

$$\eta = \frac{2\,u\,w}{u^2 + w^2}.$$

Man führt zweckmäßig $x = \dfrac{u}{w}$ ein und bekommt

$$\boxed{\eta = \frac{2}{x + \dfrac{1}{x}}.}$$

Dies ist in Abb. 37 dargestellt. Der beste Wirkungsgrad (und zwar $\eta = 1$) wird erreicht für $x = 1$, also $u = w$.

Fall b). Die Relativgeschwindigkeit von m wächst während t von u auf w, also ist $b = \dfrac{w - u}{t}$ und

$$P\,(= m\,b) = \frac{m}{t}\,(w - u). \tag{3}$$

Der Relativweg von m gegen das Fahrzeug während der Beschleunigung von m ist

$$S_r \left(= u\,t + \frac{b}{2}\,t^2 = u\,t + \frac{w-u}{2\,t}\,t^2 \right) = \frac{t}{2}\,(w+u). \qquad (4)$$

Mit Gl. (4) wird die Arbeitsleistung $A_P = P\,S_r$ der inneren Kräfte

$$A_P = P\,\frac{t}{2}\,(w+u).$$

Wie im Fall a) ist die Nutzarbeit

$$A_n = P\,u\,t.$$

Der Wirkungsgrad ist hier $\eta = \dfrac{A_n}{A_P} = \dfrac{2\,u}{w+u}$. Die Einführung von $x = \dfrac{u}{w}$ ergibt

$$\boxed{\eta = \frac{2}{1 + \dfrac{1}{x}}.}$$

Dies ist in Abb. 38 dargestellt. Wie im Fall a) wird $\eta = 1$ für $x = 1$, dagegen würde formelmäßig $\eta > 1$ für $x > 1$. Dieser Bereich von x hat aber keine physikalische Bedeutung, denn eine Antriebskraft auf das Fahrzeug kann gemäß Gl. (3) nur zustande kommen, wenn $u < w$, also $x < 1$.

Ist die Beschleunigung der betrachteten Masse beendet, dann muß eine weitere Masse beschleunigt werden und so fort. Die Größe $Q = \dfrac{m}{t}$ in den Gl. (1) und (3) bedeutet daher die in der Zeiteinheit auf die relative Geschwindigkeit w gebrachte Masse.

28. Übung.

Welche Kraftwirkungen auf die beiden im Abstand e voneinander befindlichen Wellen, welche durch die bekannte OLDHAMsche oder Kreuzscheibenkupplung miteinander verbunden sind, entstehen durch die Massenwirkung der Zwischenscheibe (Masse m) bei gleichförmigem Umlauf der Wellen? Abb. 39.

Außer den beiden Wellen dreht sich auch die Zwischenscheibe gleichförmig, erfordert daher kein Moment um ihren Schwerpunkt zu ihrer Bewegung. Dieser durchläuft, wie man in der Abbildung erkennt, einen Kreis vom Durchmesser e, und zwar gleichförmig mit der doppelten Winkelgeschwindigkeit ω der Wellen. Somit muß eine durch den Scheibenschwerpunkt und den Kreismittelpunkt gehende Kraft $C = m \dfrac{e}{2} (2\,\omega)^2 = 2\,m\,e\,\omega^2$ seitens der beiden Wellen auf die Scheibe ausgeübt werden. Jede Welle kann nur mit einer senkrecht auf die zugehörige Führungsnutrichtung stehenden Kraft auf die Scheibe einwirken, wodurch die Kraftrichtung festliegt. Die Zerlegung von C in zwei derartige Kräfte P_I und P_{II}, welche von den Wellen I bzw. II herstammen, ergibt, wenn der Winkel φ der Abb. 39 die Stellung der Kupplung kennzeichnet, $P_I = C \sin \varphi$, $P_{II} = C \cos \varphi$ oder

$$\boxed{P_I = 2\,m\,e\,\omega^2 \sin \varphi}$$

und

$$\boxed{P_{II} = 2\,m\,e\,\omega^2 \cos \varphi.}$$

Die Reaktionen dieser Kräfte sind die gesuchten Kräfte.

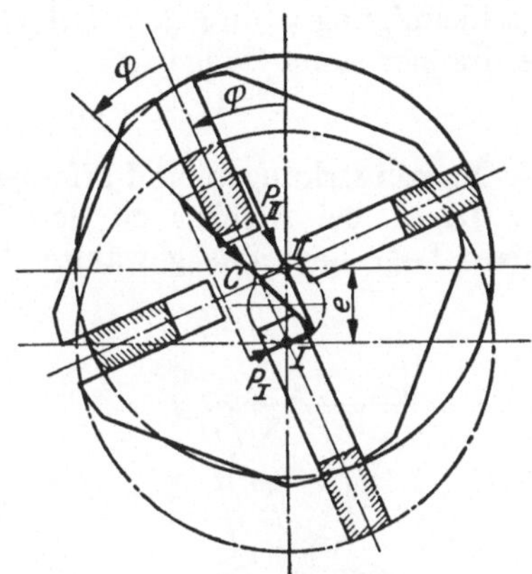

Abb. 39.

Gleichgültig in welchem Punkt der Wirkungslinie von C man C in P_I und P_{II} zerlegt, stets verschwindet die Summe der Momente von P_I um Welle I und von P_{II} um Welle II. Somit gilt bei gleichförmigem Umlauf für die Drehmomente an den beiden Wellen dieselbe Bedingung wie für Gleichgewicht (dauernde Ruhe).

29. Übung.

Bei der in Abb. 40 gezeichneten Luftpumpe wird der Mittelpunkt M des Verdrängers V durch den Kurbelzapfen K auf einem Kreis im Gehäuse G herumgeführt, während die Achse $a\,a$ der mit V starr verbundenen Zunge Z stets durch den Punkt A geht.

Zu ermitteln ist:

a) der Druck zwischen Führung und Zunge in A;

b) das Biegemoment in der Zungenwurzel W, beide hervorgerufen durch die Trägheitswirkung des Verdrängers (Schwerpunkt von Verdränger samt Zunge in M, Ermittlung in der Umgebung der Stellen, in welchen die gesuchten Größen ihr Maximum haben; d/r verhältnismäßig groß, etwa 5).

Auf den Verdränger samt Zunge wirken die vom Kurbelzapfen herrührende Kraft und die Kraft P in A auf die Zunge. Die erste Kraft hat keinen Hebelarm bezüglich des Schwerpunktes M von Verdränger samt Zunge.

P hat daher das Moment $\mathfrak{M}$ zu liefern, welches die Drehung von $V + Z$ um den Schwerpunkt bewirkt, wobei mit der Winkelbeschleunigung γ und dem Schwerpunktsträgheitsmoment J von Verdränger samt Zunge ist:

$$\mathfrak{M} = J \cdot \gamma. \tag{1}$$

Die Massenwirkungen sind offenbar am größten in der Umgebung der Lage, bei welcher aa den Kurbelkreis tangiert (Abb. 41). Dieser Lage liegt das gewählte Achsenkreuz zugrunde.

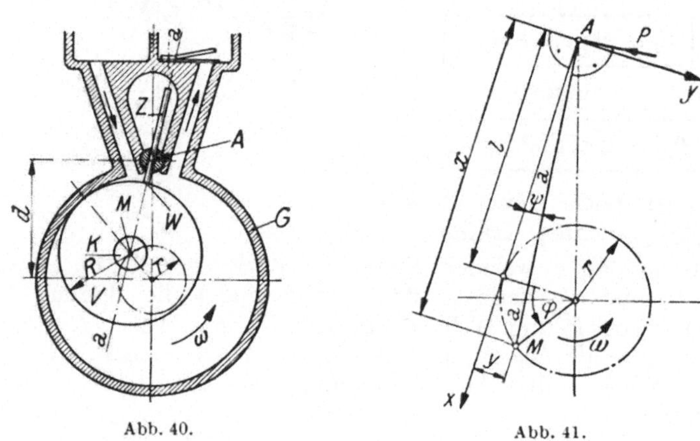

Abb. 40.   Abb. 41.

Weil $\gamma = \dfrac{d^2 \psi}{d t^2}$ und $\psi \approx \dfrac{y}{x}$, schreibt sich Gl. (1):

$$\mathfrak{M} = J \frac{d^2 \left(\dfrac{y}{x}\right)}{d t^2} = \frac{J}{x} \left[\left(\frac{d^2 y}{d t^2} - \frac{d^2 x}{d t^2} \frac{y}{x} \right) - 2 \frac{\dfrac{d x}{d t}}{x} \left(\frac{d y}{d t} - \frac{d x}{d t} \frac{y}{x} \right) \right].$$

Man entnimmt der Abb. 41

$$\left. \begin{aligned} x &= l + r \sin \varphi, \\ y &= r (1 - \cos \varphi), \end{aligned} \right\} \tag{2}$$

Gl. (2) differenziert gibt:

$$\frac{d x}{d t} = r \cos \varphi \, \frac{d \varphi}{d t}, \quad \frac{d y}{d t} = r \sin \varphi \, \frac{d \varphi}{d t}.$$

Da $\dfrac{d\varphi}{dt} = \omega$ die Winkelgeschwindigkeit ω der Kurbeldrehung ist, gilt

$$\left.\begin{aligned} \frac{dx}{dt} &= r\,\omega\cos\varphi,\\[2mm] \frac{dy}{dt} &= r\,\omega\sin\varphi. \end{aligned}\right\} \tag{3}$$

Gl. (3) differenziert gibt:

$$\left.\begin{aligned} \frac{d^2x}{dt^2} &= -\,r\,\omega^2\sin\varphi,\\[2mm] \frac{d^2y}{dt^2} &= r\,\omega^2\cos\varphi. \end{aligned}\right\} \tag{4}$$

Gl. (2), (3) und (4) werden in die letzterhaltene Gleichung für $\mathfrak{M}$ eingesetzt:

$$\mathfrak{M} = \frac{J\dfrac{r}{l}\,\omega^2}{\left(1 + \dfrac{r}{l}\sin\varphi\right)^3}\left[\cos\varphi + \frac{r}{l}\sin\varphi\,(1-\cos\varphi) + \left(\frac{r}{l}\right)^2(1-\cos\varphi)^2\right].$$

In der eckigen Klammer treten zweites und drittes Glied für den Bereich von φ zwischen etwa $\pm\,40°$ gegen das erste Glied völlig zurück, so daß angenähert gilt:

$$\mathfrak{M} = J\,\frac{r}{l}\,\omega^2\,\frac{\cos\varphi}{\left(1 + \dfrac{r}{l}\sin\varphi\right)^3}. \tag{5}$$

Der gesuchte Druck P der Führung gegen die Zunge hat im betrachteten Bereich von φ sehr angenähert den Hebelarm $l + r\sin\varphi = l\left(1 + \dfrac{r}{l}\sin\varphi\right)$ bezüglich M, so daß $\mathfrak{M} = Pl\left(1 + \dfrac{r}{l}\sin\varphi\right)$ und daraus mit Gl. (5) wird:

$$P = J\,\frac{r}{l^2}\,\omega^2\,\frac{\cos\varphi}{\left(1 + \dfrac{r}{l}\sin\varphi\right)^4}. \tag{6}$$

Das Biegemoment an der Wurzel der Zunge ist $\mathfrak{M}_b = P\,(l + r\sin\varphi - R) = \mathfrak{M} - R\,P$ und mit Gl. (5) und (6)

$$\mathfrak{M}_b = J\,\frac{r}{l}\,\omega^2\,\frac{\cos\varphi\left(1 + \dfrac{r}{l}\sin\varphi - \dfrac{R}{l}\right)}{\left(1 + \dfrac{r}{l}\sin\varphi\right)^4}.$$

30. Übung.

Eine Seiltrommel Tr, an der die Last Q hängt, Abb. 42, kann einerseits von einer Bremse Br festgehalten, anderseits durch eine Reibkupplung Ku mit dem ständig mit gleicher Geschwindigkeit v_m laufenden Motor Mo gekuppelt werden. Bremse und Kupplung werden von einem Steuerhebel derart betätigt, daß die Bremskraft B linear mit dem Steuerhebelweg vom Höchstwert H auf

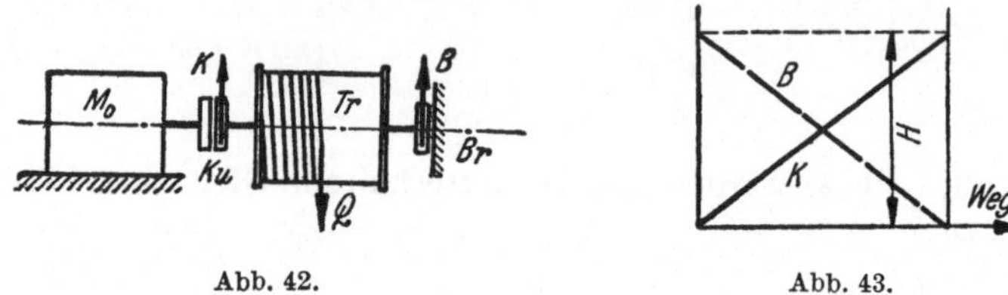

Abb. 42.   Abb. 43.

Null vermindert und zugleich die Kupplungskraft K linear von Null auf die Größe H gebracht wird, Abb. 43. Man berechne die Reibungsarbeit in der Kupplung vom Stillstand der Trommel, bis sie Motorgeschwindigkeit erlangt hat, wenn der Steuerhebelweg in der Zeit T, und zwar mit gleichförmiger Geschwindigkeit zurückgelegt wird. (Q, H, B, K, v_m sind auf Trommelumfang reduziert, ebenso v, die momentane Geschwindigkeit der Last und M, die Masse von Last plus Trommel.)

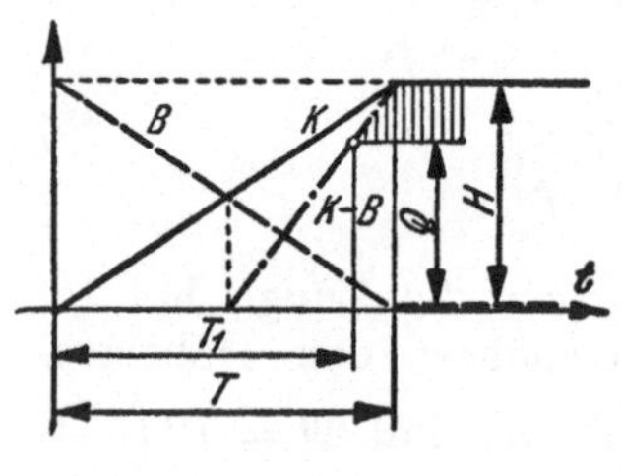

Abb. 44.

Abb. 44 zeigt den zeitlichen Verlauf von Brems- und Kupplungskraft. Bedeutet t die laufende Zeit, dann ist $(v_m - v)\,dt$ ein Differential des Schleifweges der Kupplung und die Reibungsarbeit in dieser ist also

$$A = -\int_{t_1}^{t_2} K\,(v_m - v)\,dt. \tag{1}$$

1. Bewegungsabschnitt: Last und Trommel noch in Ruhe; er währt die Zeit T_1 und ist beendet, wenn $K = B + Q$, also $K - B = Q$ geworden ist; daraus ergibt sich an Hand von Abb. 44:

$$T_1 = \frac{T}{2} + \frac{T}{2}\frac{Q}{H} \text{ oder } T_1 = \frac{T}{2}\left(1 + \frac{Q}{H}\right). \tag{2}$$

Laut Abb. 44 ist $K = H \dfrac{t}{T}$, außerdem $v = 0$, daher ist die Reibungsarbeit im 1. Bewegungsabschnitt gemäß Gl. (1)

$$A_1 = - \int_0^{T_1} H \frac{t}{T} v_m \, dt = - \frac{H v_m}{T} \int_0^{T_1} t \, dt = - \frac{H v_m}{2 T} T_1^2.$$

Einsetzen von Gl. (2) gibt

$$A_1 = \frac{H v_m T}{8} \left(1 + \frac{Q}{H} \right)^2. \tag{3}$$

2. Bewegungsabschnitt: Last in Bewegung. Bewegungsgleichung:

$$M \frac{dv}{dt} = K - B - Q.$$

Wenn die Zeit vom Beginn des 2. Bewegungsabschnittes gezählt wird, ist laut Abb. 44

$$K - B - Q = \frac{H}{T/2} \cdot t = 2 H \frac{t}{T}.$$

In die Bewegungsgleichung eingesetzt:

$$dv = \frac{2 H}{M T} t \, dt.$$

Die Integration gibt $v = \dfrac{H t^2}{M T} + C$. Die Integrationskonstante C ist Null, weil für $t = 0$ auch $v = 0$ ist. Damit wird

$$v = \frac{H t^2}{M T}. \tag{4}$$

Das Schleifen der Kupplung ist beendet, wenn $v = v_m$; die Zeit T_2 (vom Beginn des 2. Bewegungsabschnittes an gerechnet), nach welcher dies eintritt, ergibt sich aus Gl. (4) mit $t = T_2$, $v = v_m$ zu

$$T_2 = \sqrt{T \frac{M v_m}{H}}. \tag{5}$$

Voraussetzung für die Gültigkeit von Gl. (5) ist aber, daß das Schleifen der Kupplung vor Schluß der Steuerhebelbewegung beendet ist, andernfalls nämlich der bisher angenommene zeitliche Verlauf von B und K durch $B = 0$, $K = H$ abgelöst wird; d. h. es muß sein, siehe Abb. 44, $T_1 + T_2 \leqq T$. Einsetzen von Gl. (2) und (5) ergibt

$$4 \frac{M v_m}{T H} \leqq \left(1 - \frac{Q}{H} \right)^2. \tag{6}$$

Ist das erfüllt, dann ist im ganzen 2. Bewegungsabschnitt Gl. (4) gültig und gemäß Abb. 44 durchgehend

$$K = \frac{H}{T}\,(T_1 + t).$$

Dies und Gl. (4) in Gl. (1) eingesetzt, gibt die Reibungsarbeit im 2. Bewegungsabschnitt

$$A_2 = -\int_0^{T_2} \frac{H}{T}\,(T_1 + t)\left(v_m - \frac{H\,t^2}{M\,T}\right)dt. \qquad (7)$$

Die Ausführung mit Einsetzen von Gl. (5) für die obere Grenze gibt

$$A_2 = -\frac{M\,v_m^2}{4} - v_m\left[\sqrt{T\,H\,M\,v_m}\,\frac{1 + \dfrac{Q}{H}}{3}\right].$$

Mit Gl. (3) ergibt sich dann die gesamte Reibungsarbeit $A = A_1 + A_2$ zu

$$\boxed{A = -\frac{M\,v_m^2}{4} - v_m\left(1 + \frac{Q}{H}\right)\left[\frac{\sqrt{T\,H\,M\,v_m}}{3} + \frac{T\,H}{8}\left(1 + \frac{Q}{H}\right)\right].}$$

Ist die Beziehung (6) nicht erfüllt, sondern

$$\frac{4\,M\,v_m}{T\,H} > \left(1 - \frac{Q}{H}\right), \qquad (8)$$

dann herrscht im 2. Bewegungsabschnitt nur während der Zeit $T_2' = T - T_1$ [woraus mit Gl. (2)

$$T_2' = \frac{T}{2}\left(1 - \frac{Q}{H}\right) \qquad (9)$$

folgt] der bisherige Verlauf von B und K. Am Ende der Zeit T_2' hat die Trommel die Geschwindigkeit v', welche aus Gl. (4) mit $t = T_2'$ [wobei T_2' aus Gl. (9) eingesetzt wird] zu rechnen ist:

$$v' = \frac{H\,T}{4\,M}\left(1 - \frac{Q}{H}\right)^2. \qquad (10)$$

Die Reibungsarbeit im 2. Bewegungsabschnitt bis zum Ende von T_2' ist nach Gl. (7) zu rechnen, jedoch mit T_2' statt T_2 als oberer Grenze. Das führt mit Gl. (9) auf

$$A_2' = -H\left\{\frac{T\,v_m}{8}\left[3 - 2\frac{Q}{H} - \left(\frac{Q}{H}\right)^2\right] - \frac{H\,T^2}{192\,M}\left(1 - \frac{Q}{H}\right)^3\left(7 + \frac{Q}{H}\right)\right\}. \qquad (11)$$

Der an das Ende von T_2' anschließende Vorgang ist durch $K =$ $= H = $ konst., $B = 0$ gekennzeichnet, somit durch die Bewegungsgleichung

$$M \frac{dv}{dt} = H - Q.$$

Ihr Integral ist $v = \frac{H - Q}{M} t + C$. Die Integrationskonstante C ist dadurch bestimmt, daß für $t = 0$ zu setzen ist $v = v'$. Es wird $C = v'$, also gemäß Gl. (10) $C = \frac{H\,T}{4\,M} \left(1 - \frac{Q}{H}\right)^2$ und damit

$$v = \frac{H\,T}{4\,M} \left(1 - \frac{Q}{H}\right)^2 + \frac{H}{M} \left(1 - \frac{Q}{H}\right) t. \qquad (12)$$

Die Zeit vom Ende der Steuerhebelbewegung bis Ende des Schleifens der Kupplung heiße T_2''. In diesem Augenblick ist $v = v_m$ geworden. Daher wird T_2'' aus Gl. (12) mit $v = v_m$ erhalten:

$$T_2'' = \frac{M\,v_m}{H \left(1 - \frac{Q}{H}\right)} - \frac{T}{4} \left(1 - \frac{Q}{H}\right). \qquad (13)$$

Die Reibungsarbeit während der Zeit T_2'' ist laut Gl. (1) mit $K = H$ und v gemäß Gl. (12)

$$A_2'' = - \int\limits_0^{T_2''} H \left[v_m - \frac{H\,T}{4\,M} \left(1 - \frac{Q}{H}\right)^2 - \frac{H}{M} \left(1 - \frac{Q}{H}\right) t \right] dt.$$

Die Integration und die Berücksichtigung von Gl. (13) für die obere Grenze gibt

$$A_2'' = - \frac{M\,v_m^2}{2 \left(1 - \frac{Q}{H}\right)} + \frac{H\,T\,v_m}{4} \left(1 - \frac{Q}{H}\right) -$$

$$- \frac{H^2\,T^2}{32\,M} \left(1 - \frac{Q}{H}\right)^3. \qquad (14)$$

Die gesamte Reibungsarbeit $A = A_1 + A_2' + A_2''$ wird mit den gefundenen Teilwerten — Gl. (3), (11), (14)

$$\boxed{A = - \frac{M\,v_m^2}{2 \left(1 - \frac{Q}{H}\right)} - \frac{H\,T}{4} \left(1 + \frac{Q}{H}\right) \left[v_m - \frac{H\,T}{48\,M} \left(1 - \frac{Q}{H}\right)^3\right].}$$

Man erkennt, daß unabhängig, welche der beiden Beziehungen (6) oder (8) erfüllt ist, der Betrag der Reibungsarbeit aus einem von der Betätigungszeit T unabhängigen, der Wucht $\dfrac{M v_m^2}{2}$ proportionalem Anteil und einem mit T wachsenden Anteil besteht. Man sieht weiterhin, daß mit steigendem $\dfrac{Q}{H}$ der Betrag der Reibungsarbeit wächst und für $\dfrac{Q}{H} = 1$ [es gilt dann Beziehung (8)!] unendlich wird, was unmittelbar einleuchtet, da das Schleifen der Kupplung für $\dfrac{Q}{H} = 1$ kein Ende nimmt.

31. Übung.

Um das von einer Kraftmaschine K (Abb. 45) entwickelte Drehmoment M zu bestimmen, kuppelt man sie mit einem elektrischen Generator, dessen Ständer S leicht drehbar gelagert ist und sich über das Dynamometer D abstützt. Das von D auf S

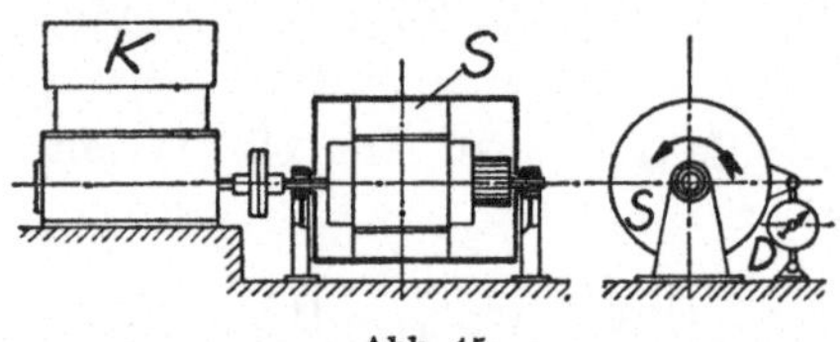

Abb. 45.

ausgeübte Drehmoment M_D wächst proportional der Verdrehung von S, und zwar um c je Bogeneinheit. Dem elektrisch-magnetischen Verhalten des Generators entspreche, daß das zwischen Stator und Rotor wirkende innere Drehmoment M_i von der relativen Winkelgeschwindigkeit ω_i zwischen Rotor und Stator abhängt, gemäß

$$M_i = M_0 \left(\frac{\omega_i}{\omega_0} - 1 \right),$$

worin M_0 (Stillstandsdrehmoment) und ω_0 (Leerlaufwinkelgeschwindigkeit) Konstante sind. Wie verläuft die Anzeige M_D des Dynamometers, wenn das Drehmoment der Kraftmaschine plötzlich von einem auf einen anderen konstanten Wert steigt oder fällt?

Es bezeichne φ den Drehwinkel des Stators, von der Lage bei Nullanzeige des Dynamometers an gerechnet, ω_R die Winkelgeschwindigkeit des Rotors, J_R das Trägheitsmoment aller mit dem Rotor umlaufenden Teile, J_S das Trägheitsmoment des Stators, wobei J_R und J_S um die gemeinsame Drehachse gerechnet sind.

Auf die mit dem Rotor umlaufenden Teile wirkt (Abb. 46 a) als Summe M_R aller äußeren Momente um die Drehachse

$$M_R = M - M_0 \left(\frac{\omega_i}{\omega_0} - 1 \right)$$

und daher ergibt sich aus der Bewegungsgleichung $M_R = J_R \dot\omega_R$

$$M - M_0 \left(\frac{\omega_i}{\omega_0} - 1 \right) = J_R \dot\omega_R. \tag{1}$$

Der Drall des aus den beiden drehbaren Teilen bestehenden Systems bezüglich der gemeinsamen Drehachse ist $\Theta = J_R \omega_R + {} + J_S \dot\varphi$. Es muß $\dot\Theta = J_R \dot\omega_R + J_S \ddot\varphi$ gleich der Summe der auf das System wirkenden äußeren Momente um die gemeinsame Drehachse sein, welche Summe nach Abb. 46 b gleich $M - M_D$ ist. Daher:

$$M - M_D = J_R \dot\omega_R + J_S \ddot\varphi. \tag{2}$$

Offenbar ist $\omega_i = \omega_R - \dot\varphi$ und damit wird Gl. (1)

$$M - M_0 \left(\frac{\omega_R - \dot\varphi}{\omega_0} - 1 \right) = J_R \dot\omega_R. \tag{1a}$$

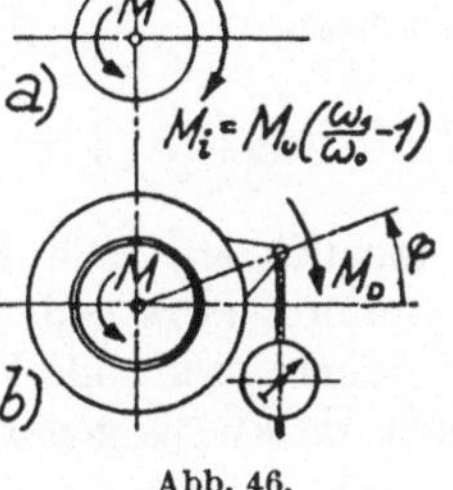

Abb. 46.

Aus $M_D = c\,\varphi$ folgt $\varphi = \dfrac{M_D}{c}$ und $\dot\varphi = \dfrac{\dot M_D}{c}$, sowie $\ddot\varphi = \dfrac{\ddot M_D}{c}$; die vorletzte Gleichung wird in Gl. (1a) eingesetzt, die letzte Gleichung in Gl. (2):

$$M - M_0 \left(\frac{\omega_R - \dfrac{\dot M_D}{c}}{\omega_0} - 1 \right) = J_R \dot\omega_R. \tag{3}$$

$$M - M_D = J_R \dot\omega_R + \frac{J_S}{c} \ddot M_D. \tag{4}$$

Aus diesen Gleichungen muß eine von ω_R und $\dot\omega_R$ freie gebildet werden:

Man zieht zunächst Gl. (3) von Gl. (4) ab:

$$M_0 \left(\frac{\omega_R - \dfrac{\dot M_D}{c}}{\omega_0} - 1 \right) - M_D = \frac{J_S}{c} \ddot M_D.$$

Die erhaltene Gleichung differenziert man nach der Zeit:

$$\frac{M_0}{\omega_0} \dot\omega_R - \frac{M_0}{\omega_0 c} \ddot M_D - \dot M_D = \frac{J_S}{c} \dddot M_D.$$

Daraus und aus Gl. (4) wird $\dot{\omega}_R$ eliminiert:

$$\dddot{M}_D + \ddot{M}_D \left(\frac{1}{J_R} + \frac{1}{J_s}\right) \frac{M_0}{\omega_0} + \dot{M}_D \frac{c}{J_s} + M_D \frac{c\,M_0}{J_R\,J_s\,\omega_0} =$$

$$= M \frac{c\,M_0}{J_R\,J_s\,\omega_0}. \quad (5)$$

Um zu dieser *inhomogenen* linearen Differentialgleichung mit konstanten Koeffizienten zu gelangen, brauchte M nicht unveränderlich angenommen zu werden. Von jetzt an soll im Sinne der Fragestellung M konstant sein. Ein partikuläres Integral von Gl. (5) ist dann $M_D = M$. Um zum vollständigen Integral von Gl. (5) zu gelangen, ist nach einem bekannten Satz zu $M_D = M$ noch das vollständige Integral der *homogenen* Differentialgleichung

$$\dddot{M}_D + \ddot{M}_D \left(\frac{1}{J_R}\right) + \frac{1}{J_s} \frac{M_0}{\omega_0} + \dot{M}_D \frac{c}{J_s} + M_D \frac{c\,M_0}{J_R\,J_s\,\omega_0} = 0 \quad (6)$$

hinzuzufügen. Die Bedingung dafür, daß sich die Anzeige des Dynamometers gedämpft schwingend oder aperiodisch einspielt, ist daher der stabile Verlauf von M_D als Lösung der Gl. (6), welcher nach HURWITZ gegeben ist, wenn das Produkt der Koeffizienten von $\ddot{M}_D$ und $\dot{M}_D$ weniger dem der Koeffizienten von $\dddot{M}_D$ und M_D eine positive Zahl gibt. Dies ist der Fall, denn man erhält $M_D \cdot c/\omega_0 J_s^2$. Die Vorrichtung verhält sich daher bei Belastungswechsel durchaus stabil.

32. Übung.

Die Geschwindigkeitsregelung einer Kraftmaschine habe folgende Einrichtung:

Das die Geschwindigkeit der Kraftmaschine anzeigende Fliehkraftpendel veranlaßt bei Abweichung der Winkelgeschwindigkeit ω nach unten bzw. oben über einen Servomotor eine der Zeit proportionale Steigerung bzw. Ermäßigung des Kraftmaschinendrehmomentes M, so daß $M = M_0 + c\,t$.

Die Einrichtung soll jedoch mit zwei verschiedenen Reguliergeschwindigkeiten c arbeiten; mit dem größeren Betrag c', solange bei wachsendem M die Winkelgeschwindigkeit sinkt oder bei sinkendem M die Winkelgeschwindigkeit wächst, in den anderen Fällen mit dem kleineren Betrag c'' (dies kommt so zustande, daß sowohl die Bewegungsumkehr der Muffe des Fliehkraftpendels als auch die des Servomotors einen Wechsel in den

Reguliergeschwindigkeiten bewirkt). Man untersuche den Regelvorgang nach einer plötzlichen Belastungsänderung bezüglich der größten Abweichung der Winkelgeschwindigkeit als auch bezüglich Schwingungen.

Während eines Reguliervorganges wirken auf den rotierenden Teil des Systems Kraftmaschine + angetriebene Maschine (Trägheitsmoment J) das Drehmoment $M = M_0 + c\,t$ der

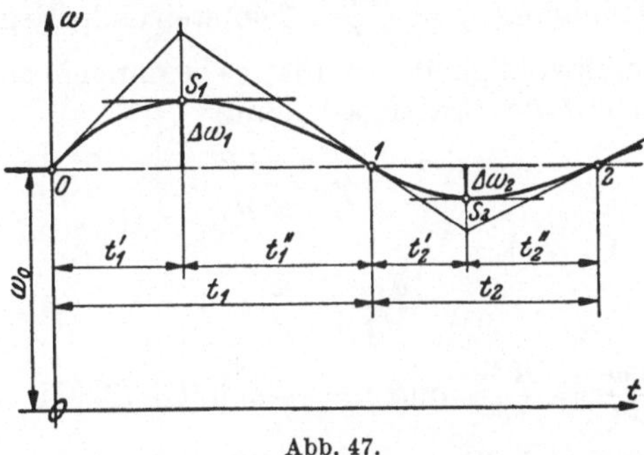

Abb. 47.

Kraftmaschine und das Widerstandsdrehmoment W der angetriebenen Maschine, daher die Bewegungsgleichung lautet:

$$J\,\frac{d\omega}{dt} = M_0 + c\,t - W = (M_0 - W) + c\,t.$$

Ihr Integral ist

$$\omega + C = \frac{1}{J}\left[(M_0 - W)\,t + \frac{c}{2}\,t^2\right],$$

oder wenn der Inhalt der eckigen Klammer zu einem vollständigen Quadrat ergänzt wird, mit einer Konstanten C'

$$\omega + C' = \frac{c}{2J}\left[t + \frac{M_0 - W}{c}\right]^2.$$

Diese Gleichung stellt Parabeln dar, deren Scheitel die Koordinaten $-C'$, $-\dfrac{M_0 - W}{c}$ haben, deren Gestalt jedoch unabhängig davon durch $\dfrac{c}{2J}$ definiert ist. Auf ein Achsenkreuz mit dem Ursprung im Parabelscheitel bezogen, hat man einfach

$$\omega = \frac{c}{2J}\,t^2. \tag{1}$$

Natürlich ist $c \gtrless 0$, je nachdem, ob die Regulierung die Kraftmaschinenfüllung gerade vermehrt oder vermindert. Der ganze

Regelvorgang setzt sich im t-ω-Bild aus lauter Parabelstücken zusammen (Abb. 47). Diese gehen ohne Knick ineinander über, denn die Kurvensteigung $\dfrac{d\omega}{dt}$ ist gleich der Winkelbeschleunigung γ, und solange sich die Momente stetig ändern, tut dies auch letztere. Ausgangspunkt ist der Beharrungszustand mit ω_0, M_0 und $W_0 = M_0$. Nun trete eine plötzliche Entlastung der angetriebenen Maschine um ΔW ein; dem entspricht eine Winkelbeschleunigung $\gamma = \dfrac{\Delta W}{J}$. Die steigende Reglermuffe löst die Reguliergeschwindigkeit $-c'$ aus; es beginnt ein entsprechender Parabelbogen mit der Anfangssteigung

$$\frac{d\omega}{dt} = \gamma = \frac{\Delta W}{J}\,.$$

Es folgt aus Gl. (1)

$$\frac{d\omega}{dt} = \frac{c}{J}\,t. \tag{2}$$

Setzt man $\dfrac{d\omega}{dt} = \dfrac{\Delta W}{J}$ und $c = -c'$ in Gl. (2) ein, so erhält man $t = -\dfrac{\Delta W}{c'}$. Das heißt, nach der Zeit

$$t_1' = \frac{\Delta W}{c'} \tag{3}$$

ab Beginn des Regelvorganges ist der Parabelscheitel S_1 erreicht. Die Steigerung $\Delta\omega_1$ der Winkelgeschwindigkeit während t_1' ergibt sich durch Einsetzen von $t = -t_1'$ in Gl. (1) mit $c = c'$ zu

$$\Delta\omega_1 = \frac{\Delta W^2}{2 J c'}\,. \tag{4}$$

Ab S_1 erfolgt die Regelung weiter mit $-c''$ bis zur Linie ω_0. Hier schaltet das Fliehkraftpendel die Reguliergeschwindigkeit $+c'$ ein bis zum Parabelscheitel S_2, ab hier herrscht $+c''$ bis zur Linie ω_0 usw.

$\Delta\omega_1$ nach Gl. (1), ausgedrückt durch $-t_1'$ und $-c'$, sodann durch t_1'' und $-c''$ und gleichgesetzt, liefert $\dfrac{c'}{2 J}\,t_1'^2 = \dfrac{c''}{2 J}\,t_1''^2$ und daraus folgt verallgemeinert

$$\frac{t_1''}{t_1'} = \frac{t_2''}{t_2'} = \ldots \sqrt{\frac{c'}{c''}}\,. \tag{5}$$

Die Tangentenneigung in 1, ausgedrückt nach Gl. (2) durch $-c''$ und t_1'', sodann durch c' und $-t_2'$, ergibt

$$\frac{-c''}{J}\, t_1'' = \frac{c'}{J}(-t_2')$$

und daraus folgt verallgemeinert

$$\frac{t_2'}{t_1''} = \frac{t_3'}{t_2''} = \ldots \frac{c''}{c'}. \tag{6}$$

Die Multiplikation von Gl. (5) und (6) liefert

$$\frac{t_2'}{t_1'} = \frac{t_3'}{t_2'} = \ldots \sqrt{\frac{c''}{c'}}. \tag{7}$$

Nun werde nach Gl. (1) $\Delta\omega_1$ durch $-c''$ und t_1'' sowie $\Delta\omega_2$ durch c' und $-t_2'$ ausgedrückt und dividiert:

$$\frac{\Delta\omega_2}{\Delta\omega_1} = \frac{c'}{-c''}\left(\frac{t_2'}{t_1''}\right)^2;$$

daraus folgt (Vorzeichen unterdrückt) mit Gl. (6) und verallgemeinert

$$\frac{\Delta\omega_2}{\Delta\omega_1} = \frac{\Delta\omega_3}{\Delta\omega_2} = \ldots \frac{c''}{c'}. \tag{8}$$

Mit Gl. (5) wird

$$t_1 = t_1' + t_1'' = t_1'\left(1 + \sqrt{\frac{c'}{c''}}\right),$$

$$t_2 = t_2' + t_2'' = t_2'\left(1 + \sqrt{\frac{c'}{c''}}\right),$$

und

$$\frac{t_2}{t_1} = \frac{t_2'}{t_1'}.$$

Mit Gl. (7) und verallgemeinert wird

$$\frac{t_2}{t_1} = \frac{t_3}{t_2} = \ldots \sqrt{\frac{c''}{c'}}. \tag{9}$$

Schließlich bestimmt sich noch $t_1 = t_1'\left(1 + \sqrt{\frac{c'}{c''}}\right)$ mit Gl. (3) zu:

$$t_1 = \frac{\Delta W}{c'}\left(1 + \sqrt{\frac{c'}{c''}}\right). \tag{10}$$

Das Ergebnis zusammengefaßt, lautet:

Der Reguliervorgang vollzieht sich in gedämpften Schwingungen. Die größte Amplitude der Winkelgeschwindigkeitsabweichung ist die erste, und zwar $\Delta\omega_1 = \frac{\Delta W^2}{2\,J\,c'}$. Die Amplituden folgen laut Gl. (8) einer geometrischen Reihe mit dem Quotienten $\dfrac{c''}{c'}$.

Die längste Schwingungshalbperiode ist die erste, und zwar $t_1 = \dfrac{\Delta W}{c'}\left(1 + \sqrt{\dfrac{c'}{c''}}\,\right)$. Die weiteren. folgen laut Gl. (9) einer geometrischen Reihe mit dem Quotienten $\sqrt{\dfrac{c''}{c'}}$.

33. Übung.

Bei den Laufrädern von Kaplanturbinen und bei manchen Windrädern und Propellern sind die Schaufeln um eine die Umdrehungsachse des Rades senkrecht schneidende oder kreuzende Achse verstellbar.

Man gebe die Momente um die Verstellachse an, die infolge der Massenwirkung der gleichförmig mit der Winkelgeschwindigkeit ω umlaufenden Schaufeln nötig sind, um diese in ihrer Stellung festzuhalten. Wie verändert sich das gesuchte Moment mit der Schaufelstellung?

Da sich die Schaufeln nicht gleichförmig *geradlinig*, sondern gleichförmig *kreisend* bewegen, sind sie nicht im Gleichgewicht. Man darf jedoch die Gleichgewichtsbedingungen anwenden, wenn an jedem Teilchen (Masse dm) der Schaufeln dessen Fliehkraft dC angebracht wird.

Es sei ein Achsenkreuz nach Abb. 48 zugrunde gelegt:

z-Achse ist die Verstellachse,
$z\,x$-Ebene parallel Radebene,
$x\,y$-Ebene durch die Radachse.

Die letztere habe von der Verstellachse den Abstand e. Die Gleichgewichtsbedingung lautet:

Gesuchtes Moment M plus Summe aller Fliehkraftmomente $d\,M^c$ um die z-Achse gleich Null, somit

$$M + \int d\,M_z{}^c = 0 \quad \text{oder} \quad M = -\int d\,M_z{}^c. \tag{1}$$

Die Fliehkraft eines Teilchens mit dem Abstand R von der Radachse wirkt in Richtung von R und ist $dC = dm\,R\,\omega^2$.

Abb. 48 zeigt: $dM_z{}^c = - dC \cos(R\,x) \cdot y$. Also ist $dM_z{}^c = -\omega^2\,dm\,y\,R\cos(R\,x)$. Aus Abb. 48 geht weiter hervor $R\cos(R\,x) = x - e$. Daher wird $dM_z{}^c = -\omega^2\,dm\,y\,(x - e)$ und durch Einsetzen in Gl. (1)

$$M = \omega^2 \left[\int dm\,x\,y - e \int dm\,y \right]. \qquad (2)$$

$$\int dm\,x\,y = J_{xy} \qquad (3)$$

ist das Deviationsmoment des Flügels bezüglich der sich in der Verstellachse schneidenden Koordinatenebenen. Nach der Definition des Schwerpunktes, der durch Index s bezeichnet sei, ist

$$\int dm\,y = m\,y_s. \qquad (4)$$

Gl. (3) und (4) werden in Gl. (2) eingesetzt:

$$M = \omega^2 [J_{xy} - e\,y_s\,m]. \qquad (5)$$

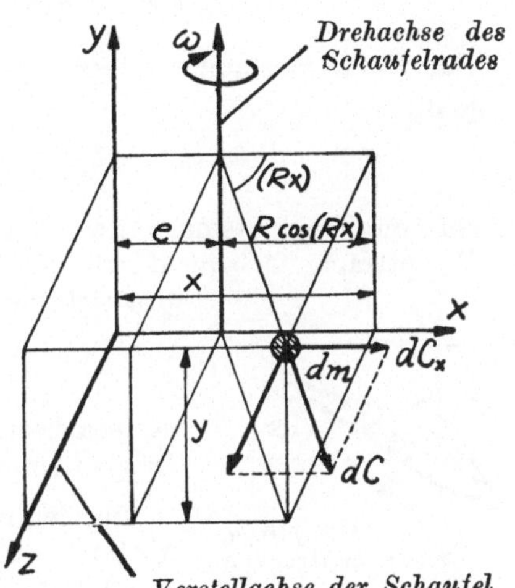

Abb. 48.

Es ist nun die Veränderlichkeit der beiden Momentenanteile, aus denen sich M zusammensetzt, zu untersuchen. J_{xy} wird Null, wenn eine beliebige der beiden durch die Verstellachse gehenden Hauptträgheitsebenen in die zx-Ebene fällt, also zur Radebene parallel wird. Gegenüber einer solchen Schaufelstellung, die durch Index a bezeichnet sei, werde eine Verstellung um den Winkel τ vorgenommen, so daß also τ der Winkel der einen Hauptträgheitsebene gegen die Radebene ist. Dabei verändert sich (Abb. 49) für jedes Schaufelteilchen:

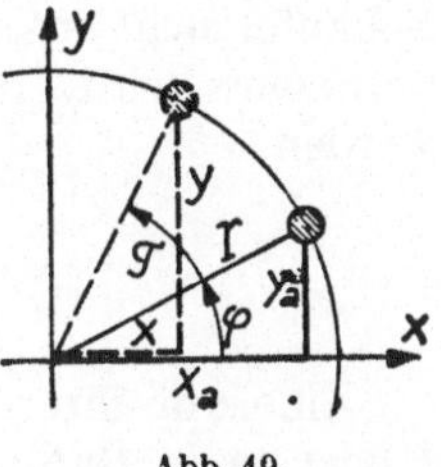

Abb. 49.

$$x_a \text{ in } x = r\cos(\varphi + \tau) = r\cos\varphi\cos\tau - r\sin\varphi\sin\tau$$
$$= x_a \cos\tau - y_a \sin\tau,$$

$$y_a \text{ in } y = r\sin(\varphi + \tau) = r\sin\varphi\cos\tau + r\cos\varphi\sin\tau$$
$$= y_a \cos\tau + x_a \sin\tau.$$

Daher wird das Deviationsmoment

$$J_{xy} = \int dm\,x\,y = \int dm\,[x_a\,y_a\,(\cos^2\tau - \sin^2\tau) + (x_a{}^2 - y_a{}^2)\sin\tau\cos\tau]$$

$$= \cos 2\,\tau \int dm\,x_a\,y_a + \frac{1}{2}\sin 2\,\tau \left(\int dm\,x_a{}^2 - \int dm\,y_a{}^2\right).$$

Das Deviationsmoment $\int dm\,x_a\,y_a$ ist nach dem Gesagten gleich Null.

$$\int dm\,y_a{}^2 = J_T \quad \text{und} \quad \int dm\,x_a{}^2 = J_{\perp T}$$

sind die Trägheitsmomente bezüglich der einen bzw. der anderen Hauptträgheitsebene durch die Verstellachse (Abb. 50). Es ergibt sich also

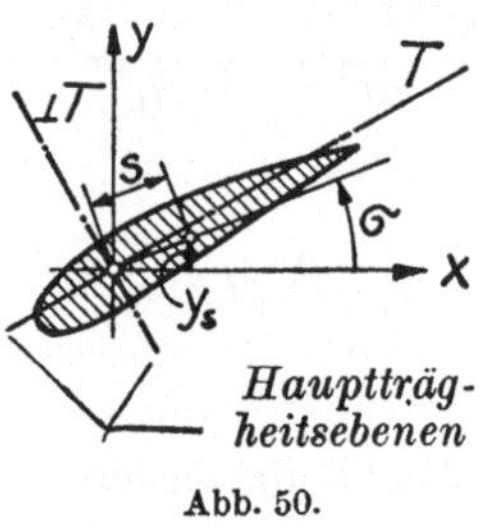

Abb. 50.

$$J_{xy} = \frac{J_{\perp T} - J_T}{2}\sin 2\,\tau. \qquad (6)$$

Zu beachten ist, daß $J_{\perp T}$ und J_T *planare* Trägheitsmomente sind.

Bezeichnet man (Abb. 50) mit s den Abstand des Schaufelschwerpunktes S von der Verstellachse und mit σ den Winkel des Schwerpunktstrahles mit der Radebene, dann ist $y_s = s \sin\sigma$ und damit und mit Gl. (6) wird Gl. (5)

$$\boxed{M = \omega^2\left[\frac{J_{\perp T} - J_T}{2}\sin 2\,\tau - m\,s\,e\sin\sigma\right].}$$

Man bemerkt, daß es auf die z-Koordinaten der Teilchen der Schaufel nicht ankommt. Sie können daher, ohne daß die Wirkung verändert wird, parallel zur Verstellachse beliebig verschoben werden.

34. Übung.

Eine um ihren Mittelpunkt annähernd reibungslos drehbare Kugel vom Radius r rotiere um eine Achse mit der Winkelgeschwindigkeit ω_a. An einer im Raum festen Stelle wird nunmehr gegen die Kugel gedrückt, so daß dort beim Gleiten eine konstante Gleitreibungskraft R entsteht. Wie verändert sich die anfängliche Winkelgeschwindigkeit der Kugel?

Das Trägheitsellipsoid für den Drehpunkt (Mittelpunkt) der Kugel ist selbst eine Kugel und die Richtungen des Dralles Θ

und der Winkelgeschwindigkeit ω fallen daher zusammen; außerdem besteht zahlenmäßig zwischen beiden die Beziehung

$$\Theta = J\,\omega, \tag{1}$$

wobei J das axiale Trägheitsmoment der Kugel ist. In Abb. 51 sieht man, daß das Moment M um den Drehpunkt, als Wirkung des infolge ω bestehenden Gleitens, in der Ebene durch ω und die Gleitstelle liegt, und zwar senkrecht zum Radius der letzteren steht. $M = R\,r$ ist die Änderungsgeschwindigkeit des Dralles, so daß sich vermöge Gl. (1) die Änderungsgeschwindigkeit von ω zu $\dfrac{R\,r}{J}$ ergibt (M bzw. R kann stets nur ein *Verkleinern* von ω bewirken, da die Reibungsarbeit stets negativ sein muß). Demnach verändert sich die Winkelgeschwindigkeit in einer Ebene, die gegeben ist durch die anfängliche Winkelgeschwindigkeit ω_a und die Gleitstelle, wobei die Projektion von ω auf die Richtung des Radius der Gleitstelle unveränderlich ist. Schließlich wird ω durch die Gleitstelle hindurchgehen und damit (von der sogenannten Bohrreibung abgesehen) das Gleiten, die Gleitreibungskraft und ihr Moment verschwinden. Von da an ist ω konstant und hat die Größe der Projektion von ω_a auf die Richtung des Radius der Gleitstelle. Die dazu senkrechte Komponente $\omega_\perp$ von ω verändert sich nach obigem mit der Geschwindigkeit $\dfrac{R\,r}{J}$, so daß $\omega_\perp$, wenn ihr anfänglicher Wert $\omega_{\perp a}$ war, nach der Zeit

$$t = \frac{\omega_{\perp a}}{\dfrac{R\,r}{J}} = \frac{J\,\omega_{\perp a}}{R\,r}$$

Abb. 51.

verschwunden ist und nach obigem auch bleibt.

35. Übung.

Welche Massenwirkungen ruft die in Abb. 52 gezeichnete Taumelscheibe hervor, wenn die Kurbelwelle mit der Winkelgeschwindigkeit ω_K und der Winkelbeschleunigung γ_K umläuft?

Damit jeder Taumelscheibenpunkt nach jedem Umlauf der Kurbelwelle wieder an seinen Platz zurückkehrt, muß das Kegelräderpaar die Übersetzung 1:1 haben. Daher halbiert die

Teilkegelerzeugende e', e'' den Winkel $180 - \alpha$. Nun ist e', e'' die Momentanachse der absoluten Taumelscheibenbewegung, und die Winkelgeschwindigkeit ω um e', e'' folgt aus der Zusammensetzung von ω_K mit der um die Kurbelzapfenachse mit ω_r erfolgenden

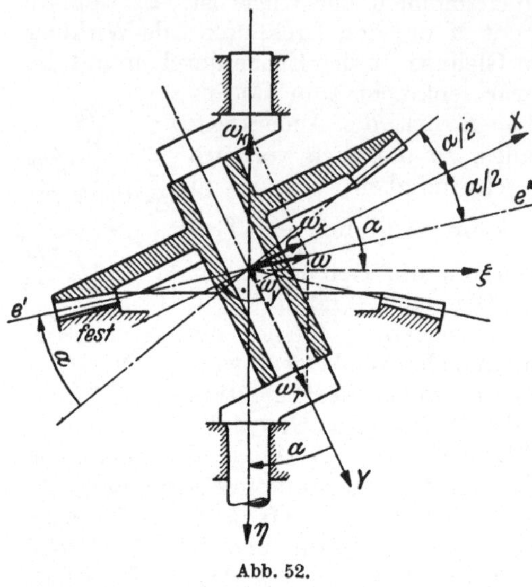

Abb. 52.

Relativdrehung der Scheibe gegen die Kurbelwelle. Es ergibt sich aus der Abbildung $\omega_r = \omega_K$ und

$$\omega = 2\,\omega_K \sin \frac{\alpha}{2}. \qquad (1)$$

Man legt ein Achsenkreuz $x\,y$ so in die gemeinsame Ebene von Kurbelwellen- und Kurbelzapfenachse, daß die y-Achse mit letzterer zusammenfällt und zerlegt ω in ω_x und ω_y. Unter der Voraussetzung, daß das Trägheitsellipsoid der Scheibe ein Drehellipsoid um die y-Achse ist, fällt der Drall Θ der Scheibe stets mit $x\,y$-Ebene zusammen und hat die Komponenten

$$\Theta_x = \omega_x J_x, \qquad (2)$$

$$\Theta_y = \omega_y J_y. \qquad (3)$$

Darin sind J_x und J_y die Trägheitsmomente der Scheibe um x bzw. y. Laut Abbildung ist $\omega_x = \omega \cos \frac{\alpha}{2}$, $\omega_y = \omega \sin \frac{\alpha}{2}$; und mit Gl. (1): $\omega_x = \omega_K \sin \alpha$, $\omega_y = \omega_K (1 - \cos \alpha)$; hiermit verändern sich die Gl. (2) und (3) in:

$$\Theta_x = J_x\,\omega_K \sin \alpha, \qquad (4)$$

$$\Theta_y = J_y\,\omega_K (1 - \cos \alpha). \qquad (5)$$

Nun lege man noch das in Abb. 53 gezeigte ξ, η-Achsenkreuz und erhält die darauf bezogenen Drallkomponenten zu

$$\Theta_\xi = \Theta_x \cos \alpha + \Theta_y \sin \alpha,$$

$$\Theta_\eta = \Theta_y \cos \alpha - \Theta_x \sin \alpha$$

und mit Gl. (4) und (5)

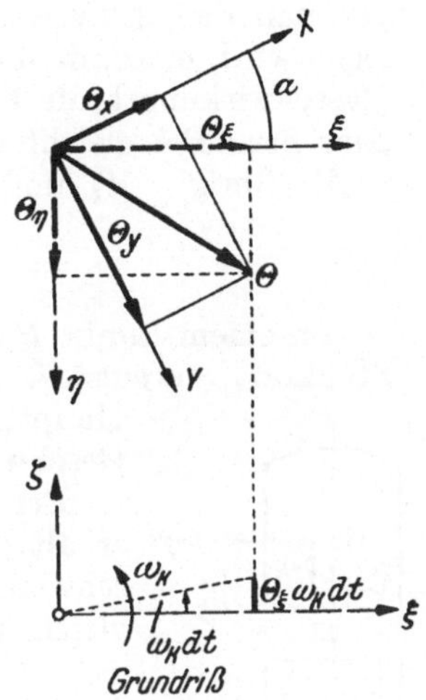

$$\Theta_\xi = \omega_K \left(J_v \sin \alpha - \frac{J_v - J_x}{2} \sin 2\,\alpha \right),$$

$$\Theta_\eta = \omega_K \times$$

$$\left(J_v \cos \alpha - \frac{J_v - J_x}{2} \cos 2\,\alpha - \frac{J_v + J_x}{2} \right).$$

Durch Ableiten, wobei $\dfrac{d\,\omega_K}{d\,t} = \gamma_K$, folgen die Komponenten der Dralländerungen je Zeiteinheit in der ξ-η-Ebene zu

$$\frac{d\,\Theta_\xi}{d\,t} = \gamma_K \times$$

$$\left[J_v \sin \alpha - \frac{J_v - J_x}{2} \sin 2\,\alpha \right], \quad (6)$$

$$\frac{d\,\Theta_\eta}{d\,t} = \gamma_K \left[J_v \cos \alpha - \frac{J_v - J_x}{2} \cos 2\,\alpha - \frac{J_v + J_x}{2} \right]. \quad (7)$$

Abb. 53.

Nun dreht sich die ξ-η-Ebene und der in ihr liegende Drallvektor Θ mit ω_K; infolgedessen entsteht senkrecht dazu, in der ζ-Richtung, eine absolute zeitbezogene Dralländerung von der Größe

$$\omega_K \cdot \Theta_\xi = \omega_K{}^2 \left[J_v \sin \alpha - \frac{J_v - J_x}{2} \sin 2\,\alpha \right],$$

während durch $\dfrac{d\,\Theta_\xi}{d\,t}$ und $\dfrac{d\,\Theta_\eta}{d\,t}$ schon die absoluten Dralländerungen je Zeiteinheit in den Richtungen ξ bzw. η gegeben sind.

Die Kräfte, welche die Bewegung bewirken, haben ein Moment, welches der absoluten Dralländerung je Zeiteinheit gleich ist. Als Reaktionen dazu haben die Massenwirkungen ein Moment M mit den Komponenten:

$$M_\xi = - \gamma_K \left[J_v \sin \alpha - \frac{J_v - J_x}{2} \sin 2\,\alpha \right],$$

$$M_\eta = - \gamma_K \left[J_v \cos \alpha - \frac{J_v - J_x}{2} \cos 2\,\alpha - \frac{J_v + J_x}{2} \right],$$

$$M_\zeta = - \omega^2 \left[J_v \sin \alpha - \frac{J_v - J_x}{2} \sin 2\,\alpha \right].$$

Da man den Schwerpunkt der Scheibe in die Kurbelwellenachse
legen wird, er somit dauernd ruht und daher keine resultierende
Massenwirkungskraft besteht, rührt M von einem reinen Kräftepaar her. Bei gleichförmigem Umlauf, $\gamma_K = 0$, bleibt nur $M =$
$= M_\zeta$ übrig, M_ξ und M_η verschwinden.

36. Übung.

An einem Punkt P eines ruhenden Körpers, Abb. 54, tritt die
Stoßkraft (Impuls) K auf, parallel zu einer der Schwerpunkts-
Hauptträgheitsachsen x, y, z des Körpers. Welche
Geschwindigkeit wird dem Körper in P erteilt?

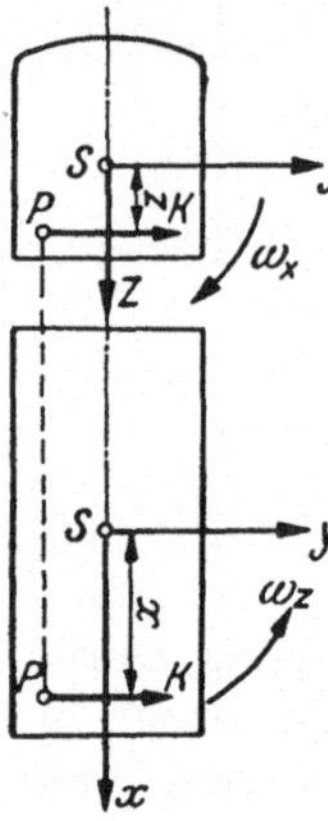

Der Schwerpunkt S des Körpers, Masse m,
erhält durch die Stoßkraft K eine derartige Geschwindigkeit v_s, daß die Bewegungsgröße $m\,v_s$
gleich und gleichgerichtet K ist:

$$m\,v_s = K. \tag{1}$$

Da die Stoßkraft um die Hauptträgheitsachsen x
und z Momente hat, entstehen diesen gleiche Drallkomponenten bezüglich der Hauptträgheitsachsen:

$$K\,x = J_z\,\omega_z, \tag{2}$$
$$K\,z = -\,J_x\,\omega_x. \tag{3}$$

Abb. 54.

Es bedeuten darin ω_x, ω_z Komponenten der
Winkelgeschwindigkeit, J_x, J_z Hauptträgheits-
momente. Die infolge v_s, ω_x, ω_z sich ergebende
Geschwindigkeit von P ist:

$$v = v_s + \omega_z\,x - \omega_x\,z; \tag{4}$$

darein werden Gl. (1), (2) und (3) eingesetzt:

$$v = \frac{K}{m}\left(1 + \frac{x^2}{\dfrac{J_z}{m}} + \frac{z^2}{\dfrac{J_x}{m}}\right).$$

Führt man die Trägheitsradien ein, $\varrho_z{}^2 = \dfrac{J_z}{m}$ und $\varrho_x{}^2 = \dfrac{J_x}{m}$,
so erhält man:

$$\boxed{\,v = \frac{K}{m}\left(1 + \left[\frac{x}{\varrho_z}\right]^2 + \left[\frac{z}{\varrho_x}\right]^2\right).\,}$$

Es ist bezüglich v so, als ob in P eine konzentrierte Masse

$$m^* = \frac{m}{1 + \left(\dfrac{x}{\varrho_z}\right)^2 + \left(\dfrac{z}{\varrho_x}\right)^2}$$

vorhanden wäre.

37. Übung.

Welche Kräfte auf Lagerung und Antrieb übt ein zweiflügeliger Propeller durch Massenwirkung aus, der mit der konstanten Winkelgeschwindigkeit ω_u umläuft, wenn seine Umlaufachse um eine quer dazu gerichtete Achse mit der konstanten Winkelgeschwindigkeit ω_S geschwenkt wird? Es ist der Vergleich mit einem mehrflügeligen Propeller zu ziehen.

Der Propellerschwerpunkt S fällt auf die Umlaufachse. Die Massenwirkung infolge der Schwerpunktsbewegung ist dann so einfach zu überschauen, daß von ihr abgesehen werden soll, d. h. die Schwenkachse wird durch S angenommen, wie dies Abb. 55 zeigt. Wegen der Eigenart der Propellergestalt kann annähernd angenommen werden:

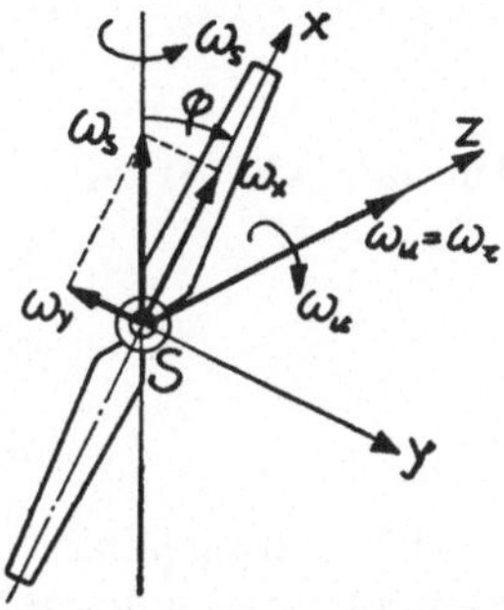

1. Trägheitsmoment J_x um jene Hauptträgheitsachse x, welche in Flügelrichtung liegt, gleich Null:

$$J_x = 0. \tag{1}$$

2. Trägheitsmomente J_y und J_z um die beiden anderen Hauptträgheitsachsen y

Abb. 55.

und z, von denen letztere mit der Umlaufachse zusammenfällt, untereinander gleich:

$$J_y = J_z = J. \tag{2}$$

Der Winkel φ der Flügel- oder Hauptträgheitsachse x gegen die Schwenkachse verändert sich proportional zur Zeit t:

$$\varphi = \omega_u\, t. \tag{3}$$

Sind ω_x, ω_y, ω_z die Projektionen der resultierenden Winkelgeschwindigkeit ω des Propellers auf die Hauptträgheitsachsen, dann haben nach EULER die vom Propeller ausgeübten Kräfte ein Moment mit folgenden Komponenten bezüglich der Hauptträgheitsachsen:

$$
\left.
\begin{aligned}
M_x &= -J_x\,\frac{d\omega_x}{dt} + (J_y - J_z)\,\omega_y\,\omega_z,\\[4pt]
M_y &= -J_y\,\frac{d\omega_y}{dt} + (J_z - J_x)\,\omega_z\,\omega_x,\\[4pt]
M_z &= -J_z\,\frac{d\omega_z}{dt} + (J_x - J_y)\,\omega_x\,\omega_y.
\end{aligned}
\right\} \tag{4}
$$

Nach Abb. 55 ist:

$$
\left.
\begin{aligned}
\omega_x &= \omega_s \cos\varphi,\\
\omega_y &= -\omega_s \sin\varphi,\\
\omega_z &= \omega_u\,(=\text{konst.}).
\end{aligned}
\right\} \tag{5}
$$

Daraus wird

$$\frac{d\omega_x}{dt} = -\omega_s \sin\varphi \cdot \frac{d\varphi}{dt}\;;\quad \frac{d\omega_y}{dt} = -\omega_s \cos\varphi\,\frac{d\varphi}{dt}\;;\quad \frac{d\omega_z}{dt} = 0.$$

Aus Gl. (3) folgt $\dfrac{d\varphi}{dt} = \omega_u$, so daß:

$$\left.\begin{aligned}
\frac{d\omega_x}{dt} &= -\omega_u\,\omega_s \sin\varphi, \\[4pt]
\frac{d\omega_y}{dt} &= -\omega_u\,\omega_s \cos\varphi, \\[4pt]
\frac{d\omega_z}{dt} &= 0.
\end{aligned}\right\} \tag{6}$$

Aus den Gl. (4) wird durch Einsetzen von Gl. (1), (2), (5), (6):

$$\left.\begin{aligned}
M_x &= 0, \\[4pt]
M_y &= 2\,J\,\omega_u\,\omega_s \cos\varphi, \\[4pt]
M_z &= \frac{1}{2}\,J\,\omega_s^2 \sin 2\varphi.
\end{aligned}\right\} \tag{7}$$

Da der Schwerpunkt ruhend angenommen ist, stellen die Gl. (7) Komponenten eines reinen Kräftepaares dar. Es wirken also zusammen:

1. Ein Kräftepaar vom Moment $M_z = \dfrac{1}{2}\,J\,\omega_s^2 \sin 2\varphi$ um die Umlaufachse. Auf seine .Größe ist die Umlaufgeschwindigkeit ohne Einfluß. Es pulsiert sinusförmig mit der Zeit und ist immer dann Null, wenn die Flügel gerade parallel ($\varphi = 0$) oder gerade senkrecht $\left(\varphi = \dfrac{\pi}{2}\right)$ zur Schwenkachse stehen.

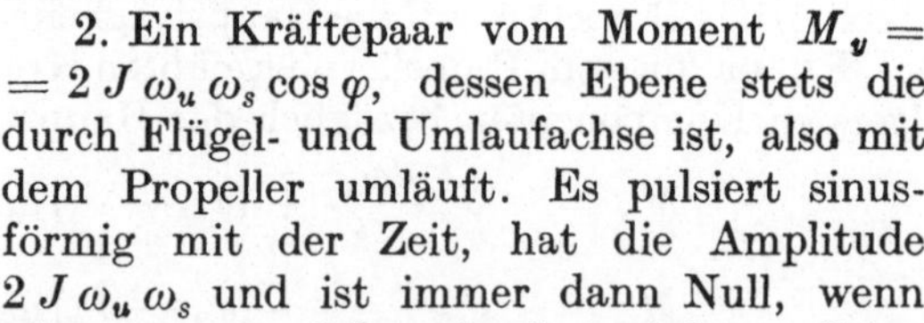

Abb. 56.

2. Ein Kräftepaar vom Moment $M_y = 2\,J\,\omega_u\,\omega_s \cos\varphi$, dessen Ebene stets die durch Flügel- und Umlaufachse ist, also mit dem Propeller umläuft. Es pulsiert sinusförmig mit der Zeit, hat die Amplitude $2\,J\,\omega_u\,\omega_s$ und ist immer dann Null, wenn die Flügel gerade senkrecht zur Schwenkachse stehen. Seine Größe und Lage im Raum ist, wie aus Gl. (7) hervorgeht, darstellbar durch Abb. 56.

Der Propeller mit mehr als zwei Flügeln hat ein Rotationsellipsoid als Trägheitsellipsoid, bildet also einen gewöhnlichen Kreisel; daher entfällt das Kräftepaar (M_z) um die Umlaufachse.

Es bleibt einzig ein Kräftepaar in der Ebene durch Schwenkachse und Umlaufachse von der Größe $J\,\omega_u\,\omega_s$. Die Massenwirkung des zweiflügeligen Propellers beim Schwenken ist also größer als die der mehrflügeligen Propeller und, im Gegensatz zu letzteren, pulsiert sie außerdem.

38. Übung.

Die Massenwirkung eines Kardangelenkstückes zu berechnen, wenn die eine der durch das Kardangelenk gekuppelten Wellen gleichförmig umläuft. (Für kleine Ablenkungswinkel der Wellen!)

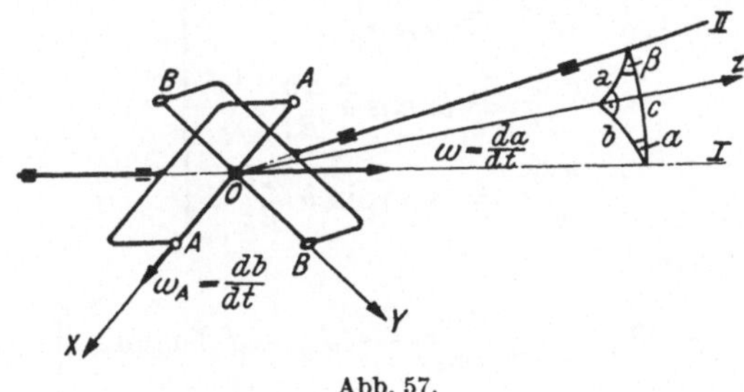

Abb. 57.

In der gemeinsamen Ebene der Wellen I und II liegt, Abb. 57, der gegebene Schnittwinkel c der Wellen. Mit dieser Ebene bildet die durch I und BB gelegte Ebene den Winkel α und die durch II und AA gelegte Ebene den Winkel β. Die Ebene durch I und BB und die durch II und AA stehen aufeinander senkrecht und schneiden sich in der Geraden Oz, die auf der Ebene $ABAB$ senkrecht steht. I, II und Oz bilden ein bei Oz rechtwinkeliges Dreikant, dem das in Abb. 57 eingetragene rechtwinkelige sphärische Dreieck abc entspricht. Die absolute Bewegung des Gelenkstückes besteht aus der Drehung der Welle I mit der Winkelgeschwindigkeit $\omega = \dfrac{d\alpha}{dt}$ und der Drehung des Gelenkstückes gegen Welle I um die Achse AA mit der Winkelgeschwindigkeit $\omega_A = \dfrac{db}{dt}$.

Es wird vorausgesetzt, der Schwerpunkt des Gelenkstückes falle nach O, ruhe daher dauernd, womit die Massenwirkung des Gelenkes zu einem reinen Kräftepaar wird, dessen Komponenten M_x, M_y, M_z bezüglich der Richtungen $Ox \equiv AA$, $Oy \equiv BB$ und Oz nach den EULERschen Gleichungen berechnet werden sollen. Ox, Oy, Oz sind wohl stets Hauptträgheitsachsen des Gelenkstückes, bezüglich welcher die Trägheitsmomente J_x, J_y, J_z heißen.

Die Winkelgeschwindigkeitskomponenten ω_x, ω_y, ω_z ergeben sich laut Abb. 57 zu

$$\left.\begin{aligned} \omega_x &= \omega_A = \frac{db}{dt}, \\ \omega_y &= \omega \sin b, \\ \omega_z &= \omega \cos b, \end{aligned}\right\} \tag{1}$$

und ihre Ableitungen nach der Zeit daraus zu

$$\left.\begin{aligned} \frac{d\omega_x}{dt} &= \frac{d^2 b}{dt^2}, \\ \frac{d\omega_y}{dt} &= \omega \cos b \, \frac{db}{dt}, \\ \frac{d\omega_z}{dt} &= -\omega \sin b \, \frac{db}{dt}. \end{aligned}\right\} \tag{2}$$

Nach EULER ist

$$\left.\begin{aligned} -M_x &= J_x \frac{d\omega_x}{dt} - (J_y - J_z)\, \omega_z \omega_y, \\ -M_y &= J_y \frac{d\omega_y}{dt} - (J_z - J_x)\, \omega_x \omega_z, \\ -M_z &= J_z \frac{d\omega_z}{dt} - (J_x - J_y)\, \omega_y \omega_x. \end{aligned}\right\} \tag{3}$$

Bei praktischen Ausführungen ist wohl stets $J_x = J_y$, wofür die gemeinsame Bezeichnung J_{xy} eingeführt wird.

Unter Einsetzen der Gl. (1) und (2) werden dann die Gl. (3):

$$\left.\begin{aligned} M_x &= -J_{xy} \frac{d^2 b}{dt^2} - (J_z - J_{xy})\, \omega^2 \sin b \cos b, \\ M_y &= (J_z - 2 J_{xy})\, \omega \cos b \, \frac{db}{dt}, \\ M_z &= J_z\, \omega \sin b \, \frac{db}{dt}. \end{aligned}\right\} \tag{4}$$

Für das sphärische Dreieck abc gilt

$$\operatorname{tg} b = \operatorname{tg} c \cdot \cos \alpha, \tag{5}$$

woraus durch Ableiten nach t mit $\dfrac{d\alpha}{dt} = \omega$ folgt:

$$\frac{db}{dt} = -\cos^2 b \sin \alpha \, \omega \operatorname{tg} c. \tag{6}$$

Die Ableitung von Gl. (6) nach t ergibt unter Verwendung von Gl. (5)

$$\frac{d^2 b}{d t^2} = -\omega^2 \operatorname{tg} c \cos^2 b \, [\cos \alpha +$$

$$+ 2 \operatorname{tg} c \sin b \cos b \sin^2 \alpha]. \tag{7}$$

Es müssen nun in den Gl. (4) berücksichtigt werden Gl. (5), (6) und (7).

Übersichtliche Ergebnisse sind nur zu erlangen durch Annäherungen, welche im Hinblick, daß b höchstens c gleich werden kann, und wenn dieser Winkel etwa 15° nicht übersteigt, zulässig sind. Es wird gesetzt $\operatorname{tg} c \sim c$, $\sin b \sim \operatorname{tg} b$, $\cos b \sim 1$, $\cos^2 b \sim 1$. Damit schreibt sich Gl. (7) $\frac{d^2 b}{d t^2} = -\omega^2 c \cos \alpha \, [1 + 2\, c^2 \sin^2 \alpha]$ und man kann daher näherungsweise schreiben

$$\frac{d^2 b}{d t^2} = -\omega^2 c \cos \alpha. \tag{7 a}$$

Es wird dann

$$\left.\begin{aligned}
M_x &= \omega^2 c \, (2\, J_{xy} - J_z) \cos \alpha, \\
M_y &= \omega^2 c \, (2\, J_{xy} - J_z) \sin \alpha, \\
\boxed{M_z = -\frac{\omega^2 c^2}{2} J_z \sin 2\, \alpha.}
\end{aligned}\right\} \tag{4 a}$$

M_x und M_y werden zu einem Moment M_{xy} zusammengesetzt, dessen Achse in die xy-Ebene fällt (Abb. 58).

Seine Größe ist

$$M_{xy} = \sqrt{M_x^2 + M_y^2}$$

und mit Gl. (4 a)

$$M_{xy} = \omega^2 c \, (2\, J_{xy} - J_z). \tag{8}$$

Der Winkel $(x\, M_{xy})$ zwischen x-Achse und M_{xy} folgt aus

$$\operatorname{tg} (x\, M_{xy}) = \frac{M_y}{M_x} = \operatorname{tg} \alpha$$

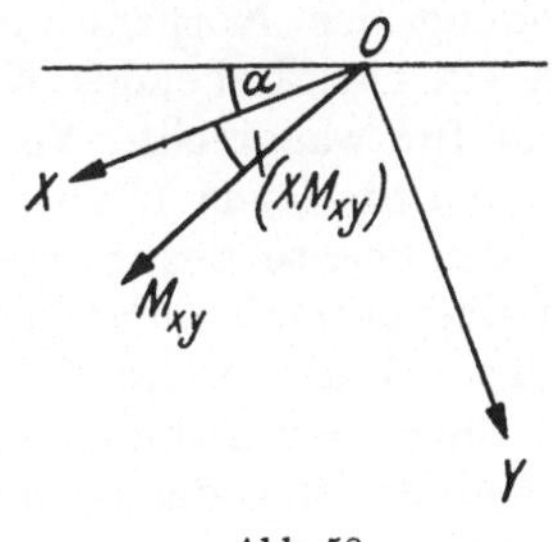

Abb. 58.

zu $(x\, M_{xy}) = \alpha$; gegenüber dem Kardangelenkstück läuft somit M_{xy} mit der Winkelgeschwindigkeit der Welle I um, gegenüber dem ruhenden Raum doppelt so schnell.

Der Ausdruck $(2\,J_{xy} - J_z)$ in Gl. (8) kann vereinfacht werden:

$$2\,J_{xy} - J_z = \sum 2\,dm\,(y^2 + z^2) - \sum dm\,(x^2 + y^2) = 2\sum dm\,z^2 +$$
$$+ \sum dm\,y^2 - \sum dm\,x^2 = 2\sum dm\,z^2 + \sum dm\,(y^2 + z^2) -$$
$$- \sum dm\,(x^2 + z^2) = 2\sum dm\,z^2 + J_x - J_y.$$

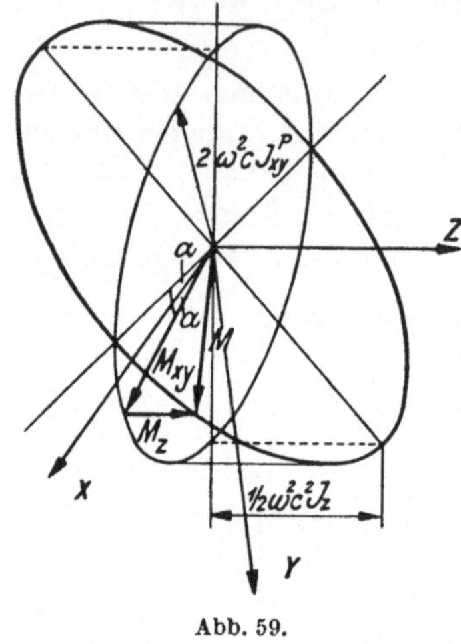

Abb. 59.

Es wurde $J_x = J_y$ angenommen, $\sum dm\,z^2$ ist das planare Trägheitsmoment J^p_{xy} bezüglich der xy-Ebene, somit ist $2\,J_{xy} - J_z = 2\,J^p_{xy}$ und Gl. (8) wird damit

$$\boxed{M_{xy} = 2\,\omega^2 c\,J^p_{xy}.} \qquad (9)$$

Nach dem Bisherigen ist die in Abb. 59 gezeigte einfache und übersichtliche Darstellung des Momentes M der Massenwirkungen, welches aus M_{xy} und M_z resultiert, verständlich.

39. Übung.

Ein von zwei Wiegendrehgestellen getragenes Schienenfahrzeug erscheint als der Körper K der Abb. 60, der sich auf die in den Ebenen 1 und 2 angebrachten Federn abstützt. Bei einer Verdrehung des Körpers um φ um die Längsachse üben die Federn ein rückdrehendes Kräftepaar vom Moment $-\varphi\gamma$ aus, während für waagrechte Verschiebungen der Punkte A und B gegen die Unterlagen U_1 bzw. U_2 die Federsteifigkeit c sei. Die Trägheitsmomente des Körpers K für die beiden Quer-Hauptachsen sind untereinander fast gleich. Welche Bewegungen führt der Körper K aus, wenn die Unterlage U_1 plötzlich quer die unveränderliche Geschwindigkeit v erhält? Der Vorgang entspricht dem Anlaufen eines der beiden Drehgestelle an die Fahrschienen.

Die Aufgabe exakt zu lösen, ist aussichtslos; es müssen Näherungen angewendet werden. Es kann vermutet werden und wird nachträglich bewiesen, daß Gerade AB stets parallel zur Ebene der Unterlagen bleibt, mit anderen Worten keine Nickbewegungen eintreten. In Abb. 61 sind die die Lage von K im wesentlichen bestimmenden Stücke x, y und φ eingetragen, desgleichen die auf K wirkenden Kräfte und das Kräftepaar, wenn U_1 im Zeitpunkt t die absolute Verschiebung $v \cdot t$ erreicht hat.

Für die Bewegung des Schwerpunktes, dessen waagrechte Verschiebung s sei, gilt, wenn m die Masse von K ist, $m\,\ddot{s} = c\,(v\,t - x) - c\,y$, oder wenn

$s = \dfrac{1}{2}\,(x + y) - \varphi\,h$ berücksichtigt und $x + y = u$ genannt wird:

$$m\left(\frac{1}{2}\,\ddot{u} - \ddot{\varphi}\,h\right) = c\,(v\,t - u). \tag{1}$$

Außer der Schwerpunktsbewegung führt K zweierlei Drehungen aus: eine um die Längs-Schwerpunktachse, φ-Drehung genannt, und eine um die Vertikal-Schwerpunktachse, ψ-Drehung genannt. Auf die resultierende Drehung werden die EULERschen Gleichungen angewendet. Die Glieder derselben, welche Produkte zweier Winkelgeschwindigkeiten enthalten, können, wie die

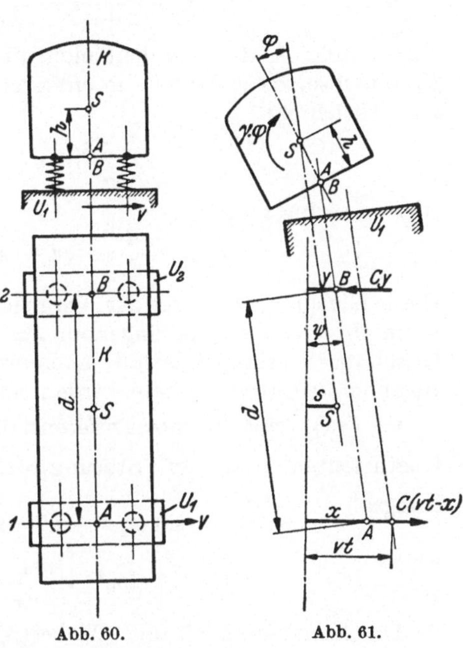

Abb. 60.   Abb. 61.

Verhältnisse bei der praktischen Aufgabe liegen, gegen die Glieder, welche Winkelbeschleunigungen enthalten, vernachlässigt werden. Das heißt es gilt für die Längshauptachse des Körpers, wenn J_φ das entsprechende Trägheitsmoment bedeutet,

$$J\,\ddot{\varphi} = [c\,(v\,t - x) - c\,y]\,h - \gamma\,\varphi \quad \text{oder mit } x + y = u$$

$$J_\varphi\,\ddot{\varphi} = c\,h\,(v\,t - u) - \gamma\,\varphi. \tag{2}$$

Nennt man J_ψ das Trägheitsmoment um die Hoch-Hauptachse, dann lautet die entsprechende vereinfachte EULERsche Gleichung

$$J_\psi\,\frac{d\,(\dot{\psi}\cos\varphi)}{dt} = \frac{d}{2}\,[c\,(v\,t - x) + c\,y]\cos\varphi.$$

In $\dfrac{d\,(\dot{\psi}\cos\varphi)}{dt} = \ddot{\psi}\cos\varphi - \dot{\varphi}\,\dot{\psi}\sin\varphi$ kann, wie vorhin, das zweite

Glied rechts vernachlässigt werden:

$$J_\psi \, \ddot\psi = \frac{d}{2} \left[c \left(v\,t - x \right) + c\,y \right],\tag{3}$$

so daß unter Benützung der geometrischen Beziehung $\psi = \dfrac{x - y}{d}$ mit $x - y = z$ wird:

$$\ddot z + \frac{d^2 c}{2\,J_\psi}\, z = \frac{d^2 c}{2\,J_\psi}\, vt.\tag{3a}$$

Nennt man J_q das Trägheitsmoment um die horizontale Quer-Hauptachse, dann lautet die entsprechende vereinfachte Eulersche Gleichung

$$J_q \, \frac{d\,(\dot\psi \sin \varphi)}{dt} = \frac{d}{2} \left[c\,(v\,t - x) + c\,y \right] \sin \varphi$$

oder näherungsweise

$$J_q \, \ddot\psi = \frac{d}{2} \left[c\,(v\,t - x) + c\,y \right].$$

Diese Gleichung ist, wie der Vergleich mit Gl. (3) zeigt, erfüllt, wenn $J_q = J_\psi$, was ja angenommen war. Alle drei Eulerschen Gleichungen stimmen somit, auch wenn Nickbewegungen nicht angenommen werden; diese werden demnach auch nicht eintreten.

Gl. (3a), eine lineare Differentialgleichung mit konstanten Koeffizienten und der Störungsfunktion $\dfrac{d^2 c}{2\,J_\psi} \cdot v \cdot t$, hat das Integral

$$z = C' \sin \omega_\psi\, t + C'' \cos \omega_\psi\, t + v\,t,\tag{4}$$

wobei

$$\omega_\psi^2 = \frac{d^2 c}{2\,J_\psi}.\tag{5}$$

Die Konstanten C' und C'' bestimmen sich daraus, daß für $t = 0$ auch $z = x - y = 0$ und $\dot z = \dot x - \dot y = 0$ ist, zu $C'' = 0$, $C' = -\dfrac{v}{\omega_\psi}$. Damit wird Gl. (4):

$$z = x - y = v \left[t - \frac{\sin \omega_\psi\, t}{\omega_\psi} \right].\tag{6}$$

Um aus Gl. (1) und (2) eine Differentialgleichung zu erhalten, die von u frei ist, setzt man in Gl. (1) ein:

a) den aus Gl. (2) ausgedrückten Wert

$$v\,t - u = \frac{J_\varphi\, \ddot\varphi + \gamma\,\varphi}{c\,h};$$

b) den daraus folgenden Wert

$$\ddot u = -\frac{J_\varphi\, \ddddot\varphi + \gamma\,\ddot\varphi}{c\,h}.$$

Man erhält so die lineare homogene Differentialgleichung mit konstanten Koeffizienten:

$$\ddddot{\varphi} + \ddot{\varphi}\left[\frac{2\,c}{M} + \frac{\gamma}{J_\varphi} + \frac{2\,c\,h^2}{J_\varphi}\right] + \varphi\cdot\frac{2\,c}{M}\cdot\frac{\gamma}{J_\varphi} = 0. \qquad (7)$$

Es wird zur Abkürzung gesetzt:

$$\left.\begin{aligned} \frac{2\,c}{m} &= \omega_h{}^2,\\[1mm] \frac{\gamma}{J_\varphi} &= \omega_\varphi{}^2,\\[1mm] \frac{2\,c\,h^2}{J_\varphi} &= \omega_r{}^2. \end{aligned}\right\} \qquad (8)$$

Das Integral von Gl. (7) lautet:

$$\varphi = A_1 \sin \omega_1 t + B_1 \cos \omega_1 t + A_2 \sin \omega_2 t + B_2 \cos \omega_2 t, \qquad (9)$$

wobei

$$\left.\begin{aligned} \omega_1{}^2 &= \frac{1}{2}\Big[(\omega_h{}^2 + \omega_\varphi{}^2 + \omega_r{}^2) - \\ &\qquad - \sqrt{(\omega_h{}^2 + \omega_\varphi{}^2 + \omega_r{}^2)^2 - 4\,\omega_h{}^2\,\omega_\varphi{}^2}\,\Big],\\ \omega_2{}^2 &= \frac{1}{2}\Big[(\omega_h{}^2 + \omega_\varphi{}^2 + \omega_r{}^2) + \\ &\qquad + \sqrt{(\omega_h{}^2 + \omega_\varphi{}^2 + \omega_r{}^2)^2 - 4\,\omega_h{}^2\,\omega_\varphi{}^2}\,\Big]. \end{aligned}\right\} \qquad (10)$$

Zur Zeit $t = 0$ ist $\varphi = 0$, $\dot{\varphi} = 0$, $\ddot{\varphi} = 0$ [gemäß Gl. (2)], $\dddot{\varphi} = c\,h\,v$ [gemäß der nach t differentiierten Gl. (2)]. Setzt man dies in Gl. (9), bzw. in diese ein-, zwei- und dreimal nach t differentiierte Gleichung ein, dann ergeben sich:

$$B_1 + B_2 = 0,$$
$$A_1 \omega_1 + A_2 \omega_2 = 0,$$
$$B_1 \omega_1{}^2 + B_2 \omega_2{}^2 = 0,$$
$$-A_1 \omega_1{}^3 - A_2 \omega_2{}^3 = \frac{c\,h\,v}{J_\varphi}.$$

Aus diesen vier Gleichungen ergibt sich

$$A_1 = \frac{c\,h\,v}{J_\varphi\,\omega_1\,(\omega_2{}^2 - \omega_1{}^2)}, \quad B_1 = 0,$$

$$A_2 = \frac{c\,h\,v}{J_\varphi\,\omega_2\,(\omega_2{}^2 - \omega_1{}^2)}, \quad B_2 = 0,$$

und damit wird Gl. (9)

$$\varphi = \frac{c\,h\,v\left[\dfrac{\sin \omega_1 t}{\omega_1} - \dfrac{\sin \omega_2 t}{\omega_2}\right]}{J_\varphi\,(\omega_2{}^2 - \omega_1{}^2)},$$

und wenn man ω_r gemäß Gl. (8) einführt:

$$\varphi = \frac{v}{h} \; \frac{\omega_r^2 \left[\dfrac{\sin \omega_1 t}{\omega_1} - \dfrac{\sin \omega_2 t}{\omega_2} \right]}{2\,(\omega_2^2 - \omega_1^2)} \tag{11}$$

Wenn man Gl. (11) und diese nach t zweimal differentiierte Gleichung in Gl. (2) einsetzt, wird mit $\dfrac{\gamma}{J_\varphi} = \omega_\varphi^2$ [siehe Gl. (8)]:

$$u = x + y = v \left(t - \frac{\omega_\varphi^2 - \omega_1^2}{\omega_2^2 - \omega_1^2} \frac{\sin \omega_1 t}{\omega_1} - \frac{\omega_\varphi^2 - \omega_2^2}{\omega_2^2 - \omega_1^2} \frac{\sin \omega_2 t}{\omega_2} \right).$$

In Verbindung mit Gl. (6) ergibt sich daraus:

$$x = v \left(t - \frac{1}{2} \left[\frac{\sin \omega_\varphi t}{\omega_\varphi} + \frac{(\omega_\varphi^2 - \omega_1^2)\dfrac{\sin \omega_1 t}{\omega_1} + (\omega_\varphi^2 - \omega_2^2)\dfrac{\sin \omega_2 t}{\omega_2}}{\omega_2^2 - \omega_1^2} \right] \right), \tag{12}$$

$$y = \frac{1}{2} v \left[\frac{\sin \omega_\varphi t}{\omega_\varphi} - \frac{(\omega_\varphi^2 - \omega_1^2)\dfrac{\sin \omega_1 t}{\omega_1} + (\omega_\varphi^2 - \omega_2^2)\dfrac{\sin \omega_2 t}{\omega_2}}{\omega_2^2 - \omega_1^2} \right]. \tag{13}$$

Gl. (11), (12) und (13) bestimmen den Bewegungsverlauf des Körpers in Abhängigkeit von der Zeit, natürlich nur solange z. B. die Vernachlässigung, die in $\psi = \dfrac{x - y}{d}$ steckt (es sollte ja $\sin \psi = \dfrac{x - y}{d}$ heißen), zulässig ist. Nachher werden aber die Schwingungen durch die stets vorhandenen Dämpfungen ohnedies schon abgeklungen sein. Es interessiert der Ausschlag x_r von A relativ zu U_1; $x_r = x - v\,t$ wird mit Gl. (12):

$$x_r = - \frac{1}{2} v \left[\frac{\sin \omega_\varphi t}{\omega_\varphi} + \frac{(\omega_\varphi^2 - \omega_1^2)\dfrac{\sin \omega_1 t}{\omega_1} + (\omega_\varphi^2 - \omega_2^2)\dfrac{\sin \omega_2 t}{\omega_2}}{\omega_2^2 - \omega_1^2} \right]. \tag{14}$$

Gl. (12) und (14) können zur Abschätzung des notwendigen Spieles von Drehgestellwiegen gegen die Drehgestellrahmen dienen.

In den Bewegungen des Körpers K kommen drei Sinusschwingungen mit den Kreisfrequenzen ω_ψ, ω_1 und ω_2 zum Ausdruck.

Aus den Gl. (5) und (8) ist die Bedeutung von ω_ψ, ω_h, ω_φ und ω_r zu erkennen; es sind die Kreisfrequenzen folgender drei Eigenschwingungen:

1. ω_ψ: Schwingungen um die vertikale Schwerpunktsachse.

2. ω_h: K parallel geführt.

3. ω_φ: Schwingung um die zu AB parallele Schwerpunktsachse, wobei $c = 0$.

4. ω_r: Schwingung um eine feste, zu AB parallele Schwerpunktsachse, wobei $\gamma = 0$.

40. Übung.

Der Wuchtverlust $\varDelta L$ beim Stoß zweier Massen, M und m, ist durch die Aufprallgeschwindigkeit w und. die Rückprallgeschwindigkeit $\overline{w}$ auszudrücken.

Die Wucht eines Systems setzt sich zusammen aus der Wucht seiner Schwerpunktsbewegung und der Wucht der Relativbewegung gegenüber dem Schwerpunkt. Da die Schwerpunktsbewegung durch den Stoßvorgang nicht beeinflußt wird, ist der Wuchtunterschied vor und nach dem Stoß gleich dem Wuchtunterschied der Relativbewegungen gegenüber dem Schwerpunkt vor, und nach dem Stoß.

Es sei V und v die Geschwindigkeit von M bzw. m vor dem Stoß, $\overline{V}$ und $\overline{v}$ die Geschwindigkeit von M bzw. m nach dem Stoß, v_s die Geschwindigkeit des Schwerpunktes.

Nach dem Gesagten ist also

$$\varDelta L = \frac{1}{2}\left[M\,(V - v_s)^2 + m\,(v - v_s)^2 - M\,(\overline{V} - v_s)^2 - m\,(\overline{v} - v_s)^2\right].$$

Hierin wird der Wert

$$v_s = \frac{MV + mv}{M + m} = \frac{M\overline{V} + m\overline{v}}{M + m}$$

eingesetzt, so zwar, daß eine Klammer jeweils nur gestrichene oder nur ungestrichene Geschwindigkeiten enthält.

Man erhält

$$\varDelta L = \frac{1}{2}\,\frac{1}{\frac{1}{M} + \frac{1}{m}}\left[(V - v)^2 - (\overline{V} - \overline{v})^2\right];$$

weil $V - v = w$, $\bar{V} - \bar{v} = \bar{w}$, wird

$$\Delta L = \frac{1}{2} \cdot \frac{1}{\dfrac{1}{M} + \dfrac{1}{m}} \, (w^2 - \bar{w}^2).$$

Der Wuchtverlust entspricht somit dem Unterschied der Quadrate von Aufprall- und Rückprallgeschwindigkeit und der sogenannten harmonischen Summe der stoßenden Massen.

41. Übung.

Eine zweizylindrige Dampflokomotive nach Abb. 62 mit der Masse M_l habe die hin- und hergehenden Triebwerkmassen m. Die drehenden Massen m_d sind ausgeglichen und haben das Trägheitsmoment J. Die übrige Masse der Lokomotive sei M. Man ermittle den periodischen Verlauf der Geschwindigkeit v der leerlaufenden, reibungs- und widerstandslos und mit einem spielfreien Triebwerk gedachten Lokomotive (Treibstangenlänge ∞).

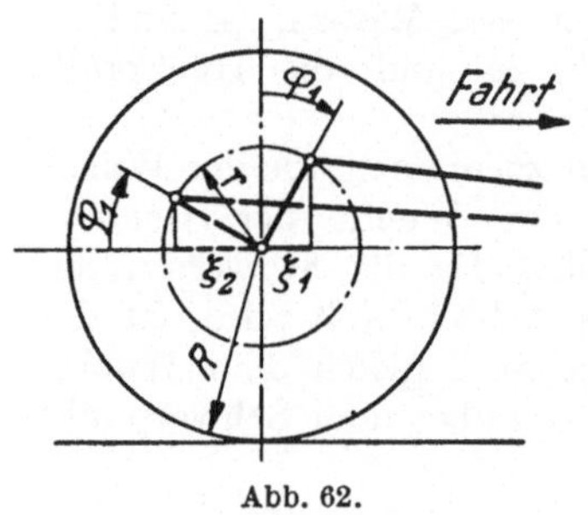

Abb. 62.

Da keine Arbeitsleistung erfolgt, muß die Wucht L des Systems unveränderlich sein.

Der Kolbenweg relativ zum Rahmen beträgt (Abb. 62):

a) rechte Seite $\xi_1 = r \sin \varphi_1$,

b) linke Seite $\xi_2 = - r \cos \varphi_1$.

Die entsprechenden Geschwindigkeiten sind daher:

a) $\dot{\xi}_1 = r \cos \varphi_1 \cdot \dot{\varphi}_1$,

b) $\dot{\xi}_2 = r \sin \varphi_1 \cdot \dot{\varphi}_1$.

Die absoluten Geschwindigkeiten v_1 bzw. v_2 der hin- und hergehenden Massen sind daher:

a) $v_1 = v + r \dot{\varphi}_1 \cos \varphi_1$,

b) $v_2 = v + r \dot{\varphi}_1 \sin \varphi_1$

und ihre gesamte Wucht

$$L_m = \frac{1}{2} \frac{m}{2} v_1{}^2 + \frac{1}{2} \frac{m}{2} v_2{}^2 = \frac{1}{2} \frac{m}{2} [(v + r \dot{\varphi}_1 \cos \varphi_1)^2 + (v + r \dot{\varphi}_1 \sin \varphi_1)^2]$$

oder ausgeführt

$$L_m = \frac{1}{2}\,\frac{m}{2}\left[2\,v^2 + (r\,\dot\varphi_1)^2 + 2\,\sqrt{2}\,v\,(r\,\dot\varphi_1)\cos\left(\varphi_1 - \frac{\pi}{4}\right)\right]. \qquad (1)$$

$$\left(\varphi_1 - \frac{\pi}{4}\right) = \varphi \qquad (2)$$

ist der Winkel, den die Symmetrale der beiden Kurbeln mit der Vertikalen bildet; reines Rollen der Räder vorausgesetzt, ist

$$\dot\varphi_1 = \frac{v}{R}. \qquad (3)$$

Gl. (2) und (3) in Gl. (1) eingesetzt:

$$L_m = \frac{1}{2}\,\frac{m}{2}\,v^2\left[2 + \left(\frac{r}{R}\right)^2 + 2\,\sqrt{2}\left(\frac{r}{R}\right)\cos\varphi\right]. \qquad (4)$$

Die Radsätze haben die Drehwucht $\frac{1}{2}\,J\,\dot\varphi_1^2$ und eine Wucht der Schwerpunktsbewegung von $\frac{1}{2}\,m_d\,v^2$, somit insgesamt

$$L_{md} = \frac{1}{2}\,(J\,\dot\varphi_1^2 + m_d\,v^2),$$

somit wegen Gl. (3)·

$$L_{md} = \frac{1}{2}\,v^2\left[m_d + \frac{J}{R^2}\right]. \qquad (5)$$

Die noch verbleibende Lokomotivmasse M hat die Wucht

$$L_M = \frac{1}{2}\,M\,v^2. \qquad (6)$$

Die Addition von Gl. (4), (5) und (6) ergibt die Gesamtwucht L des Systems:

$$L = \frac{1}{2}\,v^2\left[m + m_d + M + \frac{J + \frac{m}{2}\,r^2}{R^2} + \sqrt{2}\,m\,\frac{r}{R}\,\cos\varphi\right].$$

Hierin ist $m + m_d + M = M_l$; außerdem sei eingesetzt

$$M_l + \frac{J + \frac{m}{2}\,r^2}{R^2} = M_r. \qquad (7)$$

M_r kann man die *konstante* reduzierte Lokomotivmasse nennen; es ist also

$$L = \frac{1}{2}\,v^2\left(M_r + \sqrt{2}\,m\,\frac{r}{R}\,\cos\varphi\right). \qquad (8)$$

Die Geschwindigkeit der Lokomotive für $\cos\varphi = 0$, also für $\varphi = \frac{\pi}{2},\ 3\,\frac{\pi}{2},\ 5\,\frac{\pi}{2},\ \ldots$ heiße v_0; für diese Zustände lautet

Gl. (8): $L = \frac{1}{2} v_0^2 M_r$. Wegen des unveränderlichen L ist

$$\frac{1}{2} v^2 \left(M_r + \sqrt{2}\, m\, \frac{r}{R} \cos \varphi \right) = \frac{1}{2} v_0^2 M_r$$

und daraus folgt:

$$v = \frac{v_0}{\sqrt{1 + \sqrt{2}\, \dfrac{m}{M_r}\, \dfrac{r}{R} \cos \varphi}} .$$

φ soll durch den Weg s der Lokomotive ausgedrückt, also $\varphi = \frac{s}{R}$ eingesetzt werden. Dann wird:

$$v = \frac{v_0}{\sqrt{1 + \sqrt{2}\, \dfrac{m}{M_r} \cdot \dfrac{r}{R} \cos \dfrac{s}{R}}} . \qquad (9)$$

Falls, wie tatsächlich, $\sqrt{2}\, \dfrac{m}{M_r}\, \dfrac{r}{R} \cos \varphi$ klein gegen 1 ist, ist angenähert

$$v = v_c \left(1 - \frac{\sqrt{2}}{2}\, \frac{m}{M_r}\, \frac{r}{R} \cos \frac{s}{R} \right).$$

Zur Ermittlung des Zeit-Weg-Zusammenhanges wird in Gl. (9) $v = \dfrac{ds}{dt}$ gesetzt:

$$\sqrt{1 + \sqrt{2}\, \frac{m}{M_r}\, \frac{r}{R} \cos \frac{s}{R}}\; ds = v_0\, dt.$$

Kann der Wurzelausdruck angenähert $1 + \dfrac{\sqrt{2}}{2} \dfrac{m}{M_r} \cdot \dfrac{r}{R} \cos \dfrac{s}{R}$ gesetzt werden, so wird nach Integration

$$s + \frac{\sqrt{2}}{2}\, \frac{m}{M_r} \cdot r \sin \frac{s}{R} = v_0\, t + C.$$

Läßt man $t = 0$ mit $s = 0$ zusammenfallen, dann verschwindet C und es bleibt

$$s - v_0\, t = - \frac{\sqrt{2}}{2}\, \frac{m}{M_r}\, r \sin \frac{s}{R} .$$

Man sieht: $v_0\, t$ wäre der Weg, der unter dem Einfluß der konstanten Geschwindigkeit v_0 zurückgelegt würde. Ihm überlagert sich ein periodisch veränderlicher Zusatzweg, dessen Amplitude $\dfrac{\sqrt{2}}{2}\, \dfrac{m}{Mr} \cdot r$ beträgt.

42. Übung.

Zwei Wellen *1* und *2* sind durch ein Übersetzungsgetriebe mit stetig veränderlicher Übersetzung u miteinander verbunden, die in Funktion der Zeit verändert wird. Mit jeder der beiden Wellen bewegen sich Massen, die, auf die zugehörige Welle reduziert, konstante Trägheitsmomente J_1 und J_2 ergeben. Außer den Momenten, welche die beiden Wellen durch das Übersetzungsgetriebe aufeinander ausüben, wirkt auf jede derselben ein reduziertes Moment M_1 bzw. M_2 drehend. Diese sind konstant oder Funktionen der Zeit t. Wie verändern sich die Winkelgeschwindigkeiten ω_1 und ω_2 der beiden Wellen?

Drehen sich die Wellen um die Winkel $d\varphi_1$ bzw. $d\varphi_2$, dann wird am gesamten System die Arbeit $dA = M_1 d\varphi_1 + M_2 d\varphi_2$ geleistet. Weil $d\varphi_1 = \omega_1 dt$ und $d\varphi_2 = \omega_2 dt$, ist auch $dA =$

$$= (M_1 \omega_1 + M_2 \omega_2)\, dt \text{ und mit } u = \frac{\omega_2}{\omega_1}, \text{ also } \omega_2 = u\,\omega_1, \text{ auch}$$

$$dA = (M_1 + u\, M_2)\, \omega_1\, dt. \tag{1}$$

Um die Arbeitsleistung dA erhöht sich die Wucht L des gesamten Systems, also ist

$$dA = dL. \tag{2}$$

Es ist

$$L = \frac{1}{2}\,\omega_1{}^2 J_1 + \frac{1}{2}\,\omega_2{}^2 J_2$$

oder mit $\omega_2 = u\,\omega_1$

$$L = \frac{1}{2}\,\omega_1{}^2\,(J_1 + u^2 J_2).$$

Also ist:

$$dL = (J_1 + u^2 J_2)\,\omega_1\, d\omega_1 + \frac{1}{2}\,\omega_1{}^2\, d\,(J_1 + u^2 J_2). \tag{3}$$

Nun wird Gl. (1) und Gl. (3) in Gl. (2) eingesetzt:

$$d\,\omega_1\,(J_1 + u^2 J_2) + \frac{1}{2}\,\omega_1\, d\,(J_1 + u^2 J_2) = (M_1 + u\, M_2)\, dt.$$

Dies läßt sich auch so schreiben:

$$\frac{d\omega_1}{dt} + \omega_1 \frac{d}{dt}\left(\operatorname{logn} \sqrt{J_1 + u^2 J_2}\right) - \frac{M_1 + u\, M_2}{J_1 + u^2 J_2} = 0. \tag{4}$$

Da (neben M_1 und M_2) u voraussetzungsgemäß eine Funktion der Zeit ist, ist es auch $\dfrac{d}{dt}\left(\operatorname{logn} \sqrt{J_1 + u^2 J_2}\right)$, daher ist Gl. (4) eine lineare Differentialgleichung erster Ordnung. Die Lösungsgleichung (siehe z. B. Hütte *I*) einer solchen, auf Gl. (4) angewendet, ergibt mit der Integrationskonstanten C:

$$\omega_1 = \frac{1}{\sqrt{J_1 + u^2 J_2}} \left[\int^t \frac{M_1 + u\,M_2}{\sqrt{J_1 + u^2 J_2}}\, dt + C \right]$$

oder

$$\omega_1 \sqrt{J_1 + u^2 J_2} = \int^t \frac{M_1 + u\,M_2}{\sqrt{J_1 + u^2 J_2}}\, dt + C. \qquad (5)$$

ω_1 und u sollen für $t = 0$ die Werte ω_{10} und u_0 haben. Gl. (5),
für diese Werte angeschrieben, lautet:

$$\omega_{10} \sqrt{J_1 + u_0^2 J_2} = \int^{t=0} \frac{M_1 + u\,M_2}{\sqrt{J_1 + u^2 J_2}}\, dt + C. \qquad (5\,\mathrm{a})$$

Zieht man Gl. (5a) von Gl. (5) ab, dann fällt C weg und es wird

$$\boxed{\;\omega_1 = \frac{1}{\sqrt{J_1 + u^2 J_2}} \left(\omega_{10} \sqrt{J_1 + u_0^2 J_2} + \int_0^t \frac{M_1 + u\,M_2}{J_1 + u^2 J_2}\, dt \right).\;}$$

Weil $\omega_2 = u\,\omega_1$ (daher $u\,\omega_{10} = \omega_{20}$) ist

$$\boxed{\;\omega_2 = \frac{1}{\sqrt{J_1 + u^2 J_2}} \left(\omega_{20} \sqrt{J_1 + u_0^2 J_2} + u \int_0^t \frac{M_1 + u\,M_2}{J_1 + u^2 J_2}\, dt \right).\;}$$

43. Übung.

Eine Punktmasse m, die in einer Ebene reibungslos und frei
beweglich ist, befindet sich in einem Kraftfelde, für welches ein
Potential U besteht. Man leite die Differentialgleichung der Bahn des Massenpunktes ab,
indem man aus der Gleichung für seine Wucht
L und aus der Gleichung für seine Normalbeschleunigung b_ν die Geschwindigkeit v eliminiert.

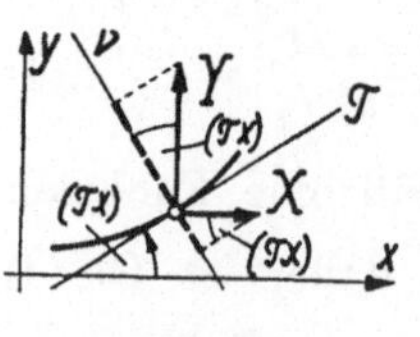

Abb. 63.

Die Bewegungsebene wird zur x-y-Koordi-
natenebene gewählt (Abb. 63). Unter den getroffenen Annahmen

ist bei der Bewegung die Energie $E = U + L$ konstant; $L = \frac{1}{2} m v^2$, daher

$$E = U + \frac{1}{2} m v^2. \tag{1}$$

Die Komponenten der Kraft P auf die Punktmasse in Richtung der Koordinatenachsen sind

$$\left.\begin{array}{l} X = - \dfrac{\partial U}{\partial x}, \\[2mm] Y = - \dfrac{\partial U}{\partial y}. \end{array}\right\} \tag{2}$$

Die Projektion P_ν der Kraft P auf die Richtung der Bahnnormalen ν ist, wie Abb. 63 zeigt, wobei τ die Bahntangente bezeichnet:

$$P_\nu = Y \cos (\tau\, x) - X \sin (\tau\, x).$$

Da $\operatorname{tg} (\tau\, x) = y'$ und daher

$$\cos (\tau\, x) = \frac{1}{(1 + y'^2)^{\frac{1}{2}}}, \ \sin (\tau\, x) = \frac{y'}{(1 + y'^2)^{\frac{1}{2}}}$$

ergibt sich

$$P_\nu = \frac{Y - X y'}{(1 + y'^2)^{\frac{1}{2}}}$$

und mit Gl. (2)

$$P_\nu = \left(\frac{\partial U}{\partial x} y' - \frac{\partial U}{\partial y} \right) (1 + y'^2)^{-\frac{1}{2}}. \tag{3}$$

Nach dem dynamischen Grundgesetz ist $P_\nu = m\, b_\nu$ und da $b_\nu = \dfrac{v^2}{\varrho}$, wobei $\varrho = \dfrac{(1 + y'^2)^{\frac{3}{2}}}{y''}$ den Krümmungsradius der Bahn bedeutet, wird $P_\nu (1 + y'^2)^{3/2} = m v^2 y''$.

Daraus bekommt man mit Gl. (3):

$$\left(\frac{\partial U}{\partial x} y' - \frac{\partial U}{\partial y} \right) \frac{1 + y'^2}{y''} = m v^2. \tag{4}$$

Die gesuchte Differentialgleichung ergibt sich durch Eliminieren von $m v^2$ aus den Gl. (1) und Gl. (4):

$$\boxed{2 y'' (U - E) + y'^3 \frac{\partial U}{\partial x} - y'^2 \frac{\partial U}{\partial y} + y' \frac{\partial U}{\partial x} - \frac{\partial U}{\partial y} = 0.}$$

Wie schon hervorgehoben, ist E eine Konstante.

44. Übung.

Abb. 64 zeigt ein zweiflügeliges Windrad. Das Gehäuse G enthält einen elektrischen Generator, der von der Flügelradwelle mit einer Stirnräder- oder Kettenübersetzung angetrieben wird. Das Ganze ist, zwecks Einstellung in den Wind, um die lotrechte Achse $s\,s$ schwenkbar. Die Hauptträgheitsellipsoide aller umlaufenden Teile, mit Ausnahme des Flügelpaares, sind Rotationsellipsoide.

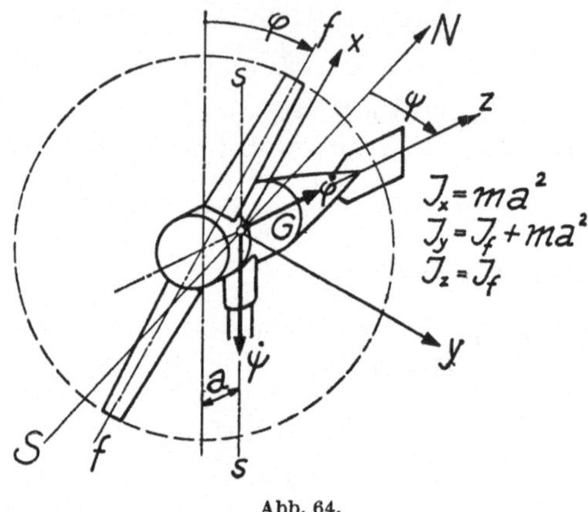

Abb. 64.

Das Trägheitsmoment des Flügelpaares um die Achse $f\,f$ der Flügel kann vernachlässigt werden. Es sind die Bewegungsgleichungen für die Schwenkbewegung und für die Flügelraddrehung aufzustellen.

Hier verspricht die Anwendung der LAGRANGEschen Gleichungen zweiter Art größte Einfachheit. Als generalisierte Koordinaten des Systems von zwei Freiheitsgraden werden der Raddrehwinkel φ gegen die Lotrechte und der Schwenkwinkel ψ z. B. gegen die Nord-Süd-Richtung gewählt. Die lebendige Kraft L des Systems ist als Funktion von φ und ψ auszudrücken. Das Trägheitsmoment des Ganzen um die Schwenkachse, jedoch ohne das Flügelpaar, ist unveränderlich und werde J_S genannt. Wenn das Flügelpaar zunächst wieder ausgenommen wird, ist die Wucht L_0 die Summe aus der Wucht der Schwenkbewegung $\frac{1}{2}\,J_S\,\dot\psi^2$ und der Wucht der Rotationsbewegung. Letztere wird in gebräuchlicher Weise durch ein reduziertes Trägheitsmoment J_R ausgedrückt, welches mit Ausnahme des Flügelrades alle rotierenden Teile umfaßt und die Verschiedenheit ihrer Winkelgeschwindigkeiten berücksichtigt. Es ist dann

$$L_0 = \frac{1}{2}\, J_S\, \dot{\psi}^2 + \frac{1}{2}\, J_R\, \dot{\varphi}^2.$$

Es bleibt noch die Wucht L_f des Flügelpaares zu bestimmen. Seine Masse sei m_F, der Abstand seines Schwerpunktes von der Schwenkachse sei a, sein Trägheitsmoment um die Rotationsachse sei J_F. Die Richtungen der Trägheitsachsen des Flügelpaares durch den Schnittpunkt von Rotationsachse und Schwenkachse sind in Abb. 64 eingezeichnet und mit x, y, z benannt. Die dort vermerkten Größen der Trägheitsmomente J_x, J_y, J_z ergeben sich in einfacher Weise unter Berücksichtigung der eingangs gemachten Annahme.

Durch Zerlegen der Winkelgeschwindigkeiten $\dot{\varphi}$ und $\dot{\psi}$ in die Richtungen x, y, z
ergeben sich die Winkelgeschwindigkeitskomponenten in Richtung x, y, z zu

$$\omega_x = -\,\dot{\psi}\cos\varphi,$$
$$\omega_y = \dot{\psi}\sin\varphi,$$
$$\omega_z = \dot{\varphi}.$$

Es ist

$$L_f = \frac{1}{2}\,(J_x\,\omega_x{}^2 + J_y\,\omega_y{}^2 + J_z\,\omega_z{}^2),$$

$$= \frac{1}{2}\,(m\,a^2\,\dot{\psi}^2\cos^2\varphi + [J_F + ma^2]\,\dot{\psi}^2\sin^2\varphi + J_F\,\dot{\varphi}^2),$$

$$= \frac{1}{2}\,(\dot{\psi}^2\,[m\,a^2 + J_F\sin^2\varphi] + \dot{\varphi}^2\,J_F).$$

Damit und mit der schon bekannten Wucht L_0 ergibt sich die Gesamtwucht

$$L = L_0 + L_f = \frac{1}{2}\,(\dot{\psi}^2\,[J_s + m\,a^2 + J_F\sin^2\varphi] + \dot{\varphi}^2\,[J_F + J_R]).$$

$J_S + J_F + m\,a^2 = J_{S\,\text{max}}$ ist das maximale Trägheitsmoment des Ganzen um die Schwenkachse, $J_F + J_R = J_{R\,\text{ges}}$ ist das gesamte reduzierte Trägheitsmoment für die Rotation. Mit der Einführung dieser Größen wird

$$L = \frac{1}{2}\,[\dot{\varphi}^2\,J_{R\,\text{ges}} + \dot{\psi}^2\,(J_{S\,\text{max}} - J_F\cos^2\varphi)]. \tag{1}$$

Die LAGRANGEschen Gleichungen zweiter Art lauten im vorliegenden Fall, wenn t die Zeit und A die am und im System
geleistete Arbeit ist,

$$\left.\begin{aligned}
\frac{d}{dt}\left(\frac{\partial L}{\partial \dot{\varphi}}\right)-\frac{\partial L}{\partial \varphi}&=\frac{\partial A}{\partial \varphi},\\[2mm]
\frac{d}{dt}\left(\frac{\partial L}{\partial \dot{\psi}}\right)-\frac{\partial L}{\partial \psi}&=\frac{\partial A}{\partial \psi}.
\end{aligned}\right\} \tag{2}$$

Aus Gl. (1) gewinnt man

$$\frac{\partial L}{\partial \dot{\varphi}}=\dot{\varphi}\,J_{R\,\mathrm{ges}}, \quad \text{woraus folgt}\quad \frac{d}{dt}\left(\frac{\partial L}{\partial \dot{\varphi}}\right)=\ddot{\varphi}\,J_{R\,\mathrm{ges}},$$

$$\frac{\partial L}{\partial \varphi}=\frac{1}{2}\,\dot{\psi}^2\,J_F \sin 2\,\varphi,$$

$$\frac{\partial L}{\partial \dot{\psi}}=\dot{\psi}\,(J_{S\,\mathrm{max}}-J_F \cos^2 \varphi)=\dot{\psi}\left[J_{S\,\mathrm{max}}-\frac{J_F}{2}\,(1+\cos 2\,\varphi)\right],$$

woraus folgt

$$\frac{d}{dt}\left(\frac{\partial L}{\partial \dot{\psi}}\right)=\ddot{\psi}\left[J_{S\,\mathrm{max}}-\frac{J_F}{2}\,(1+\cos 2\,\varphi)\right]+\dot{\varphi}\,\dot{\psi}\,J_F \sin 2\,\varphi.$$

$$\frac{\partial L}{\partial \psi}=0.$$

Denkt man sich nur φ verändert, dann erkennt man, daß $\dfrac{\partial A}{\partial \varphi}=M_R$
die algebraische Summe der um die Rotationsachsen gebildeten
Momente von allen auf die rotierenden Teile wirkenden Kräfte
ist, wobei diese Momente auf die Flügelradachse reduziert zu
nehmen sind. In diese Summe gehen daher ein das Drehmoment
der Windkräfte auf die Flügel, das elektrodynamische Drehmoment auf den Anker des Generators, Drehmomente der Lager-
und Bürstenreibung. Denkt man sich nur ψ verändert, dann er-
kennt man, daß $\dfrac{\partial A}{\partial \psi}=M_S$ die algebraische Summe der um die
Schwenkachse gebildeten Momente aller äußeren Kräfte ist, die
auf das System wirken. In diese Summe gehen ein das Schwenk-
moment der Luftkräfte, das Reibungsmoment der Schwenk-
lagerung. Nunmehr sind alle Glieder der Gl. (2) ausgerechnet
bzw. festgelegt und diese können geschrieben werden:

$$\boxed{\ddot{\varphi}\,J_{R\,\mathrm{ges}}-\frac{1}{2}\,\dot{\psi}^2\,J_F \sin 2\,\varphi=M_R.} \tag{3}$$

$$\boxed{\ddot{\psi}\left[J_{S\,\mathrm{max}}-\frac{J_F}{2}\,(1+\cos 2\,\varphi)\right]+\dot{\varphi}\,\dot{\psi}\,J_F \sin 2\,\varphi=M_S.} \tag{4}$$

Diese sind die gesuchten Bewegungsgleichungen in der Form
zweier simultaner Differentialgleichungen.

45. Übung.

Ein schnell laufender Kreisel (Abb. 65) ist im Punkt O seiner Figurenachse abgestützt, deren Lage durch die Winkel φ und ψ angegeben werden möge. ψ ist der Winkel der Figurenachse gegen die feste Richtung Oz; φ ist der Winkel der gemeinsamen Ebene durch die Figurenachse und Oz gegen eine feste Ebene durch Oz. (Die Koordinaten φ und ψ heißen auch „Polabstand" und „Azimut".) Auf die Figurenachse des Kreisels wirken Kräfte, welche bezüglich der Achse Oz ein Moment $M\varphi$ und bezüglich der durch O gehenden, zu Oz und zur Figurenachse senkrechten Achse ein Moment M_ψ haben. Man stelle die Bewegungsgleichungen des Kreisels mittels der LAGRANGE-schen Gleichungen zweiter Art auf und prüfe das Ergebnis durch Anwendung auf die Präzession und Nutation des Kreisels.

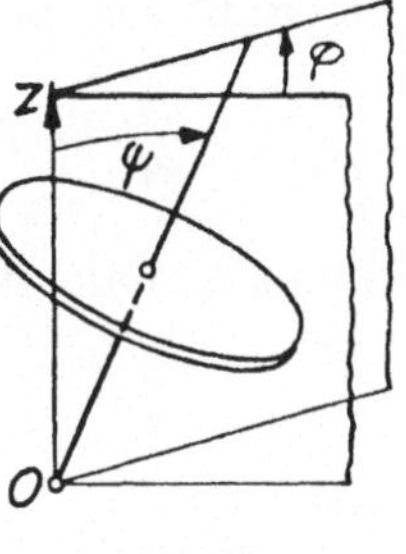

Abb. 65.

φ und ψ sind generalisierte Koordinaten im Sinne von LAGRANGE. Zur Festlegung des Kreisels muß aber noch eine weitere hinzukommen, also der Drehungswinkel ν eines bestimmten Kreiselpunktes gegen die Ebene durch Oz und die Figurenachse. Durch die Veränderungen von ν, φ, ψ ergeben sich Winkelgeschwindigkeiten $\dot\nu$, $\dot\varphi$, $\dot\psi$ des Kreisels, deren Resultierende eine Komponente ω_F in Richtung der Figurenachse und eine Komponente ω_Q quer dazu besitzt.

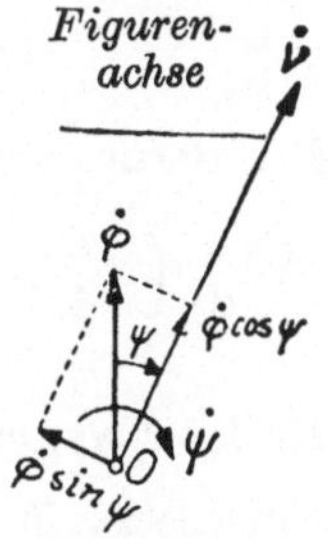

Aus Abb. 66 ist zu entnehmen:

$$\omega_F = \dot\nu + \dot\varphi \cos\psi.$$

$$\omega_Q{}^2 = (\dot\varphi \sin\psi)^2 + \dot\psi^2. \tag{1}$$

Abb. 66.

Das Trägheitsmoment des Kreisels um die Figurenachse heiße F, das um eine Querachse durch O heiße Q. Die Wucht L des Kreisels ist

$$L = \frac{1}{2}\left(F\,\omega_F{}^2 + Q\,\omega_Q{}^2\right)$$

und wird somit

$$L = \frac{1}{2}\left[F\,(\dot\nu + \dot\varphi \cos\psi)^2 + Q\,(\dot\varphi^2 \sin^2\psi + \dot\psi^2)\right]. \tag{2}$$

Bei Veränderungen von v, φ, ψ ist die Arbeitsleistung der auf den Kreisel wirkenden Kräfte

$$dA = M_\varphi\, d\varphi + M_\psi\, d\psi. \tag{3}$$

Es ergibt sich aus Gl. (2) bzw. (3):

$$\frac{\partial L}{\partial \dot{v}} = F\,(\dot{v} + \dot{\varphi}\cos\psi), \qquad \frac{\partial L}{\partial v} = 0, \qquad \frac{\partial A}{\partial v} = 0.$$

Damit und aus der LAGRANGEschen Gleichung für Koordinate v:

$$\frac{d}{dt}\left(\frac{\partial L}{\partial \dot{v}}\right) - \frac{\partial L}{\partial v} = \frac{\partial A}{\partial v},$$

wird

$$F \cdot \frac{d}{dt}\,(\dot{v} + \dot{\varphi}\cos\psi) = 0.$$

Es ist also $\dot{v} + \dot{\varphi}\cos\psi =$ konstant, also wegen Gl. (1)

$$\omega_F = \dot{v} + \dot{\varphi}\cos\psi = \text{konstant}. \tag{4}$$

Es ergibt sich aus Gl. (2)

$$\frac{\partial L}{\partial \dot{\varphi}} = F\,(\dot{v} + \dot{\varphi}\cos\psi)\cos\psi + Q\,\dot{\varphi}\sin^2\psi.$$

Mit Berücksichtigung von Gl. (4) wird daraus

$$\frac{d}{dt}\left(\frac{\partial L}{\partial \dot{\varphi}}\right) = -\,(F\,\omega_F - 2\,Q\,\dot{\varphi}\cos\psi)\sin\psi\,\dot{\psi} + Q\sin^2\psi\,\ddot{\varphi}.$$

Es folgt weiter aus Gl. (2) $\dfrac{\partial L}{\partial \varphi} = 0$, und aus Gl. (3) $\dfrac{\partial A}{\partial \varphi} = M_\varphi$. Eingesetzt in die LAGRANGEsche Gleichung für Koordinate φ:

$$\frac{d}{dt}\left(\frac{\partial L}{\partial \dot{\varphi}}\right) - \frac{\partial L}{\partial \varphi} = \frac{\partial A}{\partial \varphi},$$

wird

$$-\,(F\,\omega_F - 2\,Q\,\dot{\varphi}\cos\psi)\sin\psi\,\dot{\psi} + Q\sin^2\psi\,\ddot{\varphi} = M_\varphi. \tag{5}$$

Es ergibt sich aus Gl. (2) bzw. Gl. (3)

$$\frac{\partial L}{\partial \dot{\psi}} = Q\,\dot{\psi}, \qquad \frac{d}{dt}\left(\frac{\partial L}{\partial \dot{\psi}}\right) = Q\,\ddot{\psi},$$

$$\frac{\partial L}{\partial \psi} = - F \, \omega_F \sin \psi \, \dot{\varphi} + Q \, \dot{\varphi}^2 \sin \psi \cos \psi$$

$$= - (F \, \omega_F - Q \, \dot{\varphi} \cos \psi) \sin \psi \cdot \dot{\varphi}, \qquad \frac{\partial A}{\partial \psi} = M_\psi.$$

Eingesetzt in die LAGRANGEsche Gleichung für Koordinate ψ:

$$\frac{d}{dt} \left(\frac{\partial L}{\partial \dot{\psi}} \right) - \frac{\partial L}{\partial \psi} = \frac{\partial A}{\partial \psi},$$

wird

$$Q \, \ddot{\psi} + (F \, \omega_F - Q \, \dot{\varphi} \cos \psi) \sin \psi \, \dot{\varphi} = M_\psi. \tag{6}$$

Beim schnellen Kreisel können in den Gl. (5) und (6) $Q \, \dot{\varphi} \cos \psi$ und $2 \, Q \, \dot{\varphi} \cos \psi$ gegenüber $F \, \omega_F$ vernachlässigt werden. Letztere Größe ist offensichtlich die Projektion Θ_F des Dralles Θ des Kreisels auf die Figurenachse, welche Projektion wegen Gl. (4) konstant ist. Mit all dem wird aus den Gl. (5) und (6):

$$\left. \begin{array}{l} Q \sin^2 \psi \, \ddot{\varphi} - \Theta_F \sin \psi \, \dot{\psi} = M_\varphi. \\[4pt] Q \, \ddot{\psi} + \Theta_F \sin \psi \, \dot{\varphi} = M_\psi. \end{array} \right\} \tag{7}$$

Die Präzession eines Kreisels ist die Bewegungsform, bei welcher $M_\varphi = 0$ und $\psi = \mathrm{konst.}$, also $\dot{\psi} = \ddot{\psi} = 0$ ist.

Die Gl. (7) ergeben dafür:

$$\ddot{\varphi} = 0,$$

somit

$$\boxed{\dot{\varphi} = \mathrm{konst.}}$$

und

$$\boxed{M_\psi = \Theta_F \sin \psi \, \dot{\varphi},}$$

in Übereinstimmung mit der Lehre vom Kreisel. Falls dieser nicht schnell umläuft, ergibt sich aus Gl. (6), wenn für ω_F aus Gl. (4) eingesetzt wird:

$$\boxed{M_\psi = F \, \dot{\nu} \, \dot{\varphi} \sin \psi + (F - Q) \, \dot{\varphi}^2 \sin \psi \cos \psi,}$$

in Übereinstimmung mit dem Ergebnis der üblichen Betrachtungsweise.

Nutationen ergeben sich bei $M_\varphi = 0$, und $M_\psi = $ konst. (zumindest annähernd). ψ schwankt dabei so wenig, daß für sin ψ ein Mittelwert k genommen werden darf. Es ist nach den Gl. (7)

$$Q\,k^2\,\ddot{\varphi} - \Theta_F\,k\,\ddot{\psi} = 0,$$

also

$$Q\,k\,\ddot{\varphi} - \Theta_F\,\dot{\psi} = 0$$

und

$$Q\,\ddot{\psi} + \Theta_F\,k\,\dot{\varphi} = M_\psi. \left.\right\} \qquad (8)$$

Indem man die untere Gleichung nach der Zeit t differenziert und daraus $\ddot{\varphi}$ in die obere Gleichung einsetzt, erhält man

$$\dddot{\psi} + \left(\frac{\Theta_F}{Q}\right)^2 \dot{\psi} = 0.$$

Das Integral davon ist mit den Konstanten A, B, C:

$$\psi = A \sin \frac{\Theta_F}{Q}\,t + B \cos \frac{\Theta_F}{Q}\,t + C. \qquad (9)$$

Aus der oberen der Gl. (8) folgt

$$\ddot{\varphi} = \frac{\Theta_F}{Q\,k}\,\dot{\psi}$$

und durch zweimalige Integration, wobei die Konstanten D und E auftreten,

$$\varphi = \frac{\Theta_F}{Q\,k} \int \psi\,dt + D\,t + E.$$

Es ergibt sich unter Berücksichtigung von Gl. (9)

$$\varphi = \frac{1}{k}\left(-A \cos \frac{\Theta_F}{Q}\,t + B \sin \frac{\Theta_F}{Q}\,t\right) + (C + D)\,t + E.$$

$C + D$ wird zur neuen Konstanten C' gemacht:

$$\varphi = \frac{1}{k}\left(-A \cos \frac{\Theta_F}{Q}\,t + B \sin \frac{\Theta_F}{Q}\,t\right) + C'\,t + E. \qquad (10)$$

Aus den Gl. (9) und (10) lassen sich die Kennzeichen der Nutationsbewegung ablesen, insbesondere, daß die Zeit T'_n einer Nutation sich richtig ergibt zu

$$\boxed{T_n = 2\,\pi\,\frac{Q}{\Theta_F}.}$$

46. Übung.

Das Lagergehäuse des in Abb. 67 gezeigten Getriebes (Übersetzung $\ddot{u}$) ist um die Achse der Ritzelwelle drehbar. Zwischen dem Gehäuse und jeder der beiden Wellen sind innere Kräfte tätig (z. B. Lagerreibung oder elektrodynamische Kräfte zwischen Rotoren und Statoren elektrischer Maschinen, wie in der Abbildung angedeutet). Diese haben Momente $\mathfrak{M}_l$ und $\mathfrak{M}_q$ um die bezüglichen Achsen. Die Indizes l und q dienen der Unterscheidung von Längswelle (= Welle, um die das Gehäuse drehbar ist) und Querwelle. Es sind noch äußere Kräfte tätig, angreifend an den beiden Wellen und am Gehäuse. Die Bewegungsgleichungen sind aufzustellen.

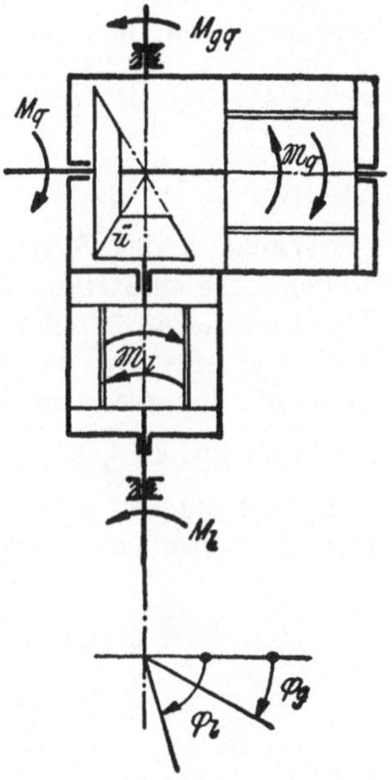

Anwendung der LAGRANGEschen Gleichungen zweiter Art. Das System hat zwei Freiheitsgrade, dementsprechend sind zwei generalisierte Koordinaten zu wählen, z. B. der Drehwinkel φ_l der Längswelle und der Drehwinkel φ_g des Gehäuses, beide gezählt gegen eine feste Ebene durch die gemeinsame Drehachse von Längswelle und Gehäuse.

Die Differenz $\varphi_l - \varphi_g$, geteilt durch die Übersetzung $\ddot{u}$ gibt den Drehwinkel φ_q der Querwelle gegen das Gehäuse:

Abb. 67.

$$\varphi_q = \frac{1}{\ddot{u}}\,(\varphi_l - \varphi_g). \tag{1}$$

Arbeitsleistungen bei elementaren Bewegungen des Systems:

1. Innere Kräfte. $dA_i = \mathfrak{M}_l\,(d\varphi_l - d\varphi_g) + \mathfrak{M}_q\,d\varphi_q.$

2. Äußere Kräfte. a) Bei Drehung der Längswelle leisten die an dieser angreifenden Kräfte Arbeit entsprechend dem Moment M_l dieser Kräfte um die Längswelle und $d\varphi_l$, also $M_l\,d\varphi_l$. b) Bei Drehung des Gehäuses leisten die an ihm *und* an der Querwelle angreifenden Kräfte Arbeit entsprechend dem Moment M_{gq} dieser Kräfte um die Längswelle und $d\varphi_g$, also $M_{gq}\,d\varphi_g$. c) Bei Drehung der Querwelle in ihren Lagern leisten die an der Querwelle angreifenden Kräfte Arbeit entsprechend dem Moment M_q dieser

Kräfte um die Querwelle und $d\varphi_q$, also $M_q\,d\varphi_q$. Die Arbeit der äußeren Kräfte ist daher

$$dA_a = M_l\,d\varphi_l + M_{gq}\,d\varphi_g + M_q\,d\varphi_q,$$

und die gesamte Arbeitsleistung $dA_i + dA_a$ gleich

$$dA = \mathfrak{M}_l\,(d\varphi_l - d\varphi_g) + \mathfrak{M}_q\,d\varphi_q + M_l\,d\varphi_l + M_{gq}\,d\varphi_g + M_q\,d\varphi_q.$$

Um dA durch die Veränderung der generalisierten Koordinaten auszudrücken, benützt man die differenzierte Gl. (1) und erhält

$$dA = d\varphi_l\left[M_l + \mathfrak{M}_l + \frac{1}{\ddot{u}}\,(M_q + \mathfrak{M}_q)\right] + d\varphi_g\left[M_{gq} - \mathfrak{M}_l - \right.$$
$$\left. - \frac{1}{\ddot{u}}(M_q + \mathfrak{M}_q)\right]. \qquad (2)$$

Wucht L des Systems. Es ist angenommen, daß die Querwellenachse eine Hauptträgheitsachse des Querwellensystems ist. Dann ist dessen Wucht, wenn J_q das Trägheitsmoment des Querwellensystems um die Querwellenachse und J_q' das Trägheitsmoment des gleichen Systems um die Längswellenachse bezeichnet, gleich $\frac{1}{2}\,(J_q\,\dot{\varphi}_q{}^2 + J_q'\,\dot{\varphi}_g{}^2)$. Sind J_g und J_l die um die Längswellenachse genommenen Trägheitsmomente von Gehäuse bzw. Längswellensystem, dann ist die Gesamtwucht

$$L = \frac{1}{2}\,(J_q\,\dot{\varphi}_q{}^2 + J_q'\,\dot{\varphi}_g{}^2 + J_g\,\dot{\varphi}_g{}^2 + J_l\,\dot{\varphi}_l{}^2) =$$
$$= \frac{1}{2}\,[J_q\,\dot{\varphi}_q{}^2 + J_l\,\dot{\varphi}_l{}^2 + (J_g + J_q')\,\dot{\varphi}_g{}^2].$$

Mit der Abkürzung $J_g + J_q' = J$ (Trägheitsmoment von Gehäuse + Querwellensystem um Längswellenachse) wird dann

$$L = \frac{1}{2}\,[J_q\,\dot{\varphi}_q{}^2 + J_l\,\dot{\varphi}_l{}^2 + J\,\dot{\varphi}_g{}^2].$$

Aus Gl. (1) folgt $\dot{\varphi}_q = \frac{1}{\ddot{u}}\,(\dot{\varphi}_l - \dot{\varphi}_g)$ und damit wird

$$L = \frac{1}{2}\left[\dot{\varphi}_l{}^2\left(J_l + \frac{J_q}{\ddot{u}^2}\right) + \dot{\varphi}_g{}^2\left(J + \frac{J_q}{\ddot{u}^2}\right) - 2\,\dot{\varphi}_l\,\dot{\varphi}_g\,\frac{J_q}{\ddot{u}^2}\right]. \qquad (3)$$

Aus Gl. (3) erhält man

$$\left.\begin{aligned}
\frac{d}{dt}\left(\frac{\partial L}{\partial \dot{\varphi}_l}\right) &= \left(J_l + \frac{J_q}{\ddot{u}^2}\right)\ddot{\varphi}_l - \frac{J_q}{\ddot{u}^2}\,\ddot{\varphi}_g,\\
\frac{d}{dt}\left(\frac{\partial L}{\partial \dot{\varphi}_g}\right) &= \left(J + \frac{J_q}{\ddot{u}^2}\right)\ddot{\varphi}_g - \frac{J_q}{\ddot{u}^2}\,\ddot{\varphi}_l.
\end{aligned}\right\} \qquad (4)$$

$$\frac{\partial L}{\partial \varphi_l} = \frac{\partial L}{\partial \varphi_g} = 0. \tag{5}$$

Aus Gl. (2) folgt

$$\left.\begin{aligned}
\frac{\partial A}{\partial \varphi_l} &= M_l + \mathfrak{M}_l + \frac{1}{\ddot u}\,(M_q + \mathfrak{M}_q),\\[2mm]
\frac{\partial A}{\partial \varphi_g} &= M_{gq} - \mathfrak{M}_l - \frac{1}{\ddot u}\,(M_q + \mathfrak{M}_q).
\end{aligned}\right\} \tag{6}$$

Es lassen sich damit die Lagrangeschen Gleichungen anschreiben (siehe z. B. die 45. Übung):

$$\left(J_l + \frac{J_q}{\ddot u^2}\right)\ddot\varphi_l - \frac{J_q}{\ddot u^2}\,\ddot\varphi_g = M_l + \mathfrak{M}_l + \frac{1}{\ddot u}\,(M_q + \mathfrak{M}_q),$$

$$\left(J + \frac{J_q}{\ddot u^2}\right)\ddot\varphi_g - \frac{J_q}{\ddot u^2}\,\ddot\varphi_l = M_{gq} - \mathfrak{M}_l - \frac{1}{\ddot u}\,(M_q + \mathfrak{M}_q).$$

Die Auflösung nach $\ddot\varphi_l$ und $\ddot\varphi_g$ ergibt

$$\boxed{\begin{aligned}
\ddot\varphi_l &= \frac{M_l}{J_l + \dfrac{J\,J_q}{J_q + J\,\ddot u^2}} + \frac{M_{gq}}{J + J_l + \dfrac{J\,J_l\,\ddot u^2}{J_q}} + \frac{\mathfrak{M}_l + (M_q + \mathfrak{M}_q)/\ddot u}{J_l + \dfrac{J_q\,(J + J_l)}{J\,\ddot u^2}},\\[6mm]
\ddot\varphi_g &= \frac{M_{gq}}{J + \dfrac{J_q\,J_l}{J_q + J_l\,\ddot u^2}} + \frac{M_l}{J + J_l + \dfrac{J\,J_l\,\ddot u^2}{J_q}} + \frac{\mathfrak{M}_l + (M_q + \mathfrak{M}_q)/\ddot u}{J + \dfrac{J_q\,(J + J_l)}{J_l\,\ddot u^2}}.
\end{aligned}}$$

Aus Gl. (1) folgt $\ddot\varphi_q = \dfrac{1}{\ddot u}\,(\ddot\varphi_l - \ddot\varphi_g)$. Setzt man für $\ddot\varphi_l$ und $\ddot\varphi_g$ ein, so erhält man die letzte der drei Bewegungsgleichungen:

$$\boxed{\begin{aligned}
\ddot\varphi_q &= \frac{M_q + \mathfrak{M}_q + \mathfrak{M}_l\,\ddot u}{J_q + \dfrac{J\,J_l\,\ddot u^2}{J + J_l}} + \frac{M_l\,\ddot u}{J_q + J_l\,\ddot u^2 + \dfrac{J_l\,J_q}{J}} +\\[6mm]
&\quad + \frac{M_{gq}\,\ddot u}{J_q + J\,\ddot u^2 + \dfrac{J\,J_q}{J_l}}.
\end{aligned}}$$

Setzt man $\ddot\varphi_l = \ddot\varphi_g = \ddot\varphi_q = 0$, so erhält man die Gleichgewichtsbedingungen

$$M_{gq} + M_l = 0 \quad\text{und}\quad M_q + \mathfrak{M}_q + \ddot u\,(M_l + \mathfrak{M}_l) = 0.$$

47. Übung.

Am Beispiel des Lagerdruckes eines physischen Pendels versuche man die LAGRANGESchen Gleichungen zweiter Art zur Bestimmung von Widerstandskräften anzuwenden.

Zu bestimmen sind die Komponenten X und Y des Lagerdruckes und demgemäß werden die Koordinaten x und y (Abb. 68) der Lagerung vorübergehend variabel angesehen. x, y und der Ausschlagwinkel φ sind voneinander unabhängig, also generalisierte Koordinaten im Sinne von LAGRANGE. x_s und y_s sind die Schwerpunktskoordinaten des Pendels, r ist der Abstand Schwerpunkt—Drehachse. Die Wucht des Systems ist

$$L = \frac{1}{2}\,[J_s\,\dot\varphi^2 + m\,(\dot{x}_s{}^2 + \dot{y}_s{}^2)],$$

wobei J_s das Trägheitsmoment des Pendels bezüglich einer zur Bewegungsebene senkrechten Achse durch den Schwerpunkt und m die Pendelmasse ist. Laut Abbildung ist

$$x_s = x + r \sin\varphi, \quad y_s = y + r \cos\varphi,$$

woraus

$$\dot{x}_s = \dot{x} + r \cos\varphi\,\dot\varphi, \quad \dot{y}_s = \dot{y} - r \sin\varphi\,\dot\varphi.$$

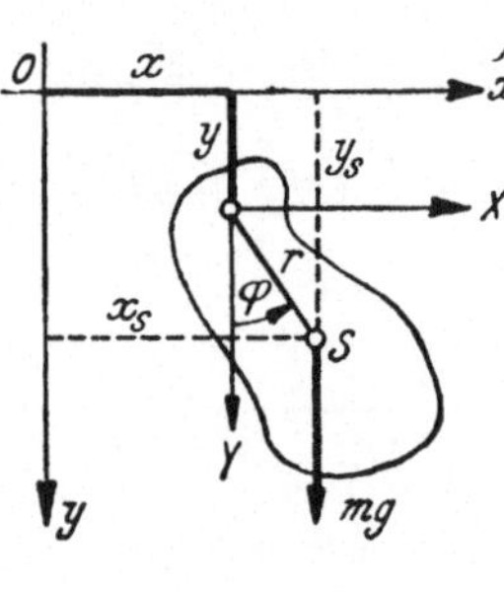

Abb. 68.

Dies wird in die Gleichung für L eingesetzt:

$$L = \frac{1}{2}\,[(J_s + m\,r^2)\,\dot\varphi^2 + m\,(\dot{x}^2 + \dot{y}^2) + 2\,m\,r\,\dot\varphi\,(\dot{x}\cos\varphi - \dot{y}\sin\varphi)].$$

Darin ist $J_s + m\,r^2 = J$ das Pendelträgheitsmoment um die Drehachse; damit wird

$$L = \frac{1}{2}\,[J\,\dot\varphi^2 + m\,(\dot{x}^2 + \dot{y}^2) + 2\,m\,r\,\dot\varphi\,(\dot{x}\cos\varphi - \dot{y}\sin\varphi)]. \quad (1)$$

Bei einer Schwerebeschleunigung g, also einem Gewicht $m\,g$ des Pendels ist die Arbeitsleistung bei der betrachteten Konfigurationsänderung $dA = X\,dx + Y\,dy + m\,g\,dy_s$. Aus $y_s = y + r\cos\varphi$ folgt $dy_s = dy - r\sin\varphi\,d\varphi$, so daß

$$dA = X\,dx + (Y + m\,g)\,dy - m\,g\,r\sin\varphi\,d\varphi. \quad (2)$$

Nach LAGRANGE ist

$$\frac{d}{dt}\left(\frac{\partial L}{\partial \dot{x}}\right) - \frac{\partial L}{\partial x} = \frac{\partial A}{\partial x}; \quad \frac{d}{dt}\left(\frac{\partial L}{\partial \dot{y}}\right) - \frac{\partial L}{\partial y} = \frac{\partial A}{\partial y}.$$

(Die der Koordinate φ entsprechende Gleichung interessiert hier nicht unmittelbar.) Aus den Gl. (1) und (2) folgt $\dfrac{\partial L}{\partial \dot{x}} = m\,(\dot{x} +$

$+ r\,\dot{\varphi}\cos\varphi)$ und daraus $\dfrac{d}{dt}\left(\dfrac{\partial L}{\partial \dot{x}}\right) = m\,(\ddot{x} + r\cos\varphi\,\ddot{\varphi} - r\sin\varphi\cdot\dot{\varphi}^2)$,

$\dfrac{\partial L}{\partial x} = 0$, $\dfrac{\partial A}{\partial x} = X$ und weiterhin $\dfrac{\partial L}{\partial \dot{y}} = m\,(\dot{y} - r\,\dot{\varphi}\sin\varphi)$ und

daraus $\dfrac{d}{dt}\left(\dfrac{\partial L}{\partial \dot{y}}\right) = m\,(\ddot{y} - r\sin\varphi\,\ddot{\varphi} - r\cos\varphi\,\dot{\varphi}^2)$, $\dfrac{\partial L}{\partial y} = 0$, $\dfrac{\partial A}{\partial y} =$

$= Y + m\,g$. Die beiden obigen LAGRANGEschen Gleichungen lauten mit den gewonnenen Ausdrücken

$$m\,[\ddot{x} + r\,(\varphi\cos\varphi - \dot{\varphi}^2\sin\varphi)] = X,$$
$$m\,[\ddot{y} - r\,(\ddot{\varphi}\sin\varphi + \dot{\varphi}^2\cos\varphi)] = Y + m\,g.$$

Die Aufgabe setzt starre Lage der Pendelachse voraus, daher ist nunmehr $\ddot{x} = y = 0$ zu setzen, womit sich ergibt:

$$\boxed{\begin{aligned} X &= m\,r\,(\ddot{\varphi}\cos\varphi - \dot{\varphi}^2\sin\varphi), \\ -\,Y &= m\,[g + r\,(\ddot{\varphi}\sin\varphi + \dot{\varphi}^2\cos\varphi)]. \end{aligned}}$$

$\ddot{\varphi}$ ist eine Funktion von φ, die z. B. aus der dritten, hier nicht angeschriebenen LAGRANGEschen Gleichung hervorginge, wogegen in $\dot{\varphi}$ die Anfangsbedingungen stecken!

48. Übung.

Eine Kugel (Masse m) läuft (Abb. 69) infolge der Anziehung durch eine in großer Entfernung R_0 befindliche andere Kugel (Masse M) in einer Kegelschnittbahn. Es ist das Gravitationsfeld anzugeben, wie es ein Beobachter auf m feststellen würde. (Angabe der Äquipotentialflächen.)

Es handelt sich also um Bestimmung der Relativkräfte, und zwar für die Masseneinheit und bezüglich eines eine Translation mit der Geschwindigkeit von m machenden Achsenkreuzes. Im Augenblick der Betrachtung falle seine y-Achse in die Zentrale der beiden Kugeln.

$$\left.\begin{aligned} \overline{P_\text{abs}} &= \text{Absolutkraft} \\ \overline{P_\text{rel}} &= \text{Relativkraft} \\ \overline{P_\text{f}} &= \text{Führungskraft} \end{aligned}\right\} \quad \overline{P_\text{abs}} = \overline{P_\text{f}} + \overline{P_\text{rel}}$$

oder $\qquad\qquad \overline{P_\text{rel}} = \overline{P_\text{abs}} - \overline{P_\text{f}}.$ $\hfill (1)$

$\overline{P_{\text{abs}}}$ setzt sich zusammen aus der Anziehungskraft seitens der Kugel M und der seitens der Kugel m:

$$\overline{P_{\text{abs}}} = \overline{P_M} + \overline{P_m}. \tag{2}$$

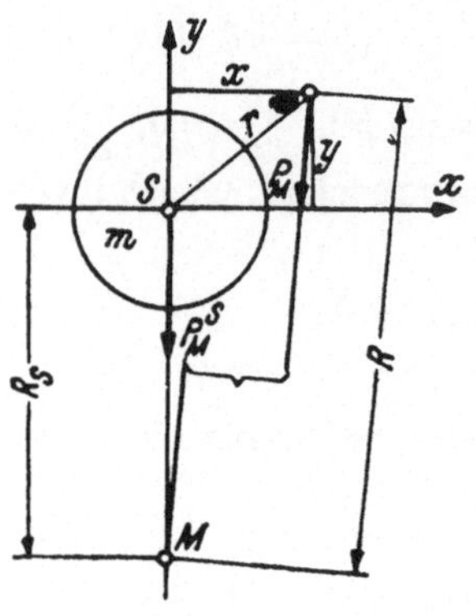

Abb. 69.

$\overline{P_f}$ ist die Kraft, welche der Masseneinheit die Beschleunigung des Koordinatensystems, also die des Schwerpunktes (Mittelpunktes) S von m erteilt. Da die Schwerpunktsbewegung von m durch die Anziehung (der in S vereinigt zu denkenden Masse m) seitens M erfolgt, ist $\overline{P_f} = \overline{P_M^S}$. ($\overline{P_M^S}$ Anziehung der Masseneinheit in S seitens M.) Dies sowie Gl. (2) wird in Gl. (1) eingesetzt:

$$\overline{P_{\text{rel}}} = \overline{P_m} + \left(\overline{P_M} - \overline{P_M^S}\right). \tag{3}$$

Die Relativkraft ist somit gleich der Anziehung der Masseneinheit seitens m, vermehrt um den Unterschied der Anziehung im Beobachtungspunkt und der Anziehung im Punkt S, und zwar seitens M.

Nach dem NEWTONschen Gravitationsgesetz (k Gravitationskonstante) ist

$$P_m = k\,\frac{m}{r^2}, \quad P_M = k\,\frac{M}{R^2}, \quad P_M^S = k\,\frac{M}{R_s^2}. \tag{4}$$

In einem Bereich um S, der gegenüber R_s klein ist (Abb. 69), hat $\overline{P_M} - \overline{P_M^S}$ annähernd die Größe $P_M - P_M^S$ und ist annähernd $S\,y$. Weil $R \approx R_s + y$, ist nach Gl. (4)

$$P_M - P_M^S = k\,M\left[\frac{1}{(R_s + y)^2} - \frac{1}{R_s^2}\right]$$

und annähernd (Kurve durch ihre Tangente ersetzt)

$$P_M - P_M^S = -\frac{2\,k\,M}{R_s^3}\,y.$$

Die Kraft $P_M - P_M^S$ hat ein Potential $-\int \left(P_M - P_M^S\right) dy +$ $+$ Konst. $= \dfrac{k\,M}{R_s^3}\,y^2$, die Kraft P_m hat bekanntlich das Potential $\dfrac{k\,m}{r} +$ Konst. Im Kraftfeld der P_{rel} ist daher im Hinblick auf

Gl. (3) das Potential $U_{\text{rel}} = k \left[\dfrac{m}{r} + \dfrac{M}{R_s{}^3} \, y^2 \right] + \text{Konst.}$ oder, da die Konstante, als willkürlich, Null gesetzt werden kann:

$$U_{\text{rel}} = k \left[\frac{m}{r} + \frac{M}{R_s{}^3} \, y^2 \right]. \tag{5}$$

Die Äquipotentialflächen lassen sich nach dieser Gleichung leicht punktweise bestimmen. Sie sind naturgemäß Drehflächen; die Meridianlinie einer solchen ist in Abb. 70 gezeichnet. Für den Scheitel A ist $y = 0$, $r = a$, und es ergibt dies in Gl. (5) eingesetzt:

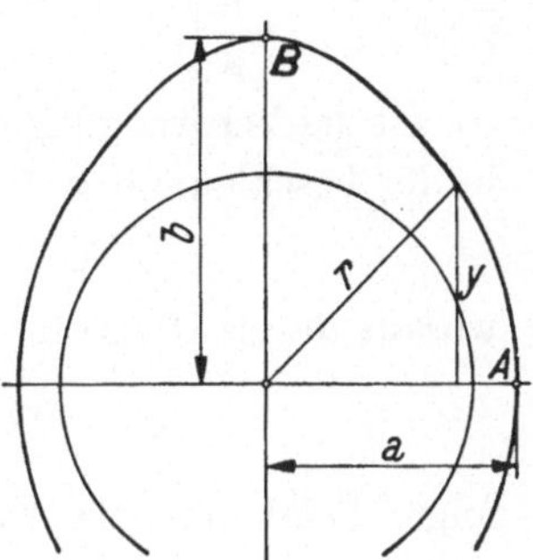

Abb. 70.

$$a = \frac{m\,k}{U_{\text{rel}}}. \tag{6}$$

Für den Scheitel B ist $y = r = b$, und es ergibt dies in Gl. (5) eingesetzt:

$$b^3 - U_{\text{rel}} \, \frac{R_s{}^3}{M\,k} \, b + m \, \frac{R_s{}^3}{M} = 0. \tag{7}$$

Mit Berücksichtigung von Gl. (6) läßt sich auch schreiben:

$$b^3 - \frac{1}{a} \, \frac{m}{M} \, R_s{}^3 \, b + \frac{m}{M} \, R_s{}^3 = 0. \tag{8}$$

Eine der Wurzeln von Gl. (7) bzw. Gl. (8) ergibt die Lage des Scheitels B, die beiden anderen bestimmen isolierte Punkte der Kurve.

Anmerkung: Die Oberfläche von Flüssigkeit auf der Kugel würde eine Äquipotentialfläche bilden. Dreht sich die Kugel, dann ist die Tiefe der Flüssigkeit über einem Punkt der Kugeloberfläche periodisch veränderlich. In dieser Art erklärt das Beispiel die Erscheinung von Ebbe und Flut.

49. Übung.

Ein Körper (Gewicht G) schwimmt in einer Flüssigkeit (spez. Gewicht γ). Ist die Eintauchtiefe des Körpers eine andere, wenn die Flüssigkeit statt zu ruhen nach aufwärts oder abwärts mit der gleichförmigen Beschleunigung b in Bewegung ist?

Wenn auch Körper und beschleunigte Flüssigkeit gegeneinander ruhen, ist dabei doch kein Gleichgewichtsfall vorhanden. Es darf aber so getan werden, wenn auf jedes Massenteilchen dm

des Systems zusätzlich eine Kraft $dP = -b\,dm$ wirkend gedacht wird. Das bedeutet, wenn b aufwärts gerichtet ist, eine scheinbare Erhöhung des Gewichtes des schwimmenden Körpers um $\dfrac{G}{g}\,b$, also auf $\overline{G} = G\left(1 + \dfrac{b}{g}\right)$ und gleichzeitig eine scheinbare Erhöhung des spez. Gewichtes der Flüssigkeit um $\dfrac{\gamma}{g}\,b$, also auf $\overline{\gamma} = \gamma\left(1 + \dfrac{b}{g}\right)$.

Ist die Verdrängung des Körpers in der ruhenden Flüssigkeit V, in der beschleunigten $\overline{V}$, dann ist

$$G = V\gamma \quad \text{und} \quad \overline{G} = \overline{V}\,\overline{\gamma},$$

woraus durch Division

$$\frac{\overline{V}}{V} = \frac{\overline{G}}{G} \cdot \frac{\gamma}{\overline{\gamma}}$$

folgt. Setzt man die ermittelten Werte für $\overline{G}$ und $\overline{\gamma}$ ein, so ergibt sich $\dfrac{\overline{V}}{V} = 1$, d. h. die Tauchtiefe ist in der beschleunigten Flüssigkeit die gleiche wie in der ruhenden.

50. Übung.

Der in Abb. 71 gezeigte Beschleunigungsmesser besteht aus dem Hebel *1*, der durch die einstellbare und meßbare Kraft F der Feder *2* gegen die beiden auf dem Gestell *3* des Apparats angebrachten Stützen *4* und *5* gedrückt wird; wenn *1* auf *4* und *5* aufliegt, ist ein elektrischer Stromkreis geschlossen. Wird *3* im Pfeilsinne beschleunigt bewegt, dann hängt es von F und von der Beschleunigung b ab, ob sich *1* von *5* abhebt oder nicht, was mittels eines in den Stromkreis geschalteten Mikro-

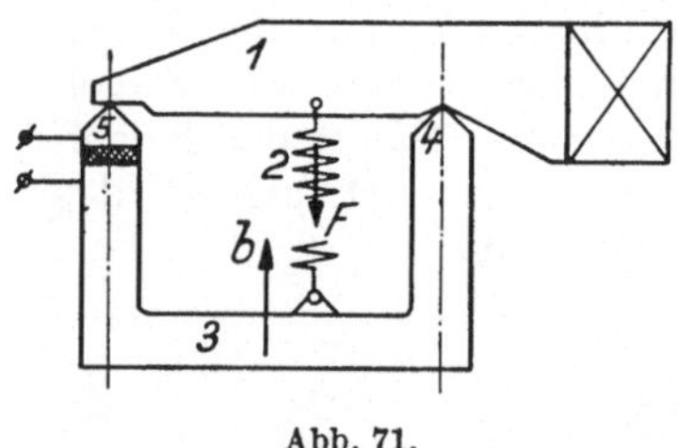

Abb. 71.

phons beurteilt wird. Wiederholt man den gleichen Bewegungsvorgang mehrmals mit verschiedenen Federkräften F, dann läßt sich die größte vorkommende Beschleunigung eingrenzen.

1. In welchem Zusammenhang stehen untereinander die Abmessungen der Anordnung, die Kraft F und die Beschleunigung b_0, bei der der Druck zwischen *1* und *5* eben verschwindet?

2. Wie groß ist die Empfindlichkeit des Gerätes, ausgedrückt durch das Verhältnis $e = \dfrac{b_{15}}{\Delta b}$, wobei b_{15} die Beschleunigung ist, mit der sich *1* von *5* entfernt, wenn die Beschleunigung b des Gestelles den Wert b_0 um Δb übersteigt?

Nach dem Satz Absolutkraft = Führungskraft + Relativkraft kommen für das Verhalten von *1* gegen *3* (Relativkräfte) die tatsächlichen Kräfte (Absolutkräfte) im Verein mit der im Schwerpunkt S angreifenden Kraft $-b\,m$ (negative Resultierende der auf die einzelnen Teile der Hebelmasse m wirkenden Führungskräfte) in Betracht.

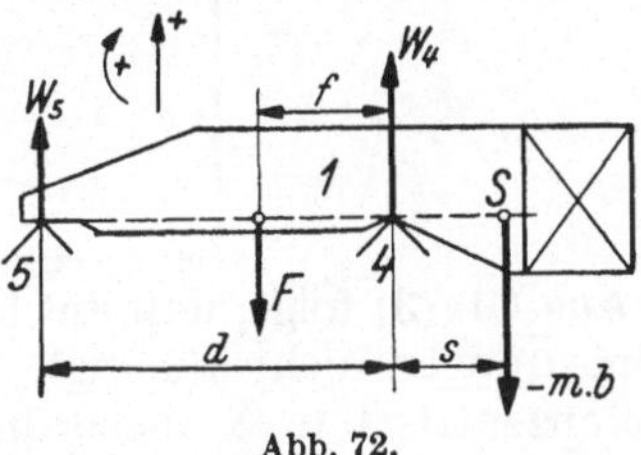

Abb. 72.

Es ergibt sich daher, wenn der Hebel in relativer Ruhe ist, der Auflagerdruck W_5 bei *5* an Hand von Abb. 72 aus der Momentengleichung um Auflager *4*: $m\,b\,s + W_5\,d - F\cdot f = 0$ zu $W_5 = \dfrac{F\,f - m\,b\,s}{d}$; W_5 wird gerade Null, wenn $F\,f - m\,b_0\,s = 0$, oder

$$\boxed{b_0 = \frac{F\,f}{m\,s}.} \tag{1}$$

Im abgehobenen Zustand gilt für die Drehung mit der Winkelbeschleunigung γ um die relativ feste Drehachse durch *4* bei einem zugehörigen Trägheitsmoment J_4: $J_4\,\gamma = m\,b\,s - F\,f$; daraus folgt mit $b_{15} = \gamma\,d$:

$$b_{15} = \frac{m\,b\,s - F\,f}{J_4}\,d. \tag{2}$$

Es ist $b = b_0 + \Delta$ und mit Gl. (1) $b = \dfrac{F\,f}{m\,s} + \Delta$, was in Gl. (2) eingesetzt wird:

$$b_{15} = \frac{m\,s\,d}{J_4}\,\Delta.$$

Daraus folgt die gesuchte Empfindlichkeit $e = \dfrac{b_{15}}{\Delta}$ zu $e = \dfrac{m\,s\,d}{J_4}$; führt man den Trägheitsradius ϱ_4 gemäß $J_4 = m\,\varrho_4{}^2$ ein, so wird

$$\boxed{e = \frac{s\,d}{\varrho_4{}^2}.} \tag{3}$$

Das Trägheitsmoment J_s um den Schwerpunkt hängt mit J_4 zusammen durch $J_4 = J_s + m\,s^2$, so daß auch gilt:

$$e = \frac{\dfrac{d}{s}}{1 + \dfrac{J_s}{m\,s^2}};$$

führen wir die Definition von J_s ein, $J_s = \sum d\,m\cdot r^2$, so ergibt sich

$$e = \frac{\dfrac{d}{s}}{1 + \dfrac{1}{m}\sum\left(\dfrac{r}{s}\right)^2 d\,m} \cdot \qquad (4)$$

Aus Gl. (3) folgt, daß die Empfindlichkeit von den absoluten Abmessungen nicht abhängt. Gl. (4) lehrt, daß die Masse möglichst konzentriert in S angeordnet, also die Starrheit des Hebels, die für richtige Anzeige wesentlich ist, mit kleinstem Massenaufwand erzielt werden sollte.

51. Übung.

Es gibt Vorrichtungen, Abb. 73, bei welchen durch einen kleinen Motor in radialen Ebenen bewegliche Massen m in Umlauf gesetzt werden, wobei durch ihre Fliehkraft Bewegungen entgegen der Kraft P erzeugt werden. Die Nutzarbeit $\int P\,ds$ dieser Vorrichtungen wird zum Lösen von Bremsen usw. verwendet. Welche Arbeit muß der Antriebsmotor an die Vorrichtung abgeben, wenn seine Winkelgeschwindigkeit ω dabei konstant ist und von Reibungen abgesehen werden kann?

Um die Fliehgewichte umlauflos betrachten zu können, wird ihre Fliehkraft $F = m\,r\,\omega^2$ sowie ihre negative Corioliskraft

$$C = 2\,m\,\frac{d\,r}{d\,t}\,\omega$$

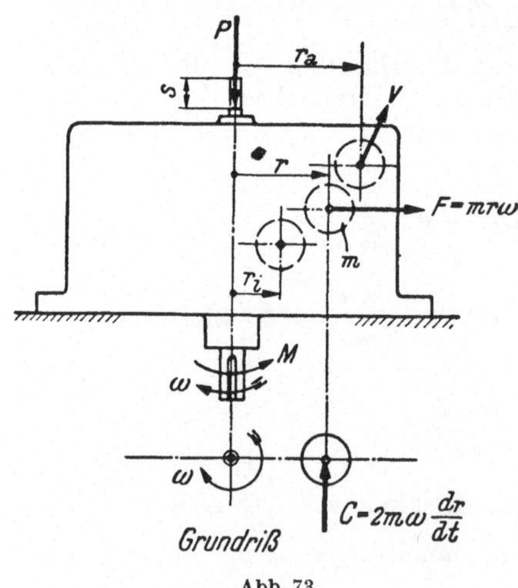

Abb. 73.

angebracht. Letztere wirkt hier senkrecht zum jeweiligen Radius;

es muß also von der Führung des Fliehgewichtes auf dieses die Kraft $-C$ ausgeübt werden. Als Reaktion wirkt auf die Führung (den rein umlaufenden Teil) die Kraft C und bedingt, daß an der Welle der Antriebsmotor mit dem Moment $M = C\,r = 2\,m\,r\,\dfrac{dr}{dt}\,\omega$ dreht. Er gibt daher an die Vorrichtung die Arbeit

$$A_M = \int\limits_0^t M\,\omega\,dt = \int\limits_{r_i}^{r_a} 2\,m\,\omega^2\,r\,dr$$

ab. Die Integration gibt:

$$A_M = m\,\omega^2\,(r_a{}^2 - r_i{}^2). \tag{1}$$

Ist v die Geschwindigkeit des Fliehgewichtes relativ zum umlaufenden Teil, wenn der Weg s beendet ist, dann ergibt der Satz von der lebendigen Kraft:

$$\frac{m\,v^2}{2} = \int\limits_{r_i}^{r_a} F\,dr - \int\limits_0^s P\,ds = \int\limits_{r_i}^{r_a} m\,r\,\omega^2\,dr - A.$$

Ausgeführt erhält man:

$$A = \frac{1}{2}\,m\,\omega^2\,(r_a{}^2 - r_i{}^2) - \frac{1}{2}\,m\,v^2,$$

und mit Gl. (1):

$$A = \frac{1}{2}\,A_M - \frac{1}{2}\,m\,v^2$$

oder

$$\boxed{A_M = 2\left(A + \frac{m\,v^2}{2}\right);}$$

v ist in der Regel unbedeutend. *Also muß der Antriebsmotor die doppelte Nutzarbeit leisten.* Dies wird verständlich durch die Tatsache, daß die Fliehgewichte während der Zurücklegung des Weges s auf größeren Radius gelangen und dadurch ihre Umlaufswucht wächst.

52. Übung.

Es ist für einen Propellerflügel die Längskraft L, die Querkraft Q und das Biegemoment M zu bestimmen, hervorgerufen durch die Massenwirkung beim Schwenken des Propellers wie in der 37. Übung. Der Flügel kann als radialer Stab gegebener Massenverteilung angesehen werden.

Im Gegensatz zur 37. Übung ist der folgende Weg der Lösung
anschaulich und elementar gewählt. In Abb. 74 sei $s\,s$ die Schwenkachse. Die Bezeichnungen sind denen in der 37. Übung ange-
glichen. Ein Flügelteilchen mit der Masse dm hat eine Beschleunigung b, die sich geometrisch zusammensetzt aus der Beschleunigung b_u beim Umlauf ohne Schwenkung, der Beschleunigung b_s
beim Schwenken ohne Umlauf und der Coriolisbeschleunigung b_c;
b_u, die Zentripetalbeschleunigung des Umlaufes, ist beträchtlich,

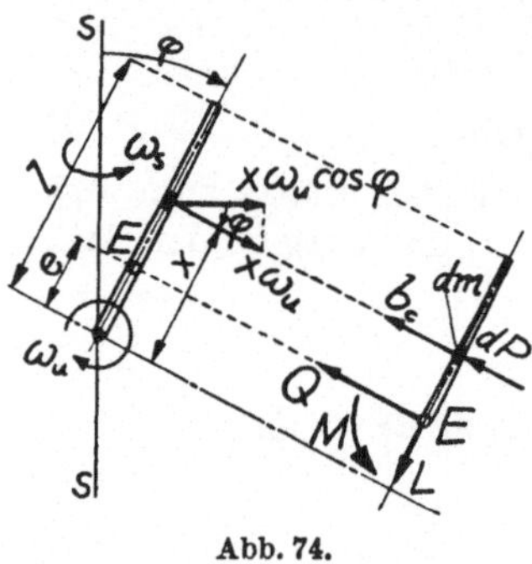

Abb. 74.

interessiert aber hier nicht, da der
Einfluß des Schwenkens des umlaufenden Propellers auf die Flügel
studiert werden soll. In praktischen
Fällen (z. B. Windrad oder Flugzeug-
propeller) ist b_s, Zentripetalbeschleunigung des Schwenkens, geringfügig.
Den Ausschlag gibt b_c. Die Geschwindigkeit eines Massenteilchens
infolge des Umlaufes des Propellers
ist $x\,\omega_u$. Ihre Projektion auf die
Schwenkebene ist gemäß Abb. 74
gleich $x\,\omega_u \cos\varphi$ und daher ist die
Coriolisbeschleunigung $b_c = 2\,\omega_s\,\omega_u \cos\varphi \cdot x$ und steht senkrecht
zur Umlaufebene des Teilchens. Wenn der umlaufende Propeller
geschwenkt wird, muß auf jedes seiner Massenteilchen zusätzlich
eine Kraft $dP = dm\,b_c$ ausgeübt werden, wobei b_s vernachlässigt wird. Für b_c eingesetzt, wird

$$dP = dm\,2\,\omega_s\,\omega_u \cos\varphi \cdot x. \tag{1}$$

Das System der Kräfte dP auf einem Flügelstück, das von einem
Punkt E (Entfernung e von Propellermitte) bis zur Flügelspitze
(Entfernung l von Propellermitte) reicht, muß äquivalent sein
dem System von Längskraft, Querkraft und Biegemoment im
Punkt E. Unter Beachtung der Richtung aller dP ergibt sich:

1. $L = 0$,

2. $Q = \int\limits_{x\,=\,e}^{x\,=\,l} dP$ (Komponentengleichung) und mit Gl. (1)

$$Q = 2\,\omega_s\,\omega_u \cos\varphi \int\limits_{x\,=\,e}^{x\,=\,l} dm\,x.$$

Es ist $\int\limits_{x\,=\,e}^{x\,=\,l} dm\,x = S$ das statische Moment des Flügelstückes vom betrachteten Punkt E bis zur Flügelspitze, und zwar bezüglich der Umlaufachse, also wird

$$Q = 2\,\omega_s\,\omega_u\,S\cos\varphi.$$

3. $M = \int\limits_{x=e}^{x=l} d\,P\,(x-e)$ (Momentengleichung für Punkt E) und

mit Gl. (1)

$$M = 2\,\omega_s\,\omega_u\cos\varphi\int\limits_{x=e}^{x=l} dm\,x\,(x-e) = 2\,\omega_s\,\omega_u\cos\varphi$$

$$\left[\int\limits_{x=e}^{x=l} dm\,x^2 - e\int\limits_{x=e}^{x=l} dm\,x.\right]$$

Es ist $\int\limits_{x=e}^{x=l} dm\,x^2 = J$ das Trägheitsmoment des Flügelstückes vom betrachteten Punkt E bis zur Flügelspitze, und zwar bezüglich der Umlaufachse; führt man dieses ein und wie vorhin $\int\limits_{x=e}^{x=l} dm\,x = S$, so bekommt man

$$M = 2\,\omega_s\,\omega_u\cos\varphi\,(J - e\,S).$$

Q steht senkrecht zur Umlaufebene, die Achse von M liegt in der Umlaufebene und ist senkrecht zum Flügel. Im Flügel entstehen Wechselbeanspruchungen.

53. Übung.

Abb. 75 zeigt den Antrieb eines Radsatzes durch einen elektrischen Motor mittels eines Wurmgetriebes mit der Übersetzung $ü$. Das Getriebegehäuse, mit dem auch der Stator des Motors starr verbunden ist, ist auf der Radachse gelagert und bei A federnd am Fahrzeugrahmen aufgehängt. Durch Gleisunebenheiten bewege sich der Radsatz mit der großen Beschleunigung b nach aufwärts, wobei er aber gleichförmig weiterrollen möge. Welche vertikale Kraft V der Schienen auf die Räder entsteht durch die Trägheitswirkungen? Welche Umfangskraft U der Schienen auf die Räder und welche Horizontalkraft H auf die Achse des Radsatzes hält dessen gleichförmiges Rollen aufrecht? Um welchen Punkt dreht sich das Antriebsgehäuse relativ zum Fahrzeug?

Es wird die Relativbewegung gegen ein Achsenkreuz, welches
eine Translation mit der Bewegung der Radsatzachse macht,
mittels der Lagrangeschen Gleichungen zweiter Art untersucht.

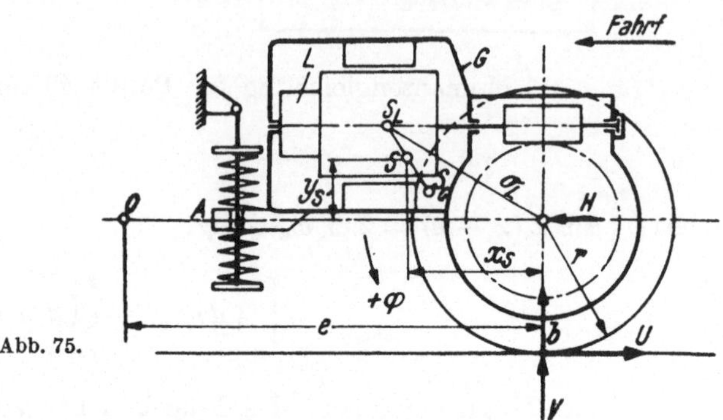

Abb. 75.

Zu dem Zweck ist an jedem Massenteilchen dm die Kraft $b\,dm$
nach unten gerichtet anzubringen (negative Führungskraft), was
als Resultierende die im Schwerpunkt S der Gesamtmasse an-
greifende Kraft $m\,b$, nach unten gerichtet, ergibt. Es bezeichne:

    φ den Drehwinkel des Gehäuses,

    φ_R den Drehwinkel des Radsatzes,

    ψ den Drehwinkel des Motorläufers in seinen Lagern.

φ und φ_R sind generalisierte Koordinaten.

Wucht L_G des Gehäuses, wenn J_R dessen Trägheitsmoment
um die Radsatzachse: $L_G = \dfrac{1}{2}\,J_G\,\dot\varphi^2$.

Wucht L_R des Radsatzes, wenn J_G dessen Trägheitsmoment
um die Radsatzachse: $L_R = \dfrac{1}{2}\,J_R\,\dot\varphi_R^2$.

Wucht L_L des Läufers, wenn m_L dessen Masse, i dessen
Trägheitsmoment um die Lagerachse, J_L^S dessen Trägheits-
moment um die zur Radsatzachse parallele Schwerachse, J_L dessen
Trägheitsmoment um die Radsatzachse:

$$L_L = \frac{1}{2}\,J_L^S\,\dot\varphi^2 + \frac{1}{2}\,i\,\dot\psi^2 + \frac{1}{2}\,m_L\,(\sigma_L\,\dot\varphi)^2,$$

$$= \frac{1}{2}\,(J_L^S + m_L\,\sigma_L{}^2)\,\dot\varphi^2 + \frac{1}{2}\,i\,\dot\psi^2,$$

$$= \frac{1}{2}\,J_L\,\dot\varphi^2 + \frac{1}{2}\,i\,\dot\psi^2.$$

Gesamtwucht

$$L = L_G + L_R + L_L = \frac{1}{2}\,(J_G + J_L)\,\dot{\varphi}^2 + \frac{1}{2}\,J_R\,\dot{\varphi}^2 + \frac{1}{2}\,i\,\dot{\psi}^2.$$

Aus der geometrisch-kinematischen Beziehung $\psi = \ddot{u}\,(\varphi - \varphi_R)$ folgt $\dot{\psi} = \ddot{u}\,(\dot{\varphi} - \dot{\varphi}_R)$. Setzt man dies in den Ausdruck für L ein und bezeichnet mit $J = J_G + J_L$ das Trägheitsmoment des Antriebes (ohne Radsatz) um die Radsatzachse, so wird

$$L = \frac{1}{2}\,[\,J\,\dot{\varphi}^2 + J_R\,\dot{\varphi}_R{}^2 + i\,\ddot{u}^2\,(\dot{\varphi} - \dot{\varphi}_R)^2\,]. \tag{1}$$

Bei der betrachteten Relativbewegung leisten Arbeit die Kräfte $m\,b$ und $\dot{U}$, und zwar ist

$$dA = m\,b\,(x_s\,d\varphi) + U\,(r\,d\varphi_R),$$

so daß

$$\frac{\partial A}{\partial \varphi} = m\,b\,x_s, \quad \frac{\partial A}{\partial \varphi_R} = U\,r.$$

Aus Gl. (1) folgt

$$\frac{\partial L}{\partial \varphi} = \frac{\partial L}{\partial \varphi_R} = 0, \quad \frac{\partial L}{\partial \dot{\varphi}} = J\,\dot{\varphi} + i\,\ddot{u}^2\,(\dot{\varphi} - \dot{\varphi}_R),$$

also mit $\dot{\varphi}_R = 0$.

$$\frac{d}{dt}\left(\frac{\partial L}{\partial \dot{\varphi}}\right) = (J + i\,\ddot{u}^2)\,\ddot{\varphi}; \quad \frac{\partial L}{\partial \dot{\varphi}_R} = J_R\,\dot{\varphi}_R - i\,\ddot{u}^2\,(\dot{\varphi} - \dot{\varphi}_R),$$

also mit $\dot{\varphi}_R = 0$, $\dfrac{d}{dt}\left(\dfrac{\partial L}{\partial \dot{\varphi}_R}\right) = -\,i\,\ddot{u}^2\,\ddot{\varphi}.$

Die LAGRANGEschen Gleichungen zweiter Art, angeschrieben für beide generalisierte Koordinaten, geben

$$(J + i\,\ddot{u}^2)\,\ddot{\varphi} = m\,b\,x_s, \quad -\,i\,\ddot{u}^2\,\ddot{\varphi} = U\,r,$$

woraus

$$\ddot{\varphi} = \frac{m\,x_s}{J + i\,\ddot{u}^2}\,b,$$

$$-\,U = \frac{i\,\ddot{u}^2}{r}\,\ddot{\varphi}. \tag{2}$$

Setzt man die letzte Gleichung in Gl. (2) ein, wird

$$\boxed{U = \frac{-\,i\,\ddot{u}^2}{J + i\,\ddot{u}^2}\,\frac{x_s}{r}\,m\,b.} \tag{3}$$

Der Schwerpunkt des Ganzen hat die relative Beschleunigungskomponente $x_s \ddot{\varphi}$ nach unten, wobei praktisch die Normalbeschleunigung der Relativbewegung vernachlässigt ist. Damit wird $b_s = b - x_s \ddot{\varphi}$ die absolute Beschleunigungskomponente des Schwerpunktes nach oben. Mit Gl. (2) wird

$$b_s = \left(1 - \frac{m\, x_s^2}{J + i\, \ddot{u}^2}\right) b.$$

Der Schwerpunktsatz gibt $V = m\, b_s$, also

$$\boxed{V = m \left(1 - \frac{m\, x_s^2}{J + i\, \ddot{u}^2}\right) b.}$$

Man kann also

$$\boxed{m' = m \left(1 - \frac{m\, x_s^2}{J + i\, \ddot{u}^2}\right)}$$

als scheinbare Masse des Antriebes einführen. Sie ist stets kleiner als die wirkliche Masse, nähert sich ihr aber mit größer werdender Übersetzung.

Der Schwerpunkt des Ganzen hat, die Normalbeschleunigung der Relativbewegung wieder vernachlässigt, die waagrechte Beschleunigungskomponente $y_s \ddot{\varphi}$; der Schwerpunktsatz gibt daher $H - U = m\, y_s \ddot{\varphi}$. Man erhält daraus nach Einsetzen von Gl. (2) und (3)

$$\boxed{H = m\, \frac{x_s}{r}\, \frac{m\, r\, y_s - i\, \ddot{u}^2}{J + i\, \ddot{u}^2}\, b.}$$

Relativ zum Fahrzeug bewegt sich der Antrieb mit der Beschleunigung b nach aufwärts und dreht sich mit der Winkelbeschleunigung $\ddot{\varphi}$ um die Radsatzachse. Die beiden Teilbeschleunigungen tilgen sich für einen Punkt O in der Waagrechten durch die Radsatzachse im Abstand e von dieser, welcher durch $b - \ddot{\varphi}\, e = 0$ gegeben ist. Mit Gl. (2) wird

$$\boxed{e = \frac{J + i\, \ddot{u}^2}{m\, x_s}.}$$

O ist der Beschleunigungspol, zugleich das gesuchte Momentanzentrum, da diese beiden Punkte zu Anfang einer Bewegung zusammenfallen.

54. Übung.

Zwei Punkte A, B eines Körpers werden auf einer im großen ganzen geraden Bahn geführt, Abb. 76. Die Bahn hat jedoch kleine Unebenheiten und es entstehen dadurch dynamische Führungsdrücke. Die Unebenheiten an der einen Führungsstelle sollen die Führungsdrücke an der anderen nicht beeinflussen und umgekehrt. Wie muß die Massenverteilung des Körpers sein? (Anwendung: Fahrzeuge, Fahrzeug und Stromabnehmer!)

Der gestellten Forderung wird genügt, wenn sich der Körper bei Bewegungen in durch die Bahn gehenden Ebenen durch je eine Masse in den beiden Führungspunkten dynamisch ersetzen läßt. Ersatzmassen und ersetzter Körper müssen bei ebener Bewegung 1. gleichen Schwerpunkt S, 2. gleiche Ge-

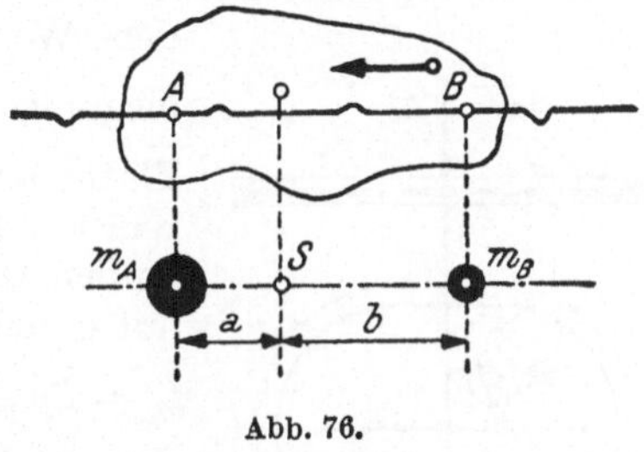

Abb. 76.

samtmasse m, 3. gleiches Trägheitsmoment um die Schwerachse senkrecht zur Bewegungsebene haben, welche Schwerachse eine Trägheitsachse sein muß, also lassen sich folgende Gleichungen ansetzen:

$$m_A\, a - m_B\, b = 0,$$

außerdem muß S auf $A B$ liegen.

$$m_A + m_B = m,$$

$$m_A\, a^2 + m_B\, b^2 = m\, \varrho_s{}^2.$$

ϱ_s bedeutet den Schwerpunktträgheitsradius. Eliminiert man m_A und m_B, dann erhält man die gesuchte Lösung:

$$\boxed{a\, b = \varrho_s{}^2.}$$

IV. Elastizität.

55. Übung.

Durch Versuch oder Rechnung sei der Verlauf der Durchbiegungen der in Abb. 77 gezeigten ebenen Platte bei Belastung durch die zentrale Kraft P bekannt. Es ist die größte Durchbiegung der Platte zu bestimmen, die sie durch einen gleichmäßigen Druck p erfährt.

Die gestellte Aufgabe wird mittels des Maxwellschen Satzes von der Gegenseitigkeit der Verschiebungen gelöst. Nimmt P den Wert 1 an, dann sind die Durchbiegungen $\zeta_{P=1} = \dfrac{\zeta}{P}$. Belastet man die Platte an einer Stelle mit der Einheit der Kraft, dann wird dadurch nach Maxwell an der Angriffsstelle von P, also in Plattenmitte, eine Durchbiegung von der Größe $f_1 = \zeta_{P=1} = \dfrac{\zeta}{P}$ erzeugt. Ein Flächenelement dF der Platte erfährt durch den Druck p die Belastung $p\,dF$ und nach Obigem entsteht dadurch in Plattenmitte die Durchbiegung $df = f_1\,p\,dF = \dfrac{\zeta}{P}\,p\,dF$.

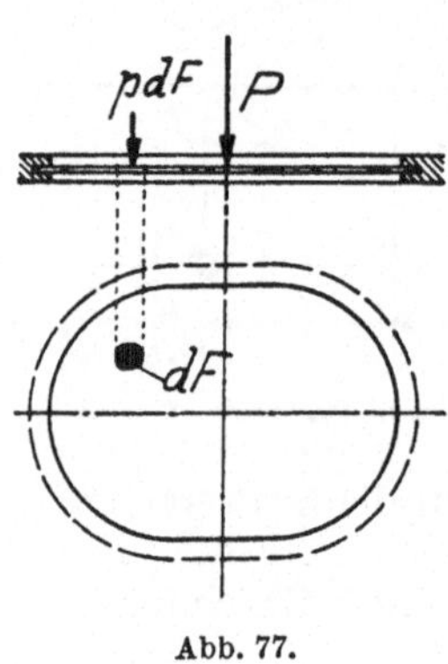

Abb. 77.

Durch die Wirkung des Druckes auf die ganze Platte wird die Durchbiegung in Plattenmitte $f = \int df$, also

$$\boxed{f = \frac{p}{P} \int \zeta\,dF.}$$

(Das Integral ist ein bestimmtes.) Da die Durchbiegung in Plattenmitte am größten sein wird, ist f die gesuchte Größe.

56. Übung.

Auf den Knotenpunkt K der unter dem Neigungswinkel α gleichmäßig verteilt angeordneten und mit der gleichen Kraft S_0 vorgespannten n Seile, welche den in Abb. 78 gezeichneten Mast halten, wird von diesem die Horizontalbelastung H ausgeübt. Sie liegt um h über den Seilverankerungen. Unter Voraussetzung, daß kein Seil schlaff wird, ist zu bestimmen: Die Verrückung von K unter der Belastung H. Die Kraft S in den einzelnen Seilen. Die Vertikalbelastung V des Knotens durch den Mast. Die Mindestgröße der Vorspannung S_0. Die Größe des Neigungswinkels α, bei welchem bei festem Aufwand an Seilmaterial a) die Seilbeanspruchung am kleinsten wird, b) der Mast am steifsten gehalten wird.

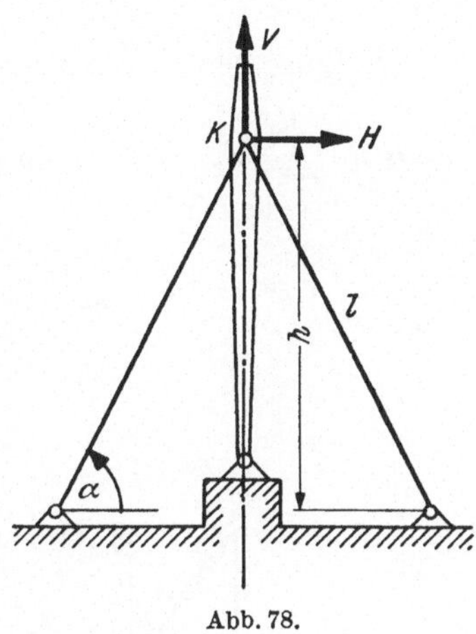

Abb. 78.

Die Verrückung δ von K unter der Belastung findet annähernd in einer waagrechten Ebene statt, und zwar in Richtung von H. Liegt H gerade über einem Seil, dann ist die letzte Behauptung aus Symmetriegründen einleuchtend. Ansonsten zerlege man H in zwei über Seilen gelegene Komponenten. Jede dieser ergibt Verrückungskomponenten, die den Kraftkomponenten proportional und gleichgerichtet sind. Daher ergibt die Zusammensetzung der Verrückungskomponenten eine H gleichgerichtete (und proportionale) Verrückung.

Gleichgewichtsbedingung für den Knoten K:

$$H + \sum_1^n S \cos (S\,H) = 0,$$

$$V + \sum_1^n S \cos (S\,V) = 0. \tag{1}$$

Letztere Gleichung geht mit $\cos (S\,V) = \sin \alpha$ über in

$$V = -\sin \alpha \sum_1^n S. \tag{2}$$

Wegen der Kleinheit von δ ist die zugehörige Verkürzung Δ eines Seiles einfach die Projektion von δ auf die Richtung von S, also $\Delta = \delta \cos (\delta\,S)$. Da δ und H gleichgerichtet sind, ist $(\delta\,S) = (H\,S) = -(S\,H)$. Daher ist $\Delta = \delta \cos [-(S\,H)]$, und also

$$\Delta = \delta \cos (S\,H). \tag{3}$$

Infolge Δ verändert sich die ursprüngliche Seilkraft S_0 auf

$$S = S_0 - \frac{\Delta}{l}\,E\,f. \tag{4}$$

Darin ist l die Seillänge, f der Querschnitt, E der Elastizitätsmodul des Seils.

Wenn Gl. (3) in Gl. (4) eingesetzt und noch $l = \dfrac{h}{\sin \alpha}$ berücksichtigt wird, erhält man

$$S = S_0 - \frac{\delta\,E\,f}{h}\,\sin \alpha \cos (S\,H). \qquad (5)$$

Durch Einsetzen in die Gl. (1) und (2) erhält man

$$H + \sum_{1}^{n}\left[S_0 - \frac{\delta\,E\,f}{h}\,\sin \alpha \cos (S\,H)\right]\cos (S\,H) = 0. \qquad (6)$$

$$V = -\sin \alpha \sum_{1}^{n}\left[S_0 - \frac{\delta\,E\,f}{h}\,\sin \alpha \cos (S\,H)\right]. \qquad (7)$$

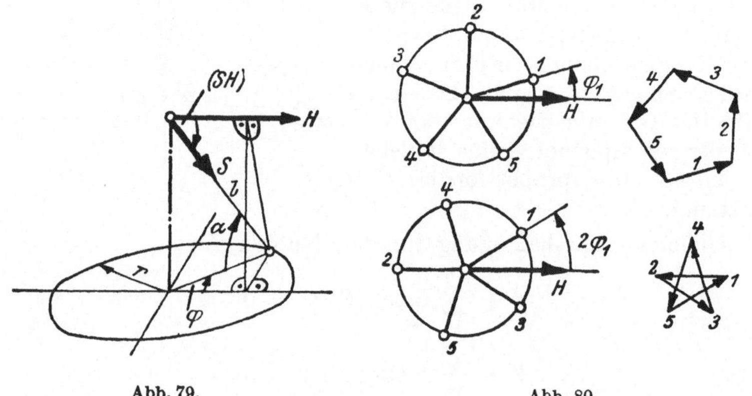

Abb. 79.   Abb. 80.

In Abb. 79 ist eines der Seile herausgegriffen und außer dem Radius des Kreises der Seilverankerungen der Winkel φ der Vertikalebene durch das Seil gegen die Vertikalebene durch H eingeführt. Man sieht aus der Abb. 79:

$$\cos (S\,H) = \frac{r \cos \varphi}{l} = \frac{r}{l}\,\cos \varphi.$$

Weil $\dfrac{r}{l} = \cos \alpha$, ist somit

$$\cos (S\,H) = \cos \alpha \cos \varphi. \qquad (8)$$

Gl. (8) wird in die Gl. (6) eingeführt:

$$H + S_0 \cos \alpha \sum_{1}^{n} \cos \varphi - \frac{\delta\,E\,f}{h}\,\sin \alpha \cos^2 \alpha \sum_{1}^{n} \cos^2 \varphi = 0.$$

Mit $\cos^2 \varphi = \dfrac{1 + \cos 2\,\varphi}{2}$ wird

$$H + S_0 \cos \alpha \sum_1^n \cos \varphi - \frac{n\,\delta\,E\,f}{2\,h} \sin \alpha \cos^2 \alpha -$$

$$- \frac{\delta\,E\,f}{2\,h} \sin \alpha \cos^2 \alpha \sum_1^n \cos 2\,\varphi = 0.$$

Für jede regelmäßige Seilverteilung ist, wie die Vektordiagramme Abb. 80 klarmachen, $\sum_1^n \cos \varphi = \sum_1^n \cos 2\,\varphi = 0$, also $H -$

$- \dfrac{n\,\delta\,E\,f}{2\,h} \sin \alpha \cos^2 \alpha = 0$, woraus

$$\boxed{\;\delta = \frac{2\,H\,h}{n\,E\,f \sin \alpha \cos^2 \alpha}\,.\;} \qquad (9)$$

Gl. (8) wird in die Gl. (7) eingeführt:

$$V = - \sin \alpha \left[n\,S_0 - \frac{\delta\,E\,f}{h} \sin \alpha \cos \alpha \sum_1^n \cos \varphi \right].$$

Da erkannt wurde $\sum_1^n \cos \varphi = 0$, bleibt

$$\boxed{\;V = - n\,S_0 \sin \alpha.\;}$$

Die Vertikalbelastung ist also von der Größe der Horizontalbelastung unabhängig!

Durch Einsetzen von Gl. (9) und Gl. (8) in Gl. (5) wird

$$\boxed{\;S = S_0 - \frac{2\,H}{n \cos \alpha} \cos \varphi.\;}$$

Die kleinste Seilspannung entsteht in einem Seil, für welches $\varphi = 0$ wird. Daher ist die mindeste Vorspannung

$$\boxed{\;\text{mind.}\ S_0 = \frac{2\,H}{n \cos \alpha}\,.\;}$$

Die größte Seilkraft entsteht in einem Seil, für welches $\varphi = 180°$ wird:

$$\max S = S_0 + \frac{2\,H}{n \cos \alpha}\,.$$

Um die Seilbeanspruchung klein zu halten, wird man die mindeste Vorspannung anwenden; dann wird

$$\boxed{\max S = \frac{4\,H}{n\cos\alpha}.}\qquad(10)$$

σ bedeute die größte Seilbeanspruchung, es gilt

$$\max S = \sigma\,f.\qquad(11)$$

J bedeute das Volumen aller Seile, also $J = n\,f\,l$ und wegen $l = \dfrac{h}{\sin\alpha}$ auch $J = \dfrac{n\,f\,h}{\sin\alpha}$, woraus $f = \dfrac{J\sin\alpha}{n\,h}$; diès in Gl. (11) eingesetzt, gibt $\max S = \dfrac{J\,\sigma\sin\alpha}{n\,h}$; dies wird in Gl. (10) eingeführt: $\dfrac{J\,\sigma\sin\alpha}{n\,h} = \dfrac{4\,H}{n\cos\alpha}$, woraus

$$\boxed{\sigma = \frac{8\,H\,h}{J\sin 2\,\alpha}.}$$

Die Beanspruchung wird also am kleinsten, wenn $\sin 2\,\alpha = 1$, also $\boxed{\alpha = 45°}$ gemacht wird.

Die Steifigkeit c, mit welcher der Mast gehalten wird, ist $c = \dfrac{H}{\delta}$ und ergibt sich aus Gl. (9) zu $c = \dfrac{n\,E\,f\sin\alpha\cos^2\alpha}{2\,h}$. Durch Einsetzen von $f = \dfrac{J\sin\alpha}{n\,h}$ wird

$$\boxed{c = \frac{E\,J}{8\,h^2}\sin^2 2\,\alpha.}$$

Man erkennt, daß auch hinsichtlich Steifigkeit der günstigste Winkel $\alpha = 45°$ ist.

57. Übung.

Lamellen, welche nach Art der Abb. 81 durch Spannvorrichtungen, z. B. Bolzen, zusammengepreßt werden, bilden einen auf Biegung belastbaren Träger. Man ermittle den Verlauf der Kräfte zwischen den Lamellen sowie die nötige Vorspannung durch die Spannvorrichtungen für ein an den Enden aufgelagertes Lamellenpaket, auf welches je Längeneinheit die konstante Querbelastung q (z. B. infolge Eigengewicht) wirkt.

Unter Annahme großer Lamellenzahl kann man annähernd infinitesimal rechnen. Zwischen den Lamellen wirken, Abb. 82, die Normalkräfte S und T und die Querkraft Q. Letztere muß

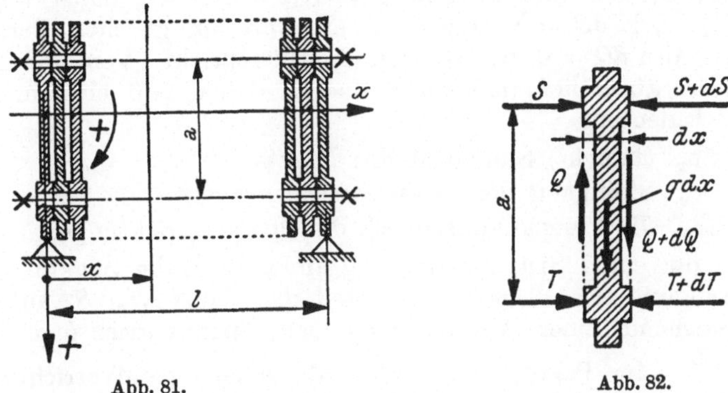

Abb. 81.   Abb. 82.

durch Haftreibung erzeugt werden, falls die Lamellen nicht ineinandergreifen. Gleichgewichtsbetrachtung für die x—y-Ebene:

$$S + T - (S + dS) - (T + dT) = 0 \text{ oder } dS + dT = 0, \quad (1)$$

$$Q + dQ + q\, dx - Q = 0 \text{ oder } dQ = -q\, dx, \quad (2)$$

$$(Q + dQ)\frac{dx}{2} + Q\frac{dx}{2} - dS\, a = 0 \text{ oder } d\, S = \frac{Q}{a}\, dx. \quad (3)$$

Gl. (2) mit $q = $ konst. integriert, mit C als Integrationskonstanten, gibt $Q = -q\,x + C$. Diese Gleichung, angeschrieben für das Ende $x = 0$, wo die Querkraft gleich der Auflagekraft, also $Q = \frac{q\,l}{2}$ sein muß, lautet $\frac{q\,l}{2} = C$, so daß $Q = q\,(l - x)$. Dies wird in Gl. (3) eingesetzt:

$$dS = \frac{q}{a}\left(\frac{l}{2} - x\right) dx,$$
$$S = \frac{q}{2\,a}\left((l\,x - x^2) + C_s\right). \quad (4)$$

Man erkennt, daß C_s den Wert von S an den beiden Paketenden ($x = 0$ und $x = l$) hat, welcher mit S_e bezeichnet werden soll. Es ist somit

$$S = S_e + \frac{q}{2\,a}\,(l\,x - x^2). \quad (5)$$

Unter Anwendung von Gl. (1) und (4) ergibt sich analog

$$T = T_e - \frac{q}{2\,a}\,(l\,x - x^2). \quad (6)$$

Weder S noch T können Werte < 0 annehmen. Außerdem können weder S noch T auf eine endliche Strecke Null sein. Wenn z. B. T auf eine endliche Strecke Null bliebe, wäre in diesem Bereiche des Trägers $T = 0$ und $dT = 0$, daher wegen Gl. (1) auch $dS = 0$; wegen Gl. (3) wäre im gleichen Bereich $Q = 0$, also $dQ = 0$, was der Gl. (2) widerspricht. Von einzelnen Punkten abgesehen, müssen S und T daher > 0 bleiben. Es möge bedeuten:

c_p (Druck-) Steifigkeit des Pakets,

c_s Steifigkeit der Spannvorrichtungen,

S_0, T_0 Vorspannung durch die Spannvorrichtungen.

In der einen Spannvorrichtung ändert sich die Zugkraft bei Aufbringung der Biegebelastung auf das Paket von S_0 auf S_e, entsprechend einer Verlängerung der Spannvorrichtung von $\dfrac{S_e - S_0}{c_s}$. Im Paket, in der Linie derselben Spannvorrichtung, ändert sich die Druckkraft bei Aufbringung der Biegebelastung auf das Paket von S_0 auf S entsprechend einer Verkürzung des Pakets von $\displaystyle\int_0^l \frac{S - S_0}{c_p} \frac{dx}{l}$ oder einer Verlängerung von $\displaystyle\int_0^l \frac{S_0 - S}{c_p\, l}\, dx$. Da naturgemäß die Deformationen der Spannvorrichtung und des Pakets einander gleich sind, ergibt sich

$$\frac{S_e - S_0}{c_s} = \int_0^l \frac{S_0 - S}{c_p\, l}\, dx.$$

Setzt man für S aus Gl. (5) ein, so erhält man $S_e = S_0 - \dfrac{c_s}{c_s + c_p} \dfrac{q\, l^2}{12\, a}$ und wenn dies in Gl. (5) eingesetzt wird:

$$\boxed{\,S = S_0 - \frac{c_s}{c_s + c_p} \frac{q\, l^2}{12\, a} + \frac{q}{2\, a} (l\, x - x^2).\,}$$

Man erkennt, daß S für die Paketenden am kleinsten wird, daß also die Vorspannung S_0 zu genügen hat der Bedingung

$$\boxed{\,S_0 \geqq \frac{c_s}{c_s + c_p} \frac{q\, l^2}{12\, a}.\,}$$

Die gleichartige Betrachtung des Pakets und der anderen Spannvorrichtung gibt

$$\boxed{\,T = T_0 + \frac{c_s}{c_s + c_p} \frac{q\, l^2}{12\, a} - \frac{q}{2\, a} (l\, x - x^2).\,}$$

Man erkennt, daß T für die Paketmitte am kleinsten wird, daß also die Vorspannung T_0 zu genügen hat der Bedingung

$$T_0 \geqq \frac{\tfrac{1}{2}\,c_s + \tfrac{3}{2}\,c_p}{c_s + c_p}\,\frac{q\,l^2}{12\,a}.$$

Die Mindestwerte der Vorspannungen S_0 und T_0 werden untereinander gleich für den Fall, daß

$$\tfrac{1}{2}\,c_s + \tfrac{3}{2}\,c_p = c_s$$

oder $\boxed{c_s = 3\,c_p}$ ist.

Mittels der gefundenen Beziehungen läßt sich leicht zeigen, daß an den in Abb. 83 gekennzeichneten Stellen die Normalkräfte im Paket sich durch die Aufbringung der Biegebelastung nicht ändern.

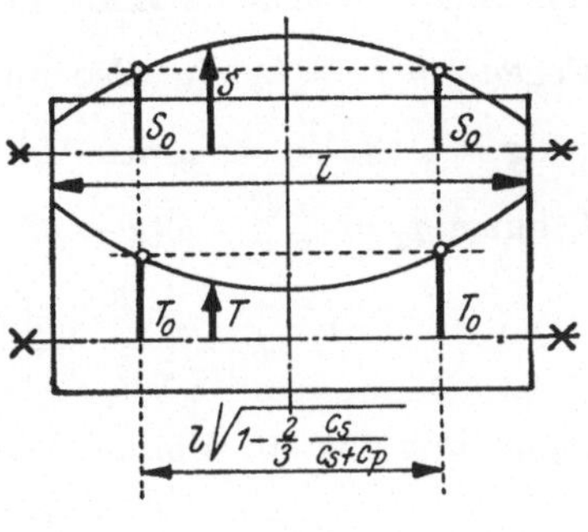

Abb. 83.

58. Übung.

Gegen ein eingespanntes Rohr vom Biegeträgheitsmoment J stützt sich, Abb. 84, gelenkig ein Stab vom gleichen Elastizitätsmodul E mit dem Biegeträgheitsmoment i ab, welcher am Ende

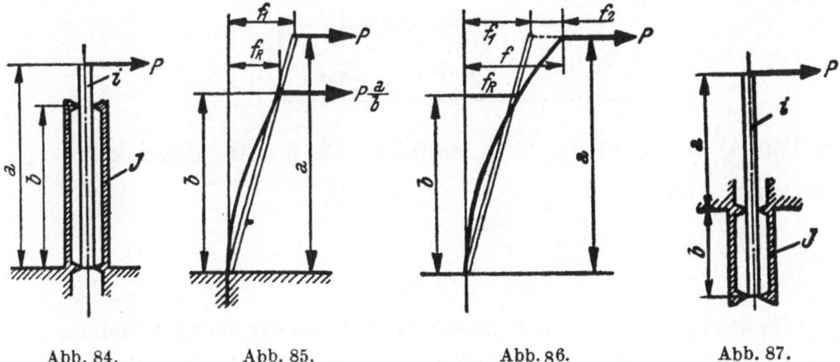

Abb. 84.　　　　Abb. 85.　　　　Abb. 86.　　　　Abb. 87.

durch die Kraft P quer belastet ist. Die Stablänge a ist fest. Bei welcher Rohrlänge b wird die Verrückung des mit P belasteten Stabendes ein Minimum?

Der Stab belastet das Rohr am freien Ende mit der Kraft $P\frac{a}{b}$, siehe Abb. 85. Dieses bewegt sich um (siehe z. B. die „Hütte") $f_R = \dfrac{\left(P\frac{a}{b}\right)b^3}{3\,E\,J}$. Wäre der Stab starr, dann würde sich sein mit P belastetes Ende infolge der Biegung des Rohres bewegen um $f_1 = f_R \cdot \frac{a}{b}$, also um $f_1 = \dfrac{P\,a^2\,b}{3\,E\,J}$. Infolge der Biegung des Stabes kommt, Abb. 86 (siehe z. B. die „Hütte"), zu f_1 hinzu $f_2 = \dfrac{P}{3\,E\,i}\,a\,(a-b)^2$, so daß $f = f_1 + f_2$ wird

$$f = \frac{P}{3\,E}\left[\frac{a^2\,b}{J} + \frac{a\,(a-b)^2}{i}\right].\tag{1}$$

Bedingung für ein Minimum von f:

$$\frac{\partial f}{\partial b} = \frac{P}{3\,E}\left[\frac{a^2}{J} - \frac{a\,2\,(a-b)}{i}\right] = 0$$

oder

$$\boxed{b = a\left(1 - \frac{i}{2\,J}\right).}\tag{2}$$

Das Minimum tritt für diesen Wert tatsächlich ein, weil $\dfrac{\partial^2 f}{\partial b^2} = \dfrac{2\,P\,a}{3\,E\,i} > 0$. Die minimale Verschiebung wird, Einsetzen von Gl. (2) in Gl. (1),

$$\boxed{\min f = \frac{P\,a^3}{3\,E\,J}\left(1 - \frac{i}{4\,J}\right).}$$

Im Falle $\dfrac{i}{2\,J} > 1$, also $J < \dfrac{i}{2}$, ergibt Gl. (2) $b < 0$. Diese Sachlage zeigt Abb. 87.

59. Übung.

Wie verändert sich der Kontaktdruck K an der Kontaktfeder, Abb. 88, welche sich bei a abstützt, vom Augenblick der Berührung des Gegenkontaktes bis zum Abheben bei a in Abhängigkeit vom Weg $\varDelta$ der Kontakte? Bei welchem Kontaktweg $\varDelta_a$ tritt Abheben bei a ein? Es sind Einflußzahlen der Kontaktfeder einzuführen.

Bei a wirkt der Auflagedruck A, bei k der Kontaktdruck K auf die Feder. Vom spannungslosen Zustand der Feder an gerechnet sind die Durchbiegungen bei a und k bzw. f_a und f_k. Die Einflußzahl beispielsweise der Wirkung einer Kraft in a an der Stelle k sei α_{ak}.

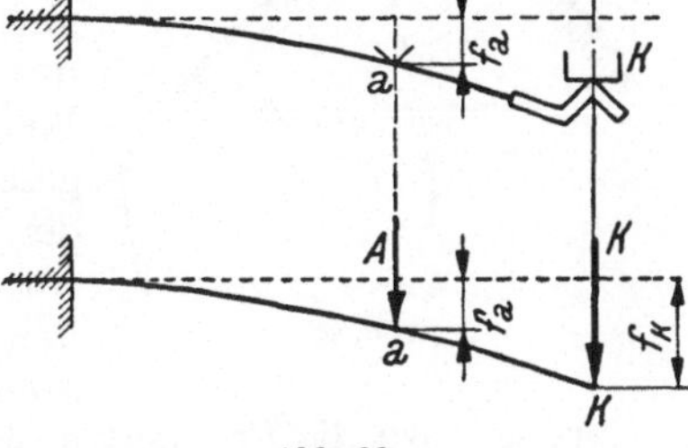

Es ist dann

$$f_a = A\alpha_{aa} + K\alpha_{ka}, \qquad (1)$$

$$f_k = A\alpha_{ak} + K\alpha_{kk}. \qquad (2)$$

Durch Entfernen von A folgt daraus

$$K = \frac{f_k\,\alpha_{aa} - f_a\,\alpha_{ak}}{\alpha_{aa}\,\alpha_{kk} - \alpha_{ak}\,\alpha_{ka}}. \qquad (3)$$

Abb. 88.

Die Werte von A, f_a und f_k, solange K nicht wirkt, seien bzw. A_0, f_{a0} und f_{k0}. Auf diesen Zustand ($K = 0$) angewendet, lauten Gl. (1) und (2): $f_{a0} = A_0\,\alpha_{aa}$, $f_{k0} = A_0\,\alpha_{ak}$, woraus folgt $f_{a0} = f_{k0}\dfrac{\alpha_{ak}}{\alpha_{aa}}$. Dies in Gl. (3) eingesetzt:

$$K = (f_k - f_{k0})\,\frac{\alpha_{aa}}{\alpha_{aa}\,\alpha_{kk} - \alpha_{ak}\,\alpha_{ka}}.$$

Es ist $f_k - f_{k0} = \varDelta$ der gemeinsame Weg der Kontakte; nach MAXWELL ist außerdem $\alpha_{ak} = \alpha_{ka}$ (Satz von der Gegenseitigkeit der Verschiebungen), womit man erhält:

$$\boxed{K = \frac{\alpha_{aa}}{\alpha_{aa}\,\alpha_{kk} - (\alpha_{ak})^2}\,\varDelta.} \qquad (4)$$

Es ist also K proportional $\varDelta$.

Zum Abheben bei a gehört $A = 0$, womit aus Gl. (1) folgt $f_{a0} = K\,\alpha_{ka}$. K aus Gl. (4) eingesetzt:

$$\boxed{\varDelta_a = f_{a0}\left(\frac{\alpha_{kk}}{\alpha_{ak}} - \frac{\alpha_{ak}}{\alpha_{aa}}\right).}$$

60. Übung.

Ein steifes (unbelastet gerades) Band legt sich teilweise um eine kreisbogenförmige Unterlage vermöge der Belastung durch eine Einzelkraft, wie Abb. 89 zeigt. Welche Pressungen herrschen zwischen Band und Unterlage?

Im aufliegenden Teil hat das Band konstante Krümmung,
daher muß in diesem Teil das Biegemoment des Bandes un-

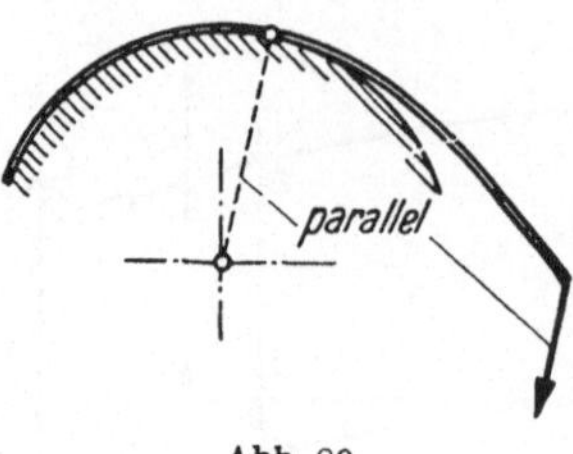

Abb. 89.

veränderlich sein, was nur bei Abwesenheit von Pressungen möglich ist.
Das konstante Biegemoment kommt
durch die Wirkung der gegebenen
Kraft und einer gleichen und entgegengesetzten zustande, welche dort von
der Unterlage her auf das Band wirkt,
wo die Berührung der beiden aufhört
bzw. beginnt. (Der dortige Radius ist
somit der Belastungskraft parallel.)

Dort ist also die Pressung äußerst groß, überall sonst aber Null!

61. Übung.

Ein dünner, unbelastet gerader Stab, Material mit dem
Elastizitätsmodul E, Biegungsträgheitsmoment J (kann auch
variabel sein), soll sich bis zu einem bestimmten Punkt einer
gegebenen, stetig gekrümmten Unterlage anschmiegen, und zwar
durch auf der freien Seite des Stabes wirkende Kräfte, deren
Resultierende R sei. Welchen Bedingungen muß diese genügen?

Die Stablänge s werde in Richtung vom freien auf den angeschmiegten Stabteil zu positiv gezählt. Die Krümmung des

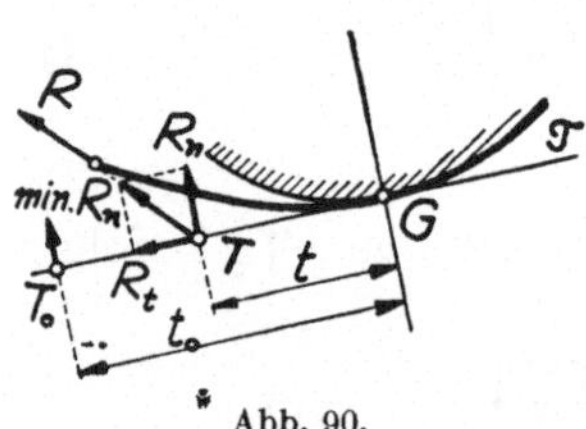

Abb. 90.

Stabes heiße $\varkappa$, jene der Unterlage k.
Ein Springen des Biegemomentes M
kann nur durch eine exzentrische
Einzelkraft mit Komponente parallel
zur Stabachse verursacht werden. Da
der Stab dünn ist, können Kräfte der
genannten Art mit nennenswertem
Hebelarm selbst dann nicht auftreten,
wenn Reibung zwischen Stab und

Unterlage wirkt. Daher ist der Verlauf des Biegemomentes auch
an der Anschmiegungsgrenze G stetig, ebenso auch der Verlauf
der Stabkrümmung, da ja gilt

$$M = E\,J\,\varkappa. \tag{1}$$

(J stetig vorausgesetzt!)

Die Kraft R werde, wie Abb. 90 zeigt, im Punkt T, in welchem
ihre Wirkungslinie die Stabtangente τ der Anschmiegungsgrenze G

schneidet, in eine Komponente R_t in Richtung τ und eine dazu senkrechte Komponente R_n zerlegt. Das Biegemoment an der Anschmiegungsgrenze ergibt sich zu $M_G = t R_n$, wobei t die Entfernung $T G$ ist. Mit Gl. (1) wird dann $t R_n = E (J \varkappa)_G$ und wegen $\varkappa_g = k_g$

$$R_n = E \frac{(J\,k)_G}{t}. \tag{2}$$

Auf der einen Seite der Anschmiegungsgrenze ist die Querkraft $Q = R_n$. Auf der anderen Seite der Anschmiegungsgrenze ergibt sich die Querkraft

$$Q = \frac{dM}{ds}$$

aus Gl. (1) mit $\varkappa = k$ zu

$$Q = \frac{dM}{ds} = E \left[\frac{d\,(J\,k)}{ds} \right]_G.$$

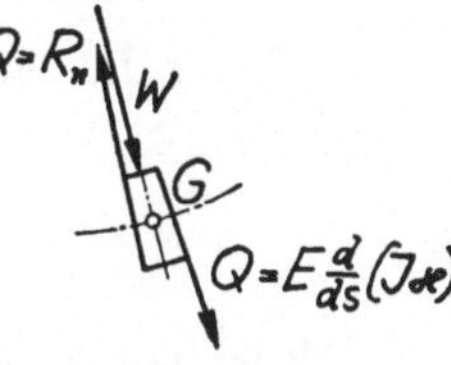

Abb. 91.

Ein Sprung der Querkraft an der Anschmiegungsgrenze ist verbunden mit einer daselbst auftretenden Einzelkraft W, welche, da sie nur von der Unterlage ausgehen kann, stets nach außen gerichtet sein muß. Aus Abb. 91, welche das Stabelement an der Anschmiegungsgrenze darstellt, ist zu entnehmen

$$R_n - W - E \left[\frac{d\,(J\,k)}{ds} \right]_G = 0;$$

woraus

$$W = R_n - E \left[\frac{d\,(J\,k)}{ds} \right]_G.$$

Setzt man Gl. (2) ein, so wird

$$W = E \left(\frac{(J\,k)_G}{t} - \left[\frac{d\,(J\,k)}{ds} \right]_G \right). \tag{3}$$

Da, wie gesagt, $W \geqq 0$, ergibt sich daraus

$$t \leqq \frac{(J\,k)_G}{\left[\dfrac{d\,(J\,k)}{ds} \right]_G}. \tag{4}$$

Die Wirkungslinie von R muß daher die Tangente der Anschmiegungsgrenze in einem Bereich zwischen G und einem Punkt T_0 schneiden, der von G entfernt ist um:

$$\boxed{t_0 = \frac{(J\,k)_G}{\left[\dfrac{d\,(J\,k)}{ds} \right]_G}.} \tag{5}$$

Nimmt man sämtliche Stellen des Stabes als Anschmiegungsgrenzen an, dann ergibt sich eine Kurve für die Punkte T_0. Der
Kleinstwert min R_n der Kraft R_n, bei dem eine Anschmiegung
mit der gegebenen Grenze möglich ist, entspricht dem größten
Wert von t, also $t = t_0$. Man erhält durch Einsetzen in Gl. (2)

$$\boxed{\min R_n = E \left[\frac{d(J\,k)}{ds} \right]_G.}$$

Für die Anschmiegung an eine kreisbogenförmige Unterlage bei
$J =$ konst. z. B. besteht keine Einschränkung bezüglich der Lage
der Kraft R, denn für $\dfrac{d(J\,k)}{ds} = 0$ folgt $t_0 = \infty$.

62. Übung.

Für den angeschmiegten Teil des Stabes in der 61. Übung
ist der Verlauf von Längskraft L, Querkraft Q und Pressung p
(als Kraft je Längeneinheit) zu suchen. Die Reibungszahl zwischen
Unterlage und dem dieser gegenüber gleitenden (oder an der Gleitgrenze befindlichen) Stab sei f.

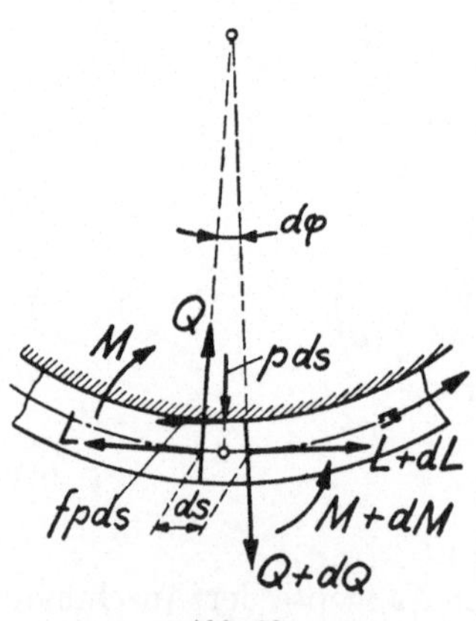

Abb. 92.

Abb. 92 zeigt ein Längenelement
des Stabes und die darauf einwirkenden Kräfte. Die Reibungskraft $f\,p\,ds$
entspricht einem Gleiten des Stabes
gegenüber der Unterlage im Sinne der
Zählung von s, im anderen Fall erhalten alle Glieder mit f das entgegengesetzte Vorzeichen. L ist für Zug
positiv angenommen. $d\varphi$ bedeutet den
Winkel zwischen benachbarten Stab-
querschnitten. Durch die Krümmung k
ausgedrückt, wird

$$d\varphi = k\,ds. \qquad (1)$$

Das Gleichgewicht des Stabelementes
erfordert für die

a) Kraftkomponenten in Längsrichtung:

$$L + dL - L + (Q + dQ)\,d\varphi - f\,p\,ds = 0$$

oder

$$dL + Q\,d\varphi - f\,p\,ds = 0.$$

Mit Gl. (1) wird

$$\frac{dL}{ds} + Q\,k - f\,p = 0.\tag{2}$$

b) Kraftkomponenten in Querrichtung:

$$(L + dL)\,d\varphi + Q - (Q + dQ) - p\,ds = 0$$

oder

$$L\,d\varphi - dQ - p\,ds = 0.$$

Mit Gl. (1) wird

$$L\,k - \frac{dQ}{ds} - p = 0.\tag{3}$$

c) Momente um den Mittelpunkt des Elementes (Hebelarm der Reibungskraft $f\,p\,ds$ vernachlässigt, da Stab dünn):

$$(Q + dQ)\,\frac{ds}{2} + Q\,\frac{ds}{2} + M - (M + dM) = 0$$

oder

$$Q\,ds - dM = 0.$$

Um auch hier die Krümmung einzuführen, benutzt man die Fundamentalgleichung der Biegelehre: $M = E\,J\,k$ oder differenziert $dM = E\,d\,(J\,k)$, womit sich ergibt

$$\boxed{Q = E\,\frac{d\,(J\,k)}{ds}.}\tag{4}$$

Q aus Gl. (4) wird in Gl. (2) eingesetzt:

$$\frac{dL}{ds} + E\,k\,\frac{d\,(J\,k)}{ds} - f\,p = 0.\tag{2a}$$

Durch Differenzieren folgt aus Gl. (4) $\dfrac{dQ}{ds} = E\,\dfrac{d^2\,(J\,k)}{ds^2}$, was in Gl. (3) eingesetzt wird:

$$L\,k - E\,\frac{d^2\,(J\,k)}{ds^2} - p = 0.\tag{3a}$$

Aus den Gl. (2a) und (3a) wird p eliminiert:

$$\boxed{\frac{dL}{ds} - L\,f\,k = - E\left[k\,\frac{d\,(J\,k)}{ds} + f\,\frac{d^2\,(J\,k)}{ds^2}\right].}\tag{5}$$

Löst man Gl. (3a) nach L auf, differenziert nach s und setzt das gewonnene $\dfrac{dL}{ds}$ in Gl. (2a) ein, so wird

$$\boxed{\begin{aligned}\frac{dp}{ds} - p\left(\frac{1}{k}\,\frac{dk}{ds} + f\,k\right) &= \\ = -E\left[k^2\,\frac{d\,(J\,k)}{ds} + \frac{d^3\,(J\,k)}{ds^3} - \frac{1}{k}\,\frac{dk}{ds}\,\frac{d^2\,(J\,k)}{ds^2}\right].\end{aligned}}\qquad (6)$$

Die Kraft R_t aus der 61. Übung ist bei gleitendem Stab nicht einfach der Randwert von L für die Integration der Gl. (5). Nach der 61. Übung tritt ja an der Anschmiegungsgrenze im allgemeinen eine Kraft W von der Unterlage her auf den Stab auf [entsprechend Gl. (3) der 61. Übung]. Dadurch entsteht eine Reibungskraft $f\,W$ und es leuchtet ein, daß der Randwert von L gleich $R_t + f\,W$ ist. Aus diesem Randwert von L ist jener von p aus der Gl. (3) zu bestimmen, wobei k und $\dfrac{dQ}{ds} = E\,\dfrac{d^2\,(J\,k)}{ds}$ für die Anschmiegungsgrenze zu nehmen sind. (Mittels der gewonnenen Ergebnisse läßt sich leicht nachweisen, daß ein Bremsband auf einer kreiszylindrischen Trommel sich bezüglich L, Q [Q wird überall gleich Null] und p wie ein Band ohne Biegungssteifigkeit verhält; lediglich der Sprung von L an den Anschmiegungsgrenzen, herrührend von der Reibung $f\,W$ infolge Auftretens von W beim steifen Band, bildet einen Unterschied. Bei flach gekrümmter Unterlage und wenn die Längskräfte unbedeutend sind, ergibt Gl. (3) zusammen mit Gl. (4) die annähernde Beziehung $p = -E\,\dfrac{d^2\,(J\,k)}{ds^2}$. Bemerkenswert ist noch, daß für $f = 0$ und $J = $ konst. aus Gl. (5) $L + E\,J\,\dfrac{k^2}{2} = $ konst. und aus Gl. (6) $p = C\,k - E\,J\left(\dfrac{k^3}{2} + \dfrac{d^2 k}{ds^2}\right)$ folgt.)

63. Übung.

Welche Pressungen und Kräfte bestehen zwischen den Blättern eines durch die Einzelkraft P belasteten Blattfederwerkes, wenn es nirgends klafft, und welche Bedingungen müssen hierfür erfüllt sein?

Abb. 93 zeigt das aus z im unbelasteten Zustand geraden Blättern bestehende Blattfederwerk. J bedeute das Trägheitsmoment, k die Krümmung, M das Biegemoment, E den Elastizitätsmodul. Die Entfernung eines beliebigen Federqueschnittes von P heiße s.

Das Biegemoment für einen Querschnitt der Feder ist Ps und gleichzeitig die Summe der Biegemomente der Einzelblätter:

$$P\,s = \sum_{n=1}^{n=z} M_n. \qquad (1)$$

Für ein Blatt lautet die Grundgleichung der Biegelehre

$$M_n = E\, J_n\, k_n. \tag{2}$$

Wenn die Blätter nicht klaffen, ist für alle Blätter eines Federquerschnittes die Krümmung die gleiche, da praktisch die Dicke des Blattbündels gegenüber seinen Krümmungsradien zu vernachlässigen ist. Es ist dann in Gl. (2) an Stelle von k_n die einheitliche Krümmung k der Feder zu setzen:

$$M_n = E\, k\, J_n. \tag{2a}$$

Man erhält durch Einsetzen von Gl. (2a) in Gl. (1):

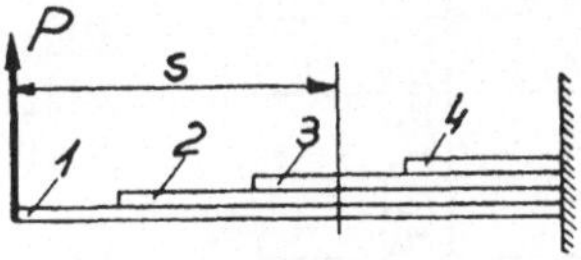

Abb. 93.

$$P \cdot s = E\, k \sum_{n=1}^{n=z} J_n. \tag{3}$$

Das Biegemoment eines Blattes kann unmöglich springen; wenn daher das Trägheitsmoment, zumindest eines Blattes, in einem Federquerschnitt nicht springt, kann für dieses Blatt und daher für eine nicht klaffende Feder die Krümmung nicht springen und zufolge Gl. (3) muß daher $\sum_{n=1}^{n=z} J_n$ stetig verlaufen. *Soll daher das Blattfederwerk nicht klaffen, muß der Verlauf der Summe der Trägheitsmomente der Blätter stetig sein.* Bei unstetigem Verlauf dagegen müssen die Blätter klaffen, also auch bei dem sehr gebräuchlichen Federwerk, dessen Blätter überall gleich stark sind und nicht spitz, sondern trapezförmig enden.

Zwischen den einzelnen Blättern bestehen im allgemeinen Fall Pressungen. Am Ende jedes Blattes entsteht zwischen ihm und seinem Nachbarn eine endliche Einzeldruckkraft (siehe die 61. Übung).

Zu der schon aufgestellten grundsätzlichen Bedingung für das Nichtklaffen treten noch besondere, darin bestehend, daß sich, gerechnet unter Annahme einheitlicher Krümmung aller Blätter eines Federquerschnittes, also des Nichtklaffens, die Pressungen und Einzeldruckkräfte zwischen den Blättern nicht negativ ergeben. Für die vorliegenden Verhältnisse paßt die in der 62. Übung für die Pressung p gefundene Beziehung

$$p = -\,E\, \frac{d^2(J\,k)}{ds^2}. \tag{4}$$

Elastizität.

Diese Pressung, p_n für das Blatt n genannt, ist hier, von den Endblättern abgesehen, die Differenz der Pressungen, die das Blatt von seinen beiden Nachbarn erfährt.

Die Betrachtung der einzelnen Blätter an Hand von Abb. 94 ergibt (wobei z. B. p_{34} die Pressung zwischen den Blättern 3 und 4 bedeutet):

Abb. 94.

$$\text{Blatt } 1 \quad p_1 = p_{12},$$
$$\text{Blatt } 2 \quad p_2 = p_{23} - p_{12},$$
$$\text{Blatt } 3 \quad p_3 = p_{34} - p_{23},$$
$$\text{Blatt } n \quad p_n = p_{n\,n+1} - p_{n-1\,n},$$

$$\text{Blatt } z \quad p_z = - p_{z-1\,z}.$$

Die Addition der Gleichungen 1 bis $n-1$ ergibt

$$p_{n-1,\,n} = p_1 + p_2 + p_3 + \cdots p_{n-1}. \tag{5}$$

(Die Addition sämtlicher Gleichungen ergibt $p_1 + p_2 + \cdots p_z = 0$.)

Für das Blatt n lautet bei einheitlicher Krümmung k die Gl. (4)

$$p_n = - E \, \frac{d^2(J_n k)}{ds^2}.$$

Hierin werde k aus Gl. (3) eingesetzt, wobei $\displaystyle\sum_{n=1}^{n=z} J_n$ einfacher $\sum J$ geschrieben ist:

$$p_n = - P \, \frac{d^2}{ds^2}\left(s \, \frac{J_n}{\Sigma J}\right).$$

Die Ausführung der Differentiation liefert

$$p_n = - P \left[2 \frac{d}{ds}\left(\frac{J_n}{\Sigma J}\right) + s \, \frac{d^2}{ds^2}\left(\frac{J_n}{\Sigma J}\right)\right]. \tag{6}$$

Gl. (6) wird in Gl. (5) berücksichtigt:

$$\boxed{\,p_{n-1,\,n} = - P \left[2 \frac{d}{ds}\left(\frac{J_1 + \cdots J_{n-1}}{\Sigma J}\right) + s \, \frac{d^2}{ds^2}\left(\frac{J_1 + \cdots J_{n-1}}{\Sigma J}\right)\right].\,}$$

Diese Gleichung erlaubt, überall die zwischen den Federblättern herrschende Pressung festzustellen und deren Vorzeichen zu prüfen.

Die am Ende, Kennzeichnung durch Index e, jedes Federblattes auftretende Einzeldruckkraft zwischen ihm und seinem

Nachbar heiße W. Es gilt für das Blattende $dM_e = W_n\,ds$ oder $W_n = \left(\dfrac{dM_n}{ds}\right)_e$. Durch Einführen von Gl. (2a) und Einsetzen von k aus Gl. (3) ergibt sich

$$W_n = P\left[s_e\,\frac{d}{ds}\left(\frac{J_n}{\Sigma J}\right)_e + \left(\frac{J_n}{\Sigma J}\right)_e\right],$$

die Gleichung zur Bestimmung der Einzeldruckkräfte an den Blattenden.

64. Übung.

Das Verhalten eines der eigenen Schwere unterworfenen, steifen Bandes vom Querschnitt $b \times h$, aus einem Material vom spezifischen Gewicht γ und dem Elastizitätsmodul E, soll durch einen Modellversuch im Längenmaßstab m_l mit einem Bande mit den kennzeichnenden Größen $b' \times h'$, γ', E' geklärt werden. Welche Zusammenhänge zwischen Wirklichkeit und Modell sind zu wahren?

Für den Krümmungsradius ϱ an einer Stelle, das Biegungsmoment M_b und das Trägheitsmoment J gilt der Zusammenhang (Abb. 95):

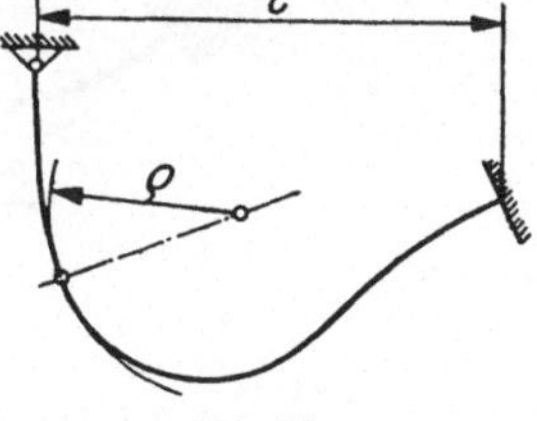
Abb. 95.

$$\varrho = \frac{E\,J}{M_b}. \tag{1}$$

Für ähnliche Bandformen gilt:

a) ϱ ist proportional l, also

$$\varrho = C_1 \cdot l. \tag{2}$$

b) M_b ist proportional dem Bandgewicht G und der Länge l, also $M_b = C_2 \cdot G \cdot l$ und, weil G proportional b, h, γ, l ist, auch

$$M_b = C_3 \cdot b \cdot h \cdot \gamma \cdot l^2. \tag{3}$$

Außerdem ist

$$J = \frac{1}{12}\,b\,h^3. \tag{4}$$

Gl. (2), (3) und (4) werden in Gl. (1) eingesetzt:

$$12\,C_1\,C_3 = \frac{E\,h^2}{\gamma\,l^3}. \tag{5}$$

Für das Modell schreibt sich dies

$$12\, C_1\, C_3 = \frac{E'\, h'^2}{\gamma' \cdot l'^3}\, . \tag{6}$$

Die Division Gl. (5) : Gl. (6) ergibt:

$$\frac{\dfrac{E}{E'}\left(\dfrac{h}{h'}\right)^2}{\dfrac{\gamma}{\gamma'}\left(\dfrac{l}{l'}\right)^3} = 1. \tag{7}$$

Führt man außer dem Maßstab $m_l = \dfrac{l}{l'}$ die Maßstäbe m_E, m_h, m_γ für E, h, γ ein, so wird

$$\boxed{\frac{m_E \cdot m_h^2}{m_\gamma \cdot m_l^3} = 1.}$$

65. Übung.

Ein eben gekrümmter elastischer Stab ist am einen Ende fest, am anderen Ende in eine starre Scheibe eingespannt, Abb. 96.

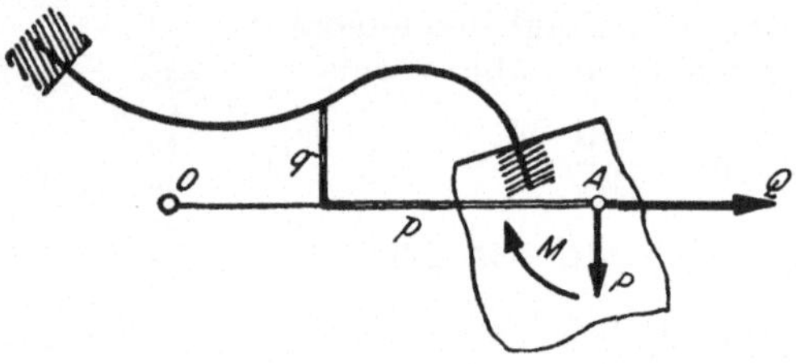

Abb. 96.

Um welchen Punkt und um welchen Winkel dreht sich die Scheibe, wenn in diese (sehr langsam) ein Kräftepaar vom Moment M ein-geleitet wird? („Schiefe Biegung" soll nicht eintreten.)

Der gesuchte Drehpunkt sei O. In einem Punkt A der Scheibe wird eine Kraft Q in der Geraden AO und eine Kraft P senkrecht dazu in Stabebene angenommen; beide Kräfte werden im weiteren Verlauf der Rechnung Null gesetzt werden. Die Hebelarme von P und Q bezüglich Punkten der Stabachse seien p bzw. q (Abb. 96) Das Biegemoment des Stabes ist dann

$$M_b = M + P\, p - Q\, q. \tag{1}$$

Bezeichnet J das Biegeträgheitsmoment, E den Elastizitätsmodul, l die Länge der Stabachse, dann ist die Formänderungsarbeit (die durch Zug und Druck ist vernachlässigt)

$$A = \frac{1}{2\,E} \sum \frac{M_b{}^2\,dl}{J}. \tag{2}$$

Nach CASTIGLIANO sind die Verschiebungen f_P und f_Q des Punktes A in Richtung von P bzw. Q $f_P = \dfrac{\partial A}{\partial P}$, $f_Q = \dfrac{\partial A}{\partial Q}$, woraus mit Gl. (2)

$$f_P = \frac{1}{E} \sum \frac{M_b}{J}\,\frac{\partial M_b}{\partial P}\,dl, \tag{3}$$

$$f_Q = \frac{1}{E} \sum \frac{M_b}{J}\,\frac{\partial M_b}{\partial Q}\,dl. \tag{4}$$

Ebenfalls nach CASTIGLIANO ist der Verdrehwinkel der Scheibe $\varphi = \dfrac{\partial A}{\partial M}$, woraus mit Gl. (2)

$$\varphi = \frac{1}{E} \sum \frac{M_b}{J}\,\frac{\partial M_b}{\partial M}\,dl. \tag{5}$$

Aus Gl. (1) folgt $\dfrac{\partial M_b}{\partial P} = p$, $\dfrac{\partial M_b}{\partial Q} = -\,q$, $\dfrac{\partial M_b}{\partial M} = 1$.

Dies sowie Gl. (1) wird in die Gl. (3), (4), (5) eingesetzt:

$$f_P = \frac{1}{E} \sum \frac{M\,p + P\,p^2 - Q\,p\,q}{J}\,dl. \tag{6}$$

$$f_Q = -\,\frac{1}{E} \sum \frac{M\,q + P\,p\,q - Q\,q^2}{J}\,dl. \tag{7}$$

$$\varphi = \frac{1}{E} \sum \frac{M + P\,p - Q\,q}{J}\,dl. \tag{8}$$

Ist nun gemäß der gestellten Aufgabe $P = Q = 0$, so wird aus den Gl. (6), (7), (8)

$$f_P = \frac{M}{E} \sum \frac{p\,dl}{J}. \tag{6a}$$

$$f_Q = -\,\frac{M}{E} \sum \frac{q\,dl}{J}. \tag{7a}$$

$$\varphi = \frac{M}{E} \sum \frac{dl}{J}. \tag{8a}$$

Damit O der Drehpunkt der Scheibe sei, muß sein $f_Q = 0$, $f_P = O\,A \cdot \varphi$; ersteres bedeutet gemäß Gl. (7a)

$$\boxed{\sum \frac{q}{J}\,dl = 0}, \tag{9}$$

das zweite gibt durch Einsetzen der Gl. (6a), (8a)

$$O\,A = \frac{\sum \frac{p}{J}\,dl}{\sum \frac{dl}{J}}. \tag{10}$$

Diese Ergebnisse lassen sich anschaulich deuten, wenn man sich die Stabachse so mit Masse belegt denkt, daß auf die Längeneinheit eine Masse entfällt, die umgekehrt proportional J ist; dann gilt $\frac{dm}{dl} = \frac{\text{Konst.}}{J}$, oder $dl = \frac{J\,dm}{\text{Konst.}}$.

Setzt man das in die Gl. (9), (10) ein, wird $\sum q\,dm = 0$,

$$O\,A = \frac{\sum p\,dm}{\sum dm}.$$

Dies bedeutet, wenn die, wie angegeben, mit Masse belegte Stabachse die Massenlinie des Stabes genannt wird: Die Scheibe dreht sich um den Schwerpunkt der Massenlinie. In dieser Aussage tritt Stabachse an Stelle von Massenlinie, wenn $J = $ konst. ist.

66. Übung.

Wie muß eine Kraft auf die Scheibe, wie sie in der 65. Übung vorkommt, gelegen sein, damit die Scheibe eine Translation in Kraftrichtung macht?

Anknüpfend an die 65. Übung sei P die gesuchte Kraft, M und Q werden im weiteren Verlauf der Rechnung gleich Null gesetzt. Translation in Richtung P bedeutet $\varphi = 0$, $f_Q = 0$; damit ergeben die Gl. (8) und (7) der 65. Übung mit $M = Q = 0$.

$$\boxed{\sum \frac{p}{J}\,dl = 0,} \quad \text{bzw.} \quad \boxed{\sum \frac{p\,q}{J}\,dl = 0.}$$

Bei Einführung der Massenlinie wie in der 65. Übung können die beiden letzten Gleichungen umgeformt werden in

$$\sum p\,dm = 0, \quad \sum p\,q\,dm = 0.$$

Das besagt: Die Kraft muß in eine Hauptträgheitsachse der Massenlinie (Stabachse, wenn $J = $ konst.) fallen, damit eine Translation in Kraftrichtung erfolgt.

Die Größe der Verschiebung folgt aus Gl. (6) der 65. Übung mit $M = Q = 0$ zu

$$\boxed{f_P = \frac{P}{E} \sum \frac{p^2}{J}\,dl.}$$

67. Übung.

Welche Form muß die flexible Stromverbindung zum beweglichen Kontaktstück eines Schalters haben, Abb. 97, damit beim Schalten die Biegebeanspruchung der flexiblen Stromverbindung überall gleich ist?

Bei konstantem Querschnitt bedeutet überall gleiche Biegebeanspruchung gleiches Biegemoment an allen Stellen, was nur bestehen kann, wenn auf das Strombandende ein Kräftepaar wirkt. Dann liegt der Fall der 65. Übung vor und es lautet die Antwort auf die gestellte Frage: Der Schwerpunkt des Strombandes muß mit dem Drehpunkt des Kontakthebels zusammenfallen.

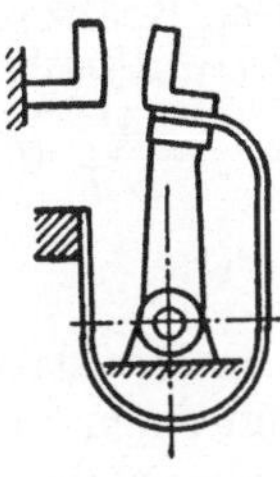

Abb. 97.

68. Übung.

Ein Kontaktfinger, Abb. 98, bestehe aus einer Blattfeder konstanten Querschnittes und einem starren Kontaktstück. Welche Bewegung macht letzteres während der Durchbiegung der Feder durch den Gegenkontakt?

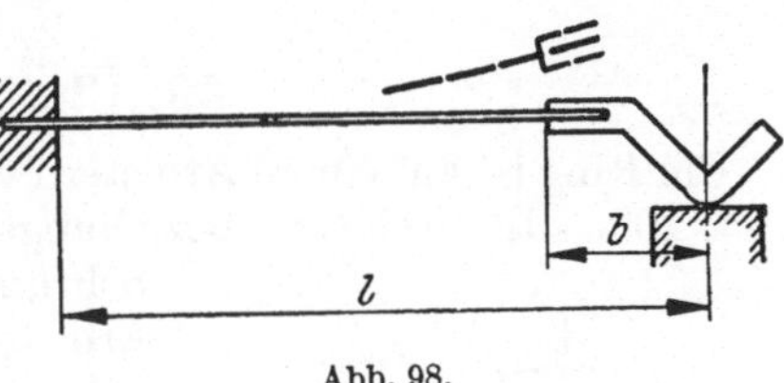

Abb. 98.

Zurückführung auf die 65. und 66. Übung, wobei $J = \text{konst.}$ Der Kontaktdruck K wird, Abb. 99, durch die in die eine Trägheitshauptachse parallel verschobene Kraft gleicher Größe und ein Kräftepaar vom Moment

$$M = K\left(b + \frac{l-b}{2}\right), \text{ also}$$

$$M = K\,\frac{l+b}{2}, \quad (1)$$

ersetzt. Die parallel versetzte Kraft bewirkt,

Schlußgleichung der 66. Übung, eine Parallelverschiebung des Kontaktstückes in Richtung K um

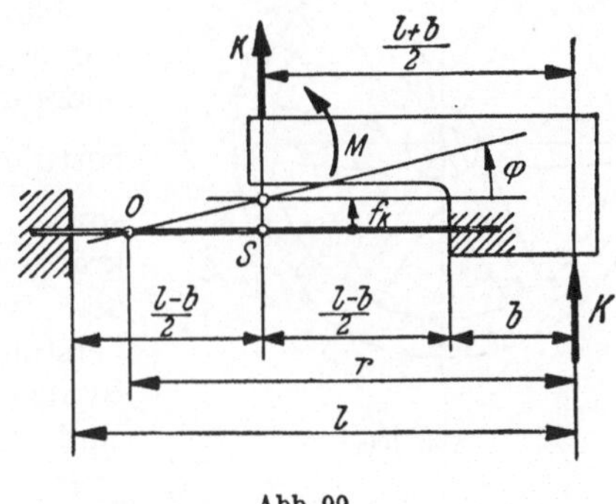

Abb. 99.

$f_K = \dfrac{K}{EJ}\,\sum p^2\,dl$. Das Trägheitsmoment $\sum p^2\, dl$ ist hier bekanntlich $\dfrac{1}{12}\,(l-b)^3$, so daß

$$f_K = \frac{K}{E\,J}\,\frac{(l-b)^3}{12}. \tag{2}$$

Das Kräftepaar ergibt, Gl. (8a) der 65. Übung, eine Drehung des Kontaktstückes um den Schwerpunkt S der Feder mit dem Winkel

$\varphi = \dfrac{M}{E\,J}\,(l-b)$ oder mit Gl. (1)

$$\varphi = \frac{K}{E\,J}\,\frac{(l+b)\,(l-b)}{2}. \tag{3}$$

Die Translation in Verbindung mit der Drehung gibt eine Drehung um einen Punkt O, der vom Kontaktdruck K eine Entfernung r habe, wobei gemäß Abb. 99 gilt:

$$\varphi\left(r - \frac{l+b}{2}\right) = f_K \quad \text{oder} \quad r = \frac{f_K}{\varphi} + \frac{l+b}{2}.$$

Einsetzen von Gl. (2) und (3) gibt

$$\boxed{\;r = \frac{2}{3}\,\frac{l^2 + l\,b + b^2}{l+b}.\;}$$

69. Übung.

Ein Ring ist auf einem Armstern von n Armen aufgeschrumpft, Abb. 100. In welcher Beziehung steht die Summe P aller Schrumpfkräfte zwischen Ring und Armstern zum größten im Ring auftretenden Biegemoment $M_{\max}$?

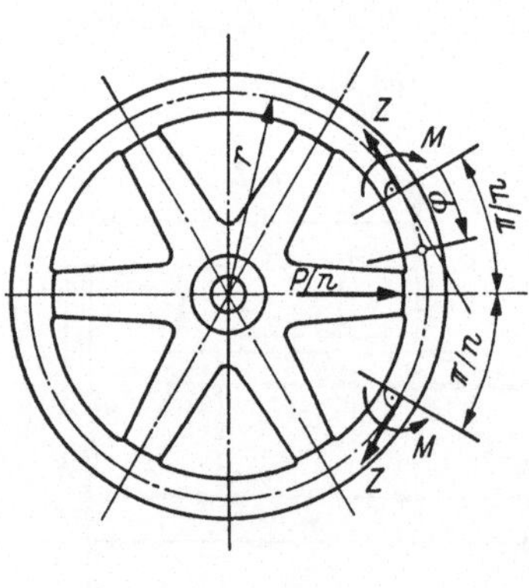

Abb. 100.

Man denke einen Ringsektor herausgeschnitten, wie Abb. 100 andeutet, und bringe die vom Arm herrührende Schrumpfkraft $\dfrac{P}{n}$ an, sowie in den Schnittstellen Zugkräfte und Biegemomente, die von den weggeschnittenen Ringteilen herstammen. Querkräfte fehlen aus Symmetriegründen. Die Zugkräfte sind statisch bestimmt:

$$2\,Z \sin\frac{\pi}{n} = \frac{P}{n}. \tag{1}$$

Die Momente M werden dadurch ermittelbar, daß in dem halben betrachteten Sektor die Endtangenten gegeneinander sich nicht verdrehen, daß also die Fläche der (abgewickelten) Linie der Biegemomente M_b für diesen Bereich verschwinden muß:

$$\int\limits_0^{\frac{\pi}{n}} M_b\, d\varphi \cdot r = \int\limits_0^{\frac{\pi}{n}} (M - Z\,r\,[1 - \cos\varphi])\, r\, d\varphi =$$

$$= r\left[M \cdot \frac{\pi}{n} - Z\,r\,\frac{\pi}{n} + Z\,r\,\sin\frac{\pi}{n} \right] = 0.$$

Das ergibt

$$M = Z\,r\left[1 - \frac{\sin\dfrac{\pi}{n}}{\dfrac{\pi}{n}} \right];$$

daher ist an beliebiger Stelle φ

$$M_b = \left[\frac{\dfrac{\pi}{n}\cos\varphi - \sin\dfrac{\pi}{n}}{\dfrac{\pi}{n}} \right] Z\,r$$

und das größte Biegemoment jenes für $\varphi = \dfrac{\pi}{n}$. Es beträgt

$$M_{\max} = \left[\cos\frac{\pi}{n} - \frac{\sin\dfrac{\pi}{n}}{\dfrac{\pi}{n}} \right] Z\,r. \tag{2}$$

Z aus Gl. (1) hier eingesetzt, gibt die gewünschte Beziehung (Vorzeichen von $M_{\max}$ unterdrückt):

$$\boxed{M_{\max} = \frac{P\,r}{2\,\pi}\left[1 - \frac{\dfrac{\pi}{n}}{\operatorname{tg}\dfrac{\pi}{n}} \right].}$$

70. Übung.

Es sind die Biegemomente in der Wand eines Rohres von rechteckigem Querschnitt zu bestimmen, das einem inneren Überdruck von p ausgesetzt ist und gleichmäßige Wandstärke hat.

Die Rechnung wird für ein Rohrstück von der Länge eins durchgeführt, Abb. 101.

In A' und A'' müssen aus Symmetriegründen die Tangenten an die elastische Linie ihre ursprüngliche Richtung beibehalten, ebenso in B' und B'', d. h. der Biegewinkel z. B. des Viertelträgers I zwischen A' und B' muß verschwinden. In A' wirken am Viertel I Längskraft V_A, Biegemoment M_A und Querkraft Q_A. Letztere muß Null sein, denn: am Viertel IV wirkt als Reaktion zu Q_A die Querkraft $-Q_A$ und durch Umklappen um $A'A''$ kommen die Viertel I und IV, auch was Belastungsverhältnisse betrifft, zur Deckung. Dabei sieht man, daß $Q_A = 0$ sein muß, und das gilt aus analogen Gründen auch für die Querkräfte in A'', B', B''. Das Gleichgewicht des Viertelträgers I in Richtung $B'B''$ erfordert dann

$$V_A = a\,p. \tag{1}$$

Mit $J =$ Biegungsträgheitsmoment eines eine Längeneinheit breiten Wandstreifens, $E =$ Elastizitätsmodul, $M_b =$ Biegungsmoment eines eine Längeneinheit breiten Streifens, $dl =$ Länge eines Elements der neutralen Faser der Rohrwand, schreibt sich der Biegewinkel φ:

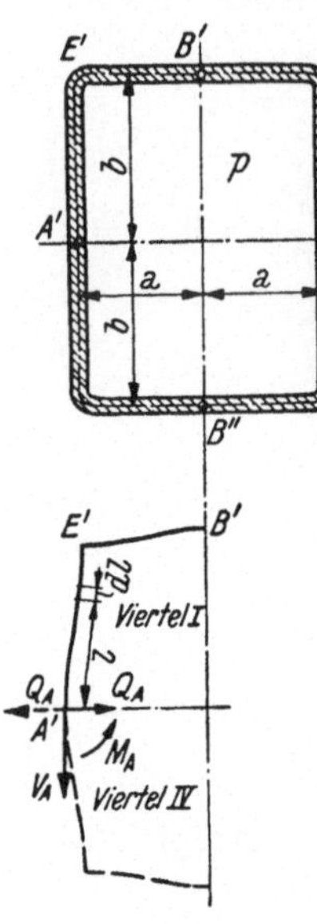

Abb. 101.

$$\varphi = \frac{1}{E} \int \frac{M_b}{J}\, dl. \tag{2}$$

Im vorliegenden Fall ist längs der Strecke b

$$M_{bb} = M_A - p\,l\,\frac{l}{2} \tag{3}$$

und längs der Strecke a

$$M_{ba} = M_A - p\,b\,\frac{b}{2} + V_A\,l - p\,l\,\frac{l}{2}$$

und mit Gl. (1)

$$M_{ba} = M_A - p\left(\frac{b^2}{2} - a\,l + \frac{l^2}{2}\right). \tag{4}$$

Gl. (3) und (4) setzt man in Gl. (2) ein, wobei zwei Teilintegrale auftreten:

$$\varphi = \frac{1}{E\,J}\left[\int_0^b \left(M_A - \frac{p}{2}\,l^2\right)dl + \int_0^a \left[M_A - p\left(\frac{b^2}{2} - a\,l + \frac{l^2}{2}\right)\right]dl\right] =$$

$$= \frac{1}{E\,J}\left[M_A\,(a+b) - p\left(\frac{b^3}{6} + \frac{a\,b^2}{2} - \frac{a^3}{3}\right)\right].$$

Nach dem vorhin Erkannten ist $\varphi = 0$ zu setzen, woraus sich ergibt:

$$M_A = \frac{p}{3}\left(\frac{b^2}{2} + a\,b - a^2\right). \qquad (5)$$

In der Ecke herrscht ein Biegemoment $M_E = M_A - p\,b\,\frac{b}{2}$, somit mit Gl. (5)

$$M_E = \frac{p}{3}\,(a\,b - a^2 - b^2). \qquad (6)$$

Durch Vertauschung von a mit b in Gl. (5) ergibt sich das Biegemoment in B:

$$M_B = \frac{p}{3}\left(\frac{a^2}{2} + a\,b - b^2\right). \qquad (7)$$

71. Übung.

Wie groß ist die Verdrehsteifigkeit γ für die Verdrehung zwischen Nabe und dem (praktisch unnachgiebig angenommenen) Kranz eines Schwungrades, welches z Arme von konstantem Biegungsträgheitsmoment J hat?

γ ist das Verdrehmoment $\mathfrak{M}$ an der Nabe, geteilt durch den zugehörigen Verdrehwinkel φ zwischen Nabe und Kranz, also

$$\gamma = \frac{\mathfrak{M}}{\varphi}. \qquad (1)$$

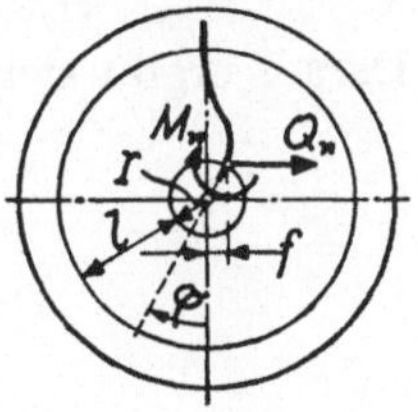

Es bezeichne (siehe Abb. 102)

Abb. 102.

r Naben-Außenradius,-

l Armlänge,

Q_n Querkraft am Nabenende des Armes,

M_n Biegemoment am Nabenende des Armes,

f Durchbiegung des Armes am Nabenende,

E Elastizitätsmodul.

Aus dem Gleichgewicht der Nabe folgt

$$\mathfrak{M} = z\,(r\,Q_n + M_n). \qquad (2)$$

Der Arm ist einfach statisch unbestimmt. Der Abb. 43 ist die geometrische Beziehung zu entnehmen:

$$f = r\,\varphi. \qquad (3)$$

Nach der Lehre von der Biegung ist

$$f = \frac{1}{E\,J}\left(\frac{Q_n\,l^3}{3} - \frac{M_n\,l^2}{2}\right), \tag{4}$$

$$\varphi = \frac{1}{E\,J}\left(M_n\,l - \frac{Q_n\,l^2}{2}\right). \tag{5}$$

f aus Gl. (3) wird in Gl. (4) eingesetzt:

$$r\,\varphi = \frac{1}{E\,J}\left(\frac{Q_n\,l^3}{3} - \frac{M_n\,l^2}{2}\right). \tag{6}$$

Die Division von Gl. (6) durch Gl. (5) liefert

$$Q_n\,l\,(2\,l + 3\,r) = 3\,M_n\,(2\,r + l).$$

Dies ergibt in Verbindung mit Gl. (2)

$$\left.\begin{aligned}
M_n &= \frac{\mathfrak{M}\,l\,(2\,l + 3\,r)}{2\,z\,(3\,r^2 + 3\,l\,r + l^2)}, \\[2mm]
Q_n &= \frac{3\,\mathfrak{M}\,(2\,r + l)}{2\,z\,(3\,r^2 + 3\,l\,r + l^2)}.
\end{aligned}\right\} \tag{7}$$

Setzt man die Gl. (7) in Gl. (5) ein, so wird

$$\varphi = \mathfrak{M}\,\frac{l^3}{4\,E\,J\,z\,(3\,r^2 + 3\,l\,r + l^2)}.$$

Daraus ergibt sich im Sinne der Gl. (1)

$$\boxed{\;\gamma = \frac{4\,E\,J\,z\,(3\,r^2 + 3\,l\,r + l^2)}{l^3}.\;}$$

72. Übung.

Von fünf Stäben (Abb. 103) sind die Stäbe *3* und *5* sowie *4* und *5* durch steife Ecken miteinander verbunden, während die Stäbe *1* und *2* durch Gelenke angeschlossen sind.

Die Stäbe *3* und *4* haben untereinander gleiches Trägheitsmoment J_{34}.

Das Trägheitsmoment von Stab *5* sei J_5. Der Elastizitätsmodul sei einheitlich E. Im Gegensatz zu Stab *2* ist Stab *1* unter Zwängung eingesetzt worden, da er um das Stück f zu kurz ist. Welche Biegemomente entstehen dadurch in den Stäben? (Von der Nachgiebigkeit der Stäbe in Längsrichtung kann abgesehen werden.)

Da die Stäbe *1* und *2* an den Enden gelenkig sind und dazwischen keine Querbelastung angreift, entstehen in ihnen keine Biegemomente. Die Wirkung von Stab *1* auf die übrigen Stäbe besteht in zwei gleichen und entgegengesetzten, in die Richtung von Stab *1* fallenden Kräften P, die in den Gelenken (*31*) und (*145*)

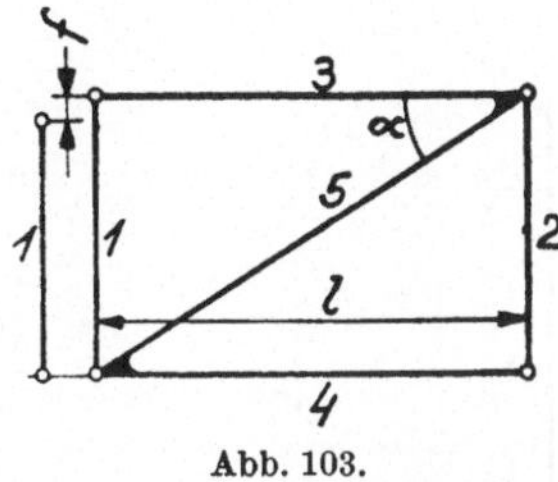
Abb. 103.

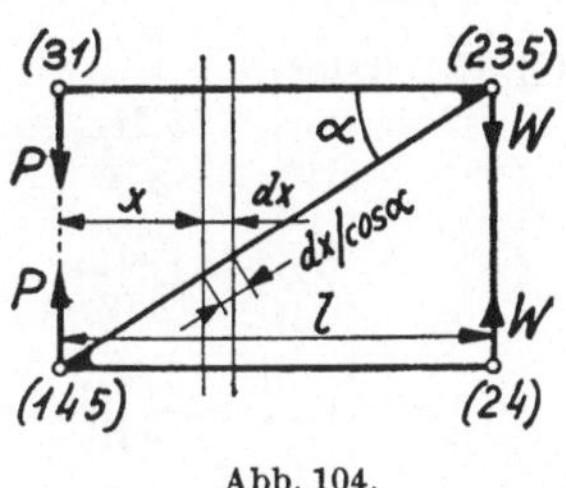
Abb. 104.

angreifen (Abb. 104). Das so belastete Gebilde ist also äußerlich statisch bestimmt. Es wäre innerlich statisch bestimmt bei Fortfall von Stab *2*. In diesem wirkt nur eine Längskraft (Zug oder Druck) W. Das Stabwerk ist daher innerlich einfach statisch unbestimmt und W sei als die statisch unbestimmte Größe gewählt. Ist A die Formänderungsarbeit des Gebildes aus den Stäben *2* bis *5*, unter Belastung durch die beiden Kräfte P, dann stellt sich nach Castigliano W so ein, daß A ein Minimum wird. Die mathematische Bedingung dafür ist

$$\frac{\partial A}{\partial W} = 0. \tag{1}$$

Wenn nur die Biegespannungen wesentlich zu A beitragen, was angenommen werden konnte, verursacht ein Stabstück dl vom Trägheitsmoment J, wenn daselbst das Biegemoment M_b herrscht, die Formänderungsarbeit

$$dA = \frac{1}{2}\frac{M_b^2}{EJ}\,dl. \tag{2}$$

Für die einzelnen Stäbe ergibt sich mit Bezeichnungen nach Abb. 104

$$\left.\begin{aligned}
M_{b3} &= P\,x, \\
M_{b4} &= W\,(l-x), \\
M_{b5} &= W\,(l-x) - P\,x, \\
M_{b2} &= 0.
\end{aligned}\right\} \tag{3}$$

An Stelle A aus **vier** bestimmten Teilintegralen von Gl. (2) zu bilden und diese Summe gemäß Gl. (1) nach W partiell zu differenzieren, ist es erlaubt, unter dem $\int$-Zeichen partiell zu differenzieren, d. h. $\dfrac{\partial A}{\partial W}$ aus bestimmten Teilintegralen

$$\frac{1}{E J} \int M_b \frac{\partial M_b}{\partial W} \, dl$$

zusammenzusetzen.

Die Gl. (3) liefern

$$\left.\begin{aligned} \frac{\partial M_{b3}}{\partial W} &= 0, \\[2mm] \frac{\partial M_{b4}}{\partial W} &= l - x, \\[2mm] \frac{\partial M_{b5}}{\partial W} &= l - x, \\[2mm] \frac{\partial M_{b2}}{\partial W} &= 0. \end{aligned}\right\} \tag{4}$$

Für die Stäbe 3 und 4 ist $dl = dx$, für Stab 5 laut Abb. 104 $dl = \dfrac{dx}{\cos \alpha}$.

Mit alldem wird

$$\frac{\partial A}{\partial W} = \frac{1}{E J_{34}} \int_0^l W (l - x)(l - x) \, dx + \frac{1}{E J_5} \int_0^l [W (l - x) -$$
$$- P x] (l - x) \frac{dx}{\cos \alpha} = 0,$$

woraus sich nach Ausführung ergibt

$$W = \frac{P}{2 \left(1 + \dfrac{J_5}{J_{34}} \cos \alpha\right)}. \tag{5}$$

Durch Einsetzen dieses Ergebnisses in die Gl. (3) wird

$$\left.\begin{aligned} M_{b3} &= P x, \\[2mm] M_{b4} &= \frac{P (l - x)}{2 \left(1 + \dfrac{J_5}{J_{34}} \cos \alpha\right)}, \\[4mm] M_{b5} &= \frac{P \left(l - \left[3 + 2 \dfrac{J_5}{J_{34}} \cos \alpha\right] x\right)}{2 \left(1 + \dfrac{J_5}{J_{34}} \cos \alpha\right)}. \end{aligned}\right\} \tag{6}$$

Diese Gleichungen würden bereits die gestellte Frage beantworten, wenn der Zusammenhang zwischen P und f bekannt wäre.

Diese Beziehung ergibt sich aus der Anwendung des Satzes von Castigliano, nach welchem $f = \dfrac{\partial A}{\partial P}$ ist. So wie früher, kann die Differentiation nach P innerhalb des Integrals, als welches sich A darstellt, erfolgen. Damit ergibt sich f als Summe dreier Teilintegrale

$$f = \frac{1}{E\,J_{34}} \int\limits_0^l M_{b3} \frac{\partial M_{b3}}{\partial P}\, dx + \frac{1}{E\,J_{34}} \int\limits_0^l M_{b4} \frac{\partial M_{b4}}{\partial P}\, dx +$$

$$+ \frac{1}{E\,J_5} \int\limits_0^l M_{b5} \frac{\partial M_{b5}}{\partial P}\, \frac{dx}{\cos \alpha}.$$

Zur Ausrechnung derselben liefern die Gl. (6):

$$\left.\begin{aligned}
\frac{\partial M_{b3}}{\partial P} &= x. \\[2mm]
\frac{\partial M_{b4}}{\partial P} &= \frac{l - x}{2\left(1 + \dfrac{J_5}{J_{34}} \cos \alpha\right)}. \\[2mm]
\frac{\partial M_{b5}}{\partial P} &= \frac{l - \left(3 + 2\,\dfrac{J_5}{J_{24}} \cos \alpha\right) x}{2\left(1 + \dfrac{J_5}{J_{34}} \cos \alpha\right)}.
\end{aligned}\right\} \tag{7}$$

Es ergibt sich schließlich, wenn zur Abkürzung $\dfrac{J_5}{J_{34}} = \xi$ eingeführt wird,

$$\boxed{P = f \cdot \frac{12\, E\, J_{34}\, \xi \cos \alpha\, (1 + \xi \cos \alpha)^2}{l^3\,(3 + 11\, \xi \cos \alpha + 12\, \xi^2 \cos^2 \alpha + 4\, \xi^3 \cos^3 \alpha)}.}$$

73. Übung.

Ein dünnwandiges, geschlitztes Rohr wird durch Belastungen auf Biegung beansprucht, welche in einer zur Schlitzebene senkrechten Ebene liegen. Welchen Abstand muß die Belastungsebene von der Rohrachse haben, wenn das Rohr nicht tordiert werden soll?

Die Kräfte, die den Biegeschubspannungen des Rohrquerschnittes entsprechen, haben die Querkraft des Trägers an der betrachteten Stelle zur Resultierenden. Durch Auffinden der letzteren erhält man die gesuchte Belastungsebene, denn die Querkraft liegt ja in dieser. Entfernungen längs der Rohrachse sollen mit x bezeichnet werden. Durch zwei ebene Schnitte an den Stellen x und $x + dx$ wird ein Trägerstück herausgegriffen, an dessen Enden die Biegemomente M_x und M_{x+dx} herrschen. Bekanntlich ist

$$M_{x+dx} - M_x = dM_x = -Q\,dx,\qquad(1)$$

wenn Q die Querkraft bedeutet. Nun werden noch zwei ebene Schnitte in radialer Richtung durch die Rohrachse geführt, unter den Winkeln φ und $\varphi + d\varphi$ gegen die Schlitzebene (Abb. 105).

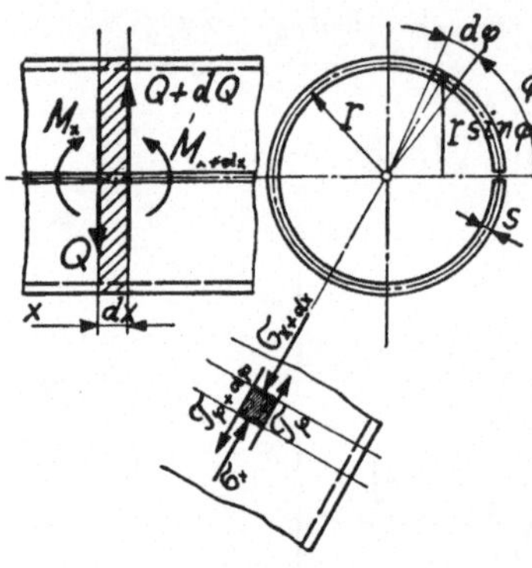

Abb. 105.

Dadurch entsteht ein quaderförmiges Element, an dessen Enden die Biegenormalspannungen

$$\sigma_{x+dx} = -\frac{M_{x+dx}}{J}\,r\sin\varphi$$

und

$$\sigma_x = -\frac{M_x}{J}\,r\sin\varphi$$

herrschen, worin J das Biegeträgheitsmoment des Rohrquerschnittes ist. In den Radialebenen wirken die Schubspannungen τ_φ und $\tau_{\varphi+d\varphi}$. Das Gleichgewicht des Elementes parallel zur Rohrachse fordert:

$$(\sigma_x - \sigma_{x+dx})\,r\,d\varphi\,s + (\tau_\varphi - \tau_{\varphi+d\varphi})\,s\,dx = 0.$$

Es ist $\tau_{\varphi+d\varphi} - \tau_\varphi = d\tau$, außerdem werden für σ_x und σ_{x+dx} die gefundenen Werte eingesetzt; dadurch wird:

$$\frac{d\tau}{d\varphi} = -\frac{dM_x}{dx}\,\frac{r^2\sin\varphi}{J}.$$

Es ist $J = r^3\pi s$ einzusetzen und Gl. (1) zu berücksichtigen:

$$\frac{d\tau}{d\varphi} = \frac{Q}{r\pi s}\sin\varphi\quad\text{oder}\quad \tau = -\frac{Q}{r\pi s}\cos\varphi + C.$$

Die Integrationskonstante C wird dadurch bestimmt, daß für $\varphi = 0$ wegen des Schlitzes $\tau = 0$ sein muß. Diese Überlegung ergibt $C = \dfrac{Q}{r\pi s}$ und damit

$$\boxed{\tau = \frac{Q}{r\pi s}(1 - \cos\varphi).}\qquad(2)$$

Gleich groß sind (Satz vom paarweisen Auftreten der Schubspannungen) die Schubspannungen in der Querschnittsebene, deren
Verteilung somit das Bild der Abb. 106 ergibt. Die Reduktion
des diesen Schubspannungen entsprechenden Kraftsystems gibt
für den Querschnittsmittelpunkt:

a) eine Einzelkraft

$$R = \int_0^{2\pi} - \tau\, s\, r\, d\varphi \cos\varphi =$$

$$= \frac{-Q}{\pi} \int_0^{2\pi} (1 - \cos\varphi)\, \cos\varphi\, d\varphi = Q;$$

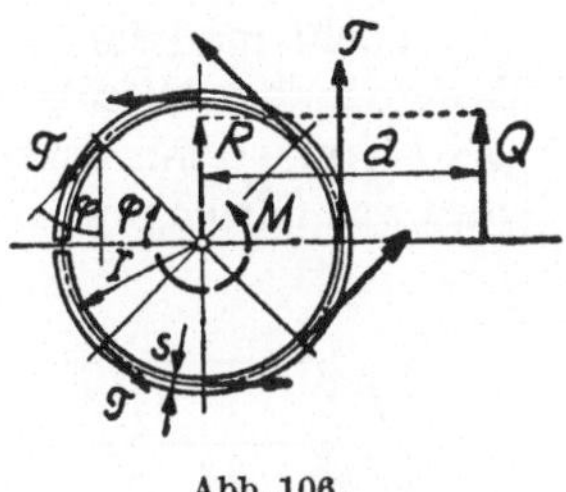

Abb. 106.

b) ein Kräftepaar vom Moment

$$M = - \int_0^{2\pi} \tau\, s\, r\, d\varphi\, r = \frac{-Q\,r}{\pi} \int_0^{2\pi} (1 - \cos\varphi)\, d\varphi = - 2\,Q\,r.$$

Die Resultierende von R und M selbst wieder ist die Kraft Q im
Abstand

$$a = \frac{M}{r} = - 2\,r$$

von der Rohrachse. *Dort liegt also* (Abb. 106) *die Querkraft und
damit die Belastungsebene.*

Bemerkenswert ist, daß nach Gl. (2) die größte Schubspannung
für $\varphi = \pi$ auftritt mit $\tau_{\max} = 2\,\dfrac{Q}{r\,\pi\,s} = 4\,\dfrac{Q}{2\,r\,\pi\,s}$, also dem vier-
fachen Betrag der der gleichmäßigen Verteilung der Schubkraft
über den Querschnitt entsprechenden Schubspannung.

74. Übung.

Ein aus dünnen Platten aus elastischem Material bestehender
länglicher quaderförmiger Kasten, Abb. 107, wird durch Kräftepaare M_d in den Endflächen tordiert. Wie groß sind die
Beanspruchungen der Seitenwände und der gegenseitige Verdrehungswinkel der Endflächen?

Wegen der Dünnheit der Platten ist ihre Steifigkeit einzeln gegen Torsion und flachkantige Biegung vernachlässigbar. Daher treten an den Begrenzungen der einzelnen Platten nur Kräfte auf, welche in die Kantenrichtungen des Quaders fallen..

Macht man die zweimal vorkommenden Wände $a \times l$ und $b \times l$ frei, dann erkennt man, daß aus Gleichgewichtsgründen

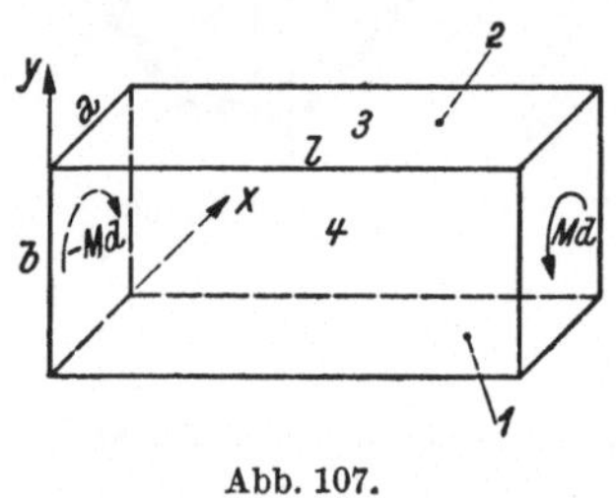

Abb. 107.

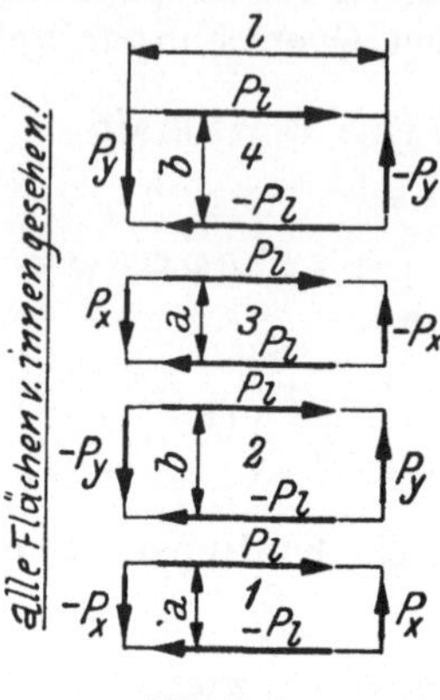

Abb. 108.

in gegenüberliegenden Kanten einer Wand gleiche und entgegengesetzte Kräfte wirken, Abb. 108, und daß nach dem Momentensatz $P_x \cdot l = P_l \cdot a$ und $P_y \cdot l = P_l \cdot b$ ist, also auch

$$\frac{P_x}{P_y} = \frac{a}{b}. \tag{1}$$

Die Reaktionen der Kräfte in den Wänden $a \times l$ und $b \times l$ wirken auf die Endplatten $a \times b$ und halten sie mit den darauf wirkenden Kräftepaaren im Gleichgewicht. Also ist

$$P_x \cdot b + P_y \cdot a = M_d$$

und mit Gl. (1)

$$P_x = \frac{M_d}{2\,b}, \left.\vphantom{\frac{M_d}{2a}}\right\}$$
$$P_y = \frac{M_d}{2\,a}. \tag{2}$$

Daraus wird mit der Ausgangsgleichung $P_x.l = P_l.a$

$$P_l = \frac{M_d}{2\,a\,b} \cdot l. \tag{3}$$

Bei der sehr zwanglosen Annahme gleichmäßiger Verteilung der Kräfte in den Kanten auf die Längeneinheit derselben ist die

Schubspannung τ_a und τ_b in den Wänden $a \times l$, Dicke s_a bzw. $b \times l$, Dicke s_b,

$$\tau_a = \frac{P_l}{l \cdot s_a} \quad \text{und} \quad \tau_b = \frac{P_l}{l \cdot s_b} \,,$$

und mit Gl. (3)

$$\left.\begin{array}{c} \boxed{\tau_a = \dfrac{M_d}{2\,a\,b\,s_a}\,,} \\[2ex] \boxed{\tau_b = \dfrac{M_d}{2\,a\,b\,s_b}\,.} \end{array}\right\} \tag{4}$$

Wegen des paarweisen Auftretens von Schubspannungen kommt das gleiche Resultat heraus, wenn von P_x und P_y statt P_l ausgegangen wird:

$$\tau_a = \frac{P_x}{a\,s_a} = \frac{M_d}{2\,a\,b\,s_a} \quad \text{und} \quad \tau_b = \frac{P_y}{b\,s_b} = \frac{M_d}{2\,a\,b\,s_b} \,.$$

Wenn $s_a = s_b$, dann sind die Schubspannungen in allen vier Seitenwänden gleich.

Aus Symmetriegründen müssen sich die Endflächen bei der Deformation des Kastens um dessen Achse verdrehen, Abb. 109. Demzufolge gilt für die Verschiebungen $\Delta_a\,\Delta_b$ der Endpunkte der Längskanten und den Verdrehungswinkel δ

$$\delta = \frac{\Delta_a}{b/2} = \frac{\Delta_b}{a/2} \,. \tag{5}$$

Die Winkeländerungen φ_a und φ_b der Rechtecke $a \times l$ bzw. $b \times l$ infolge τ_a bzw. τ_b sind ($G =$ Gleitmodul):

$$\left.\begin{array}{c} \varphi_a = \dfrac{\tau_a}{G}\,, \\[2ex] \varphi_b = \dfrac{\tau_b}{G}\,. \end{array}\right\} \tag{6}$$

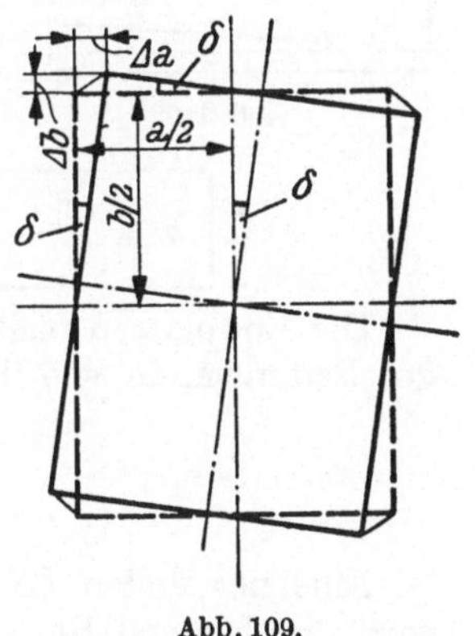

Abb. 109.

Blieben die Endflächen bei der Deformation eben, dann wäre

$$\frac{\Delta_a}{\Delta_b} = \frac{\varphi_a}{\varphi_b} = \frac{\tau_a}{\tau_b}$$

und wegen Gl. (4)

$$\frac{\Delta_a}{\Delta_b} = \frac{s_b}{s_a} \,.$$

Gl. (5) fordert aber $\dfrac{\Delta_a}{\Delta_b} = \dfrac{b}{a}$, was widersprechend ist. Daher muß im allgemeinen immer das eine Paar Diagonalpunkte jeder Endfläche um h aus der Ebene heraus, das andere Paar um ebensoviel zurücktreten.

Laut Abb. 110 ist

$$\varphi_a = \frac{\Delta_a}{l} + \frac{h}{a/2}, \qquad \varphi_b = \frac{\Delta_b}{l} - \frac{h}{b/2}.$$

h wird eliminiert:

$$\frac{\varphi_a}{b} + \frac{\varphi_b}{a} = \frac{1}{l}\left(\frac{\Delta_a}{b} + \frac{\Delta_b}{a}\right).$$

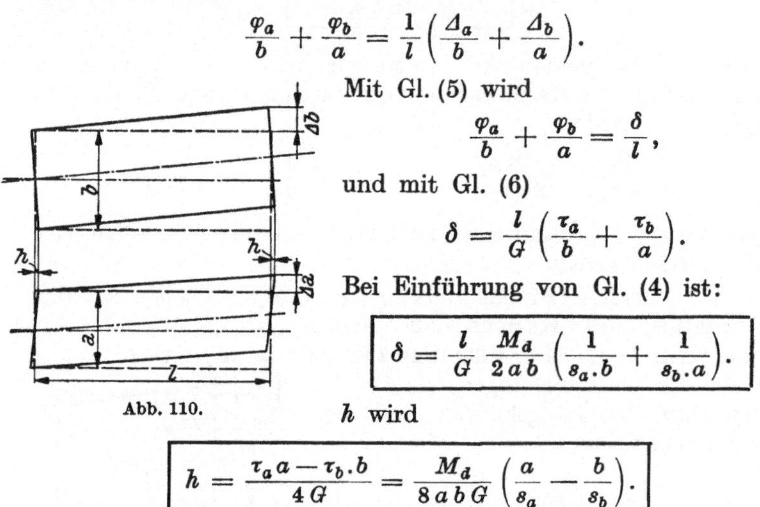

Abb. 110.

Mit Gl. (5) wird

$$\frac{\varphi_a}{b} + \frac{\varphi_b}{a} = \frac{\delta}{l},$$

und mit Gl. (6)

$$\delta = \frac{l}{G}\left(\frac{\tau_a}{b} + \frac{\tau_b}{a}\right).$$

Bei Einführung von Gl. (4) ist:

$$\boxed{\delta = \frac{l}{G}\,\frac{M_d}{2\,a\,b}\left(\frac{1}{s_a.b} + \frac{1}{s_b.a}\right).}$$

h wird

$$\boxed{h = \frac{\tau_a\,a - \tau_b.b}{4\,G} = \frac{M_d}{8\,a\,b\,G}\left(\frac{a}{s_a} - \frac{b}{s_b}\right).}$$

Die Endplatten bleiben somit nur eben, wenn sich die Breiten der Seitenwände wie ihre Dicken verhalten!

75. Übung.

Eine der vollen Längswände des Kastens in der 74. Übung wird durch einen Rahmen nach Abb. 111 ersetzt, dessen größte Biegemomente zu ermitteln sind.

Die äußeren Belastungen des Rahmens sind die Kantenkräfte P_a und P_l. Man führt, Abb. 112, den Schnitt $m\,m$ durch die Mitte der Kanten l und bringt zwecks Erhaltung des Gleichgewichtes am linken Rahmenteil die Querkräfte Q', Q'', die Längskräfte Z', Z'' und die Kräftepaare M', M'' an. Am rechten Rahmenteil sind die dazu gleichen und entgegengesetzten Kräfte und Momente anzubringen. Kehrt man sämtliche am rechten Rahmenteil tätigen Kräfte und Momente um, Abb. 113, dann muß sich natürlich wieder ein Gleichgewichtsfall ergeben.

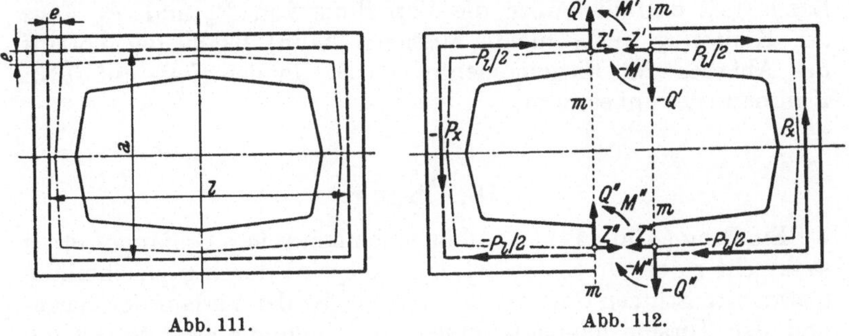

Abb. 111.   Abb. 112.

Klappt man nun den rechten Rahmenteil um $m\,m$ um, dann deckt er sich, was Form und äußere Belastung betrifft, mit dem linken Rahmenteil; da dann auch Gleichheit bezüglich der an der Schnittfläche tätigen Kräfte und Momente bestehen muß, ergibt der Vergleich von Abb. 112 und 113

$$M' = M'' = 0,$$
$$Z' = Z'' = 0.$$

Bringt man die in Abb. 112 dargestellten Rahmenteile durch Drehung in der Rahmenebene zur Deckung, dann erkennt man, ähnlich wie vorhin,

$$Q' = Q'' = Q = \frac{P_x}{2}.$$

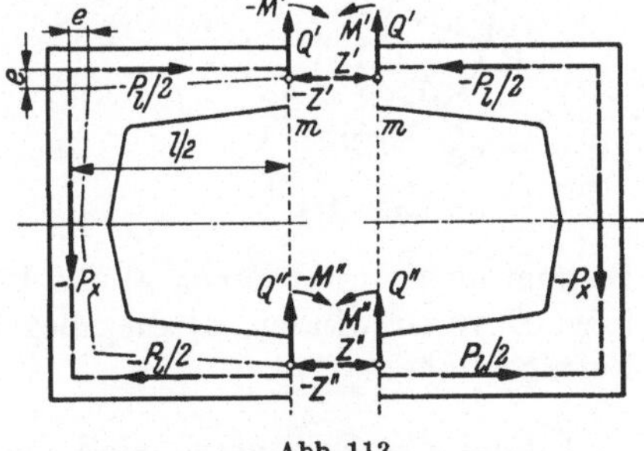

Abb. 113.

Analoges ergibt sich für die Mitten der Kanten a: weder Biegemoment noch Längskraft; Querkraft $= \dfrac{P_l}{2}$.

Das größte Biegemoment ist offensichtlich das für alle vier Ecken dem Betrage nach gleiche Eckenmoment M_e:

$$M_e = Q\left(\frac{l}{2} - e\right) - \frac{P_l}{2}\,e = \frac{1}{2}\left[P_x\left(\frac{l}{2} - e\right) - P_l\,e\right].$$

Mit den in Übung 74 erhaltenen Werten wird

$$\boxed{M_e = \frac{M_d}{8} \cdot \frac{l}{b}\left[1 - 2\,e\,\frac{a+l}{a\,l}\right].}$$

Liegt die neutrale Faser statt innerhalb der Kanten um e außerhalb derselben, dann hat das Glied mit e das Zeichen $+$.

Da man, außer daß auf eine halbe Kantenlänge die halbe Längskraft entfällt, über die Verteilung von P_x und P_l längs der Kanten a und l nichts aussagen kann, bleibt der Verlauf des Abfalles der Biegemomente von M_e in der Ecke auf 0 in Kantenmitte unbestimmt.

76. Übung.

Ein Ring (Abb. 114) ist je Längeneinheit seines Umfanges mit q senkrecht zu seiner Ebene belastet und wird durch n gleichmäßig ausgeteilte Stützen S getragen. Gesucht ist der Verlauf der Biege- und der Torsionsmomente längs des Ringumfanges, ferner die

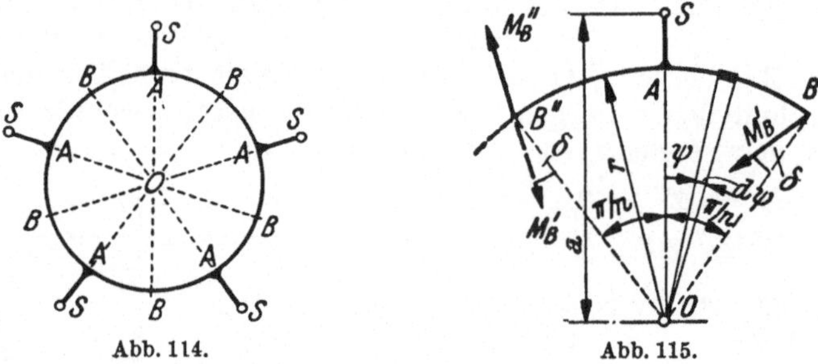

Abb. 114.Abb. 115.

Bedingungen, unter denen a) das Biegemoment in den Punkten A bzw. B verschwindet, b) die Biegemomente in A und B gleiche Beträge haben.

Infolge der Symmetrie sind die Stützendrücke untereinander gleich und $\dfrac{2\,r\,\pi\,q}{n}$. Man denke den Ring symmetrisch zu den Stützen in n gleiche Segmente geteilt, deren Deformation symmetrisch zu OS verlaufen wird (Abb. 115). Das ist nur denkbar, wenn die Querkräfte $Q_B{}'$ und $Q_B{}''$ in B' bzw. B'' gleich und gleichgerichtet sind: $Q_B{}' = Q_B{}''$. Da anderseits aus Gleichgewichtsgründen der auf das Segment entfallende Anteil der ganzen Ringbelastung durch den Stützenwiderstand in S aufgehoben wird, ist $Q_B{}' + Q_B{}'' = 0$, somit $Q_B{}' = Q_B{}'' = 0$.

In B' wirke das Moment $M_B{}'$. Da sich ja alle Ringsegmente gleich verhalten, wirkt in B'' auf den strichliert gezeichneten Nachbar-Ringteil ein strichliert dargestelltes Moment in gleicher

Größe wie M_B' und unter dem gleichen Winkel δ gegen den Radius geneigt wie dieses. Die Reaktion des strichlierten Momentes ist das in B'' auf den Ringteil $B'\,B''$ wirkende Moment M_B''. Das aus M_B' und M_B'' resultierende Moment muß aus Symmetriegründen $\perp OS$ stehen, wodurch sich $\delta = 0$ ergibt. $M_B' = M_B'' = M_B$ sind somit reine Biegemomente und in B' und B'' herrscht keine Torsion. Die Momentengleichung um eine Achse $\perp OS$ durch O lautet

$$2\,M_B \sin\frac{\pi}{n} - \frac{2\,r\,\pi\,q}{n}\,a + 2\int_0^{\pi/n} q\,r\,d\psi \cdot r \cos\psi = 0,$$

woraus

$$M_B = q\,r^2\left[\frac{a}{r}\,\frac{\pi/n}{\sin\pi/n} - 1\right]. \qquad (1)$$

An Hand von Abb. 116 ergibt sich das Biegemoment M_b an der durch $\varphi \lessgtr \dfrac{\pi}{n}$ gekennzeichneten Stelle zu

$$M_b = M_B \cos\varphi - \int_0^\varphi q\,r\,d\varphi\, r \sin\varphi,$$

und mit Gl. (1) zu

$$\boxed{M_b = q\,r^2\left(\frac{a}{r}\,\frac{\pi/n}{\sin\pi/n}\cos\varphi - 1\right).}\quad (2)$$

Ähnlich ist das Torsionsmoment

$$M_d = M_B \sin\varphi - \int_0^\varphi q\,r\,d\varphi\, r\,(1 - \cos\varphi),$$

und mit Gl. (1)

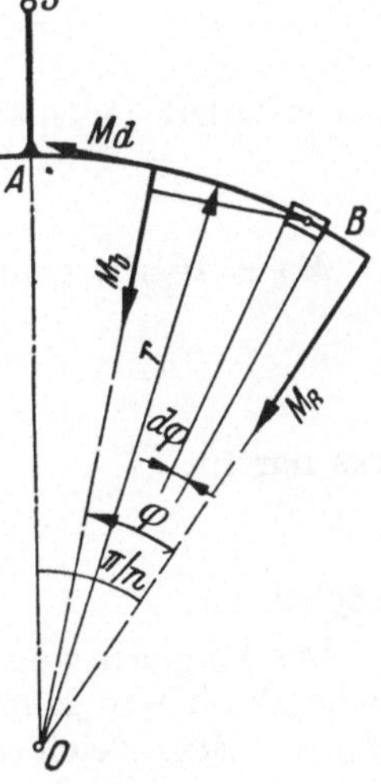

Abb. 116.

$$\boxed{M_d = q\,r^2\left(\frac{a}{r}\,\frac{\pi/n}{\sin\pi/n}\sin\varphi - \varphi\right).}\qquad (3)$$

Für Punkt A wird mit $\varphi = \pi/n$

$$M_{bA} = q\,r^2\left(\frac{a}{r}\,\frac{\pi/n}{\operatorname{tg}\pi/n} - 1\right), \qquad (4)$$

$$M_{dA} = \frac{q\,r\,\pi}{n}\,(a - r). \qquad (5)$$

Nach Gl. (3) verschwindet, außer für $\varphi = 0$, das Torsions-moment nur, wenn

$$\boxed{\frac{\sin\varphi}{\varphi} = \frac{r}{a}\,\frac{\sin\pi/n}{\pi/n}\,;}$$

da $\varphi \leqq \dfrac{\pi}{n}$ und daher $\dfrac{\sin\varphi}{\varphi} \geqq \dfrac{\sin\pi/n}{\pi/n}$, tritt dies nur für

$$\boxed{r \geqq a}$$

ein.

Laut Gl. (4) wird $M_{bA} = 0$, wenn

$$\boxed{\frac{\operatorname{tg}\pi/n}{\pi/n} = \frac{a}{r}\,;}$$

das erfordert jedenfalls

$$\boxed{r < a.}$$

$M_B = 0$ tritt gemäß Gl. (1) ein für

$$\boxed{\frac{\sin\pi/n}{\pi/n} = \frac{a}{r}\,,}$$

was nur für

$$\boxed{r > a}$$

möglich ist.

Der Vergleich von Gl. (1) und Gl. (4) zeigt, daß M_B und M_{bA} nicht gleich sein können. Die Bedingung, daß die *Beträge* von M_B und M_{bA} gleich sind, lautet nach Gl. (1) und Gl. (4):

$$\frac{a}{r}\,\frac{\pi/n}{\sin\pi/n} - 1 = 1 - \frac{a}{r}\,\frac{\pi/n}{\operatorname{tg}\pi/n}\,,$$

oder unter Benutzung der trigonometrischen Formeln $1 + \cos\alpha = 2\cos^2\dfrac{\alpha}{2}$ und $\sin\alpha = 2\sin\dfrac{\alpha}{2}\cos\dfrac{\alpha}{2}$.

$$\boxed{\frac{\operatorname{tg}\pi/2\,n}{\pi/2\,n} = \frac{a}{r}\,.}$$

Dies kann nur bei

$$\boxed{r < a}$$

bestehen.

Differenziert man Gl. (3) nach φ, so erweist sich durch Vergleich mit Gl. (2) bemerkenswerterweise

$$\frac{d\,M_d}{d\,\varphi} = M_b.$$

77. Übung.

Der Ring der 76. Übung, Abb. 117, weise in jedem Segment eine Stoßfuge F auf, welche nur ein beschränktes Torsionsmoment $\pm\,M_F$ übertragen kann. Wie verändert dies die Ergebnisse der 76. Übung?

Setzt man in Gl. (3) der 76. Übung $\varphi = \varphi_F$ ein und erweist sich M_d im Betrage kleiner als M_F, dann gelten die Ausführungen der 76. Übung unverändert. Im anderen Falle ist jedoch eine Symmetrie der Deformation bezüglich OS nicht mehr zu erwarten. Daher treten die Querkräfte Q_B' und Q_B'' auf, wobei die Beziehung $Q_B' + Q_B'' = 0$ gültig bleibt, so daß $Q_B' = -Q_B'' = \pm Q_B$.

M_B' und M_B'' sind jetzt keine reinen Biegemomente mehr, sondern es herrschen in B' und B'' die in Abb. 117 ersichtlich gemachten Biegemomente M_{Bb} und die Torsionsmomente M_{Bd}. Wenn man M_B durch M_{Bb} ersetzt, gilt Gl. (1) der 76. Übung unverändert:

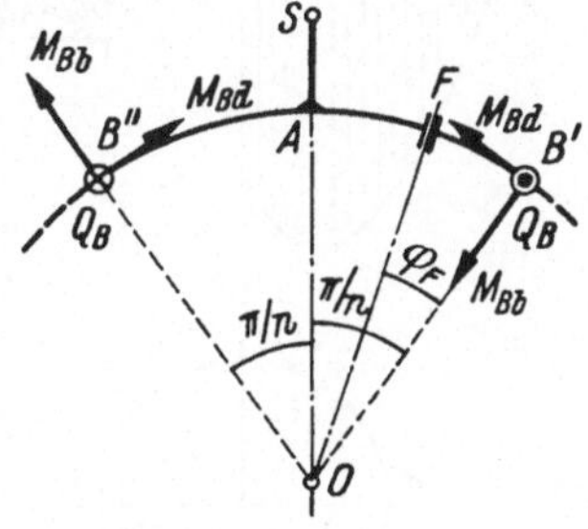

Abb. 117.

$$M_{Bb} = q\,r^2 \left[\frac{a}{r}\ \frac{\pi/n}{\sin \pi/n} - 1 \right]. \tag{1}$$

Die Momentengleichung um Achse OS lautet

$$2\,M_{Bd} \sin \pi/n = 2\,Q_B\,r \sin \pi/n$$

oder

$$M_{Bd} = Q_B \cdot r. \tag{2}$$

Setzt man Q_B mit M_{Bd} zusammen, so ergibt das vermöge der Beziehung Gl. (2) eine Kraft Q_B, die, parallel verschoben, im Ringmittelpunkt O wirkt. Sie erzeugt nirgends im Ring ein Biegemoment, jedoch ein für alle Ringquerschnitte gleiches Torsionsmoment $Q_B \cdot r = M_{Bd}$.

Somit gilt Gl. (2) der 76. Übung unverändert, in Gl. (3) der 76. Übung kommt additiv M_{Bd} hinzu:

$$M_b = q\,r^2 \left(\frac{a}{r}\, \frac{\pi/n}{\sin \pi/n}\, \cos \varphi - 1 \right), \tag{3}$$

$$M_d = M_{Bd} + q\,r^2 \left(\frac{a}{r}\, \frac{\pi/n}{\sin \pi/n}\, \sin \varphi - \varphi \right). \tag{4}$$

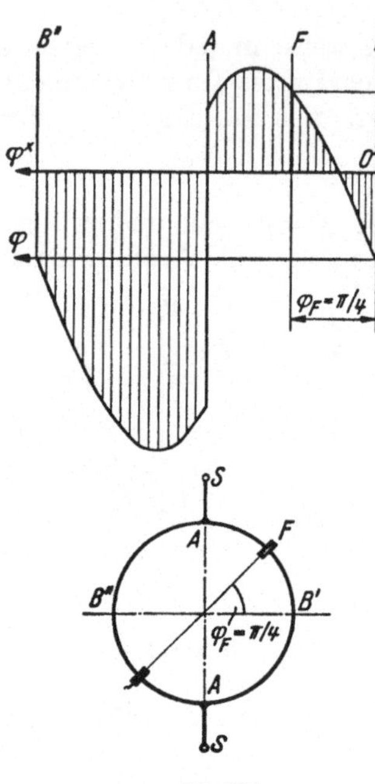

Abb. 118.

Die Größe von M_{Bd} ist dadurch festgelegt, daß an der Stelle der Stoßfuge, also für $\varphi = \varphi_F$, $M_d = = \pm M_F$ sein muß.

Rechnerisch wäre also in Gl. (4) $M_d = M_F$ und $\varphi = \varphi_F$ zu setzen und aus der so erhaltenen Gleichung und Gl. (4) M_{Bd} zu eliminieren. Viel anschaulicher ist hier die zeichnerische Darstellung, die einfach auf eine Verschiebung der Abszissenachse hinausläuft. In Abb. 118 ist nach der 76. Übung der M_d-Verlauf für einen Fall $n = 2$, $a = 1,5\,r$, $\varphi_F = \dfrac{\pi}{4}$ über der Abszissenachse $O\,\varphi$ aufgetragen. Die maßgebende parallel verschobene Abszissenachse $O^*\,\varphi^*$ ist einfach so zu zeichnen, daß, auf diese bezogen, für φ_F die Kurve die Ordinate M_F aufweist.

78. Übung.

Wenn man nach Abb. 119 zwischen den an sich sehr torsionsnachgiebigen Wangen torsionssteife Querstäbe, etwa Rohre, anordnet, entsteht ein torsionssteifer Stab. Es sind die Beziehungen aufzustellen, mittels derer man die Torsionsmomente in den Querstäben und die Biegemomente in den Wangen ermitteln kann. Wie sind die Querstäbe auszuteilen, damit ihre Torsionsmomente untereinander gleich werden? Wie verlaufen dann die Biegemomente in den Wangen?

Da die Wangen für Torsion nur verschwindende Steifigkeit haben und flachkantig biegende Momente, wie leicht einzusehen, nicht auftreten können, üben die n Querstäbe auf die Wangen lediglich die in Abb. 119 eingetragenen Momente aus. Einzelkräfte sind ebenfalls undenkbar. Die Verdrehungen der Querstäbe sind offenbar die doppelten Neigungen φ der elastischen Linie der

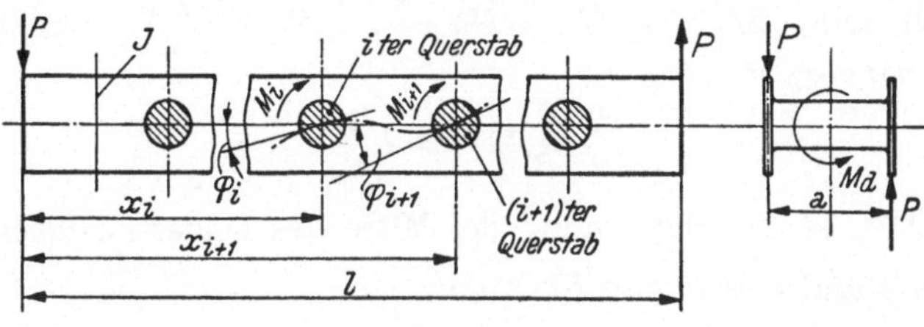

Abb. 119.

einen Wange und proportional dem Moment M, das der Querstab auf die Wange ausübt. Also ist z. B. für den $i$ten Querstab

$$\varphi_i = K_t\, M_i. \qquad (1)$$

(Darin ist $K_t = \dfrac{a}{2\,G\,J_t}$, wo G Schubmodul, J_t Torsionsträgheitsmoment.) Der Biegewinkel des Wangenstückes zwischen den Querstäben i und $i+1$ ist $\varphi_{i+1} - \varphi_i$; er ist der Biegemomentenfläche für dieses Stück proportional:

$$\varphi_{i+1} - \varphi_i = K_b\,(x_{i+1} -$$
$$- x_i)\left[- P\,\frac{1}{2}\,(x_i + \right.$$
$$\left.+ x_{i+1}) + (M_1 + \dots M_i)\right]$$

$\left(\text{darin ist } K_b = \dfrac{1}{E\,J}, \text{ wo}\right.$
E Elastizitätsmodul, J
Biegeträgheitsmoment.$\Big)$

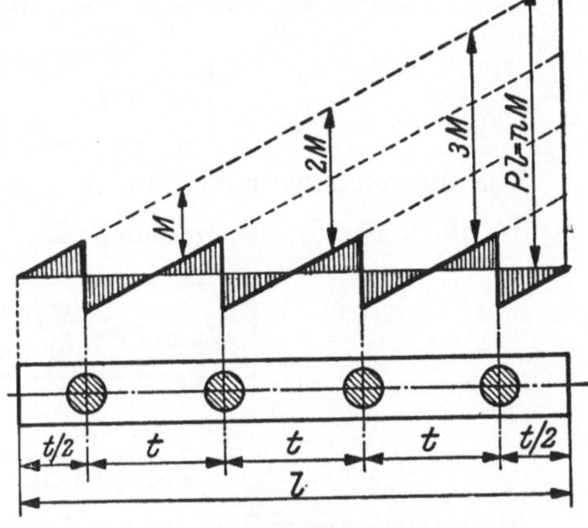

Abb. 120.

Mit Gl. (1) ist dann

$$(M_{i+1} - M_i)\,K_t = K_b\,(x_{i+1} - x_i)\left[-P\,\frac{1}{2}\,(x_i + x_{i+1}) + \right.$$
$$\left. + (M_1 + \dots M_i)\right]. \qquad (2)$$

Entsprechend den $n-1$-Wangenstücken können $n-1$ solche Gleichungen angeschrieben werden, zu welchen als $n$te **zur**

Bestimmung von $M_1 \ldots M_n$ noch die Gleichgewichtsbedingung für die Wange hinzukommt:

$$M_1 + \ldots M_n = P\,l. \tag{3}$$

Es soll sein: $M_{i+1} = M_i = M_1 = \ldots M_n = \dfrac{P\,l}{n}$ und damit ergibt Gl. (2)

$$\frac{x_i + x_{i+1}}{2} = l\,\frac{i}{n}. \tag{4}$$

$\dfrac{x_i + x_{i+1}}{2}$ ist die Entfernung der Mitte des Feldes zwischen den Stäben i und $i+1$ vom Stabende.

Laut Gl. (4) müssen diese Mitten auf der Stablänge gleichmäßig verteilt liegen. *Die Stäbe müssen also* (Abb. 120) *gleiche Teilung erhalten und die Endstäbe um die halbe Teilung (t) von den Stabenden abstehen.*

Das Torsionsmoment (im weiteren Sinne) des Stabes ist

$$M_d = P\,a.$$

Das Torsionsmoment jedes Querstabes ist

$$M = \frac{P \cdot l}{n} = \frac{M_d}{a} \cdot \frac{l}{n}, \quad \text{und weil } l = n\,t:$$

$$\boxed{M = M_d\,\frac{t}{a}.} \tag{5}$$

Der Biegemomentenverlauf in den Wangen laut Abb. 120 ergibt als höchstes Biegemoment $M_b = \dfrac{M}{2}$ oder

$$\boxed{M_{b\,\text{max}} = \frac{M_d}{2}\,\frac{t}{a}.}$$

79. Übung.

Ein torsionssteifer Stab, wie in der 78. Übung behandelt, weise zwar gleichförmige Teilung der Querstäbe auf, die Stabenden stehen jedoch von den Endquerstäben um l_1 und l_2 ab. Wie groß sind die Torsionsmomente in den Querstäben und die Biegemomente in den Wangen?

Man ersetzt (Abb. 121) die Kräfte P durch gleich große in der Entfernung $\dfrac{t}{2}$ von den Endstäben in Verbindung mit den

Kräftepaaren $M' = P\left(l_1 - \frac{t}{2}\right)$ und $M'' = P\left(l_2 - \frac{t}{2}\right)$. An den Verhältnissen des Trägers im Bereich der Querstäbe hat sich dadurch nichts geändert, und man löst die Aufgabe durch Überlagerung des schon bekannten Falles — Belastung durch P in $\frac{t}{2}$ Abstand von den Endquerstäben — mit zwei Fällen in der Art von Abb. 122.

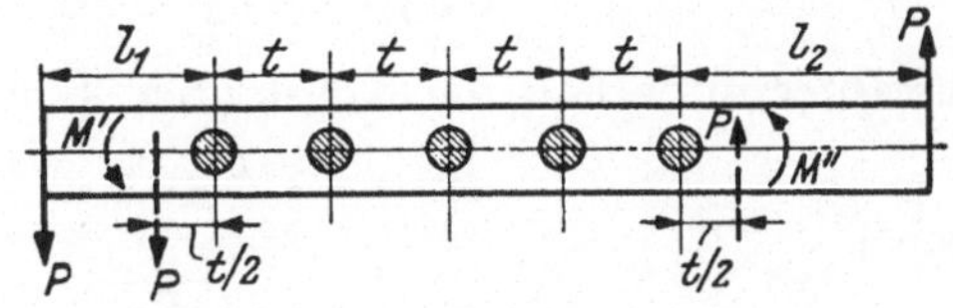

Abb. 121.

Es ist ähnlich wie in der 78. Übung

$$\left.\begin{array}{l} M'' = (M_1 + M_2 + \\ + \ldots, M_i + \ldots M_n) \end{array}\right\} \quad (1)$$

$$\varphi_i = K_t\, M_i, \quad (2)$$

$$\left.\begin{array}{l} \varphi_{i+1} - \varphi_i = K_b\, t \\ (M_1 + \ldots M_i). \end{array}\right\} \quad (3)$$

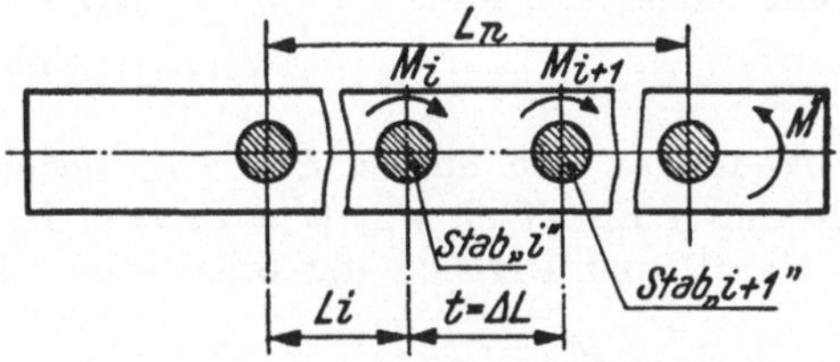

Abb. 122.

Durch Einsetzen von Gl. (2) in Gl. (3) wird

$$M_{i+1} - M_i = \frac{K_b}{K_t}\, t\, (M_1 + \ldots M_i).$$

Man schreibt dies

$$\frac{M_{i+1} - M_i}{t} = \frac{K_b}{t \cdot K_t} \cdot t\, (M_1 + \ldots M_i)$$

und führt ein $M_{i+1} - M_i = \Delta M_i$ und $t = \Delta L$ (siehe Abb. 122), sowie $(M_1 + \ldots M_i) = \sum\limits_1^i M_i$:

$$\frac{\Delta M_i}{\Delta L} = \frac{K_b}{t\, K_t} \sum_1^i M_i\, \Delta L. \quad (4)$$

Bei nicht zu wenig Querstäben kann als Näherung an Stelle von Gl. (4) die Gleichung

$$\frac{d M}{d L} = \frac{K_b}{t\, K_t} \int\limits_0^L M\, d L \quad (5)$$

treten, welche durch Differenzieren nach L übergeht in die Differentialgleichung

$$\frac{d^2 M}{dL^2} - \frac{K_b}{t K_t}\, M = 0. \tag{6}$$

Ihr Integral enthält die Konstanten A und B und lautet:

$$M = A\, e^{\varrho L} + B\, e^{-\varrho L}, \tag{7}$$

wobei

$$\varrho = \sqrt{\frac{K_b}{t K_t}}\,. \tag{8}$$

Zu $L = 0$ gehört laut Gl. (5) $\dfrac{dM}{dL} = 0$.

Das in den durch Differenzieren von Gl. (7) gewonnenen Ausdruck eingesetzt, gibt $A = B$, so daß Gl. (7) übergeht in

$$M = A \left(e^{\varrho L} + e^{-\varrho L}\right). \tag{9}$$

L hat nur an den Stellen $L_1 \ldots L_n$ Bedeutung für die Aufgabe, und durch Einsetzen von $L = L_1 = 0$, $L_2 = t, \ldots L_n = (n-1)\,t$ in Gl. (9) und Division der erhaltenen Gleichungen folgt

$$M_1 : M_2 : \ldots M_n = 2 : \left(e^{\varrho t} + e^{-\varrho t}\right) : \ldots \left(e^{(n-1)\varrho t} + e^{-(n-1)\varrho t}\right).$$

Nach den in der 78. Übung gemachten Angaben ist

$$\varrho\, t = \sqrt{\frac{K_b\, t}{K_t}} = \sqrt{2\,\frac{G}{E}\,\frac{t}{a}\,\frac{J_t}{J}}\,.$$

Setzt man

$$\boxed{\sqrt{2\,\frac{G}{E}\,\frac{t}{a}\,\frac{J_t}{J}} = \varepsilon,} \tag{10}$$

dann wird

$$\boxed{\begin{aligned} M_1 : M_2 : M_3 &: \ldots M_n = \\ = 1 : \frac{e^{\varepsilon} + e^{-\varepsilon}}{2} &: \frac{e^{2\varepsilon} + e^{-2\varepsilon}}{2} : \ldots \frac{e^{(n-1)\varepsilon} + e^{-(n-1)\varepsilon}}{2}\,.\end{aligned}} \tag{11}$$

Die tatsächliche Größe von $M_1 \ldots M_n$ ergibt sich aus Gl. (11) in Verbindung mit Gl. (1).

Je kleiner ε, desto geringer sind die Unterschiede zwischen $M_1 \ldots M_n$. Die Wangenbiegemomente sind über eine Teilung jeweils konstant und im Stück zwischen i und $i+1$ gleich $M_1 + \ldots M_i$.

80. Übung.

Das statisch Unbestimmte des nach Abb. 123 geformten und belasteten rechtwinklig-deltoidförmigen Rahmens $A\,C'\,B\,C''$ ist zu ermitteln. In den Rahmenecken sind die Gurtungen nicht durch den dünnen Steg, sondern massiv miteinander verbunden.

Die Auflagerkräfte in A und B sind $2\,K\,\dfrac{q}{p+q}$ bzw. $2\,K\,\dfrac{p}{p+q}$, die Querkräfte knapp neben den Auflagern die halben dortigen Auflagerkräfte, somit $K\,\dfrac{q}{p+q}$ bzw. $K\,\dfrac{p}{p+q}$. Das ergibt sich aus Symmetriegründen,

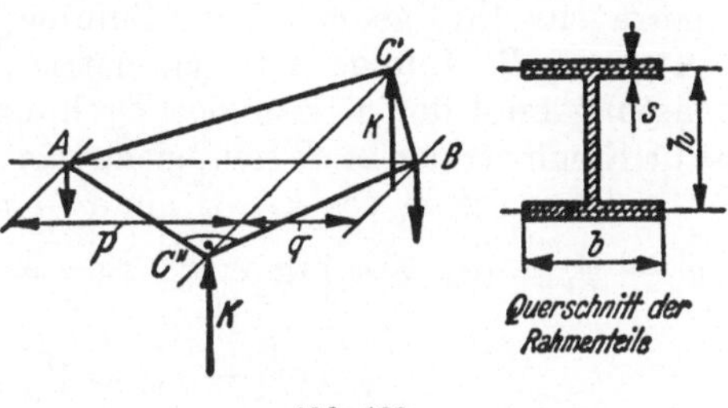

Abb. 123.

ebenso daß die inneren Momente M_A bzw. M_B in den Ecken A und B nur die Richtung der Symmetralen $A\,B$ haben können. (Vgl. die Betrachtungen in der 75. Übung.) Dementsprechend

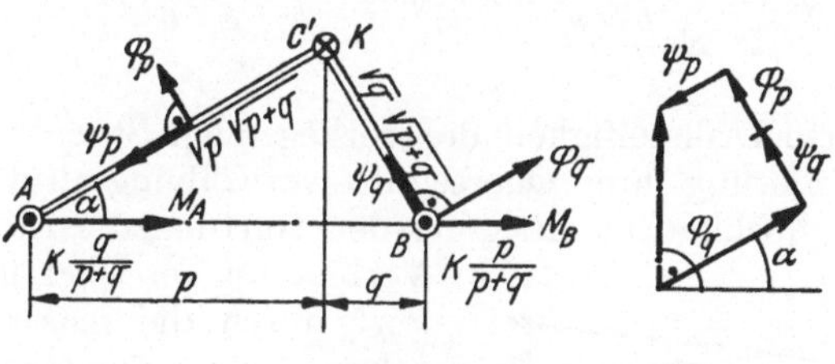

Abb. 124.

greifen an der einen freigemachten Rahmenhälfte Kräfte und Kräftepaare gemäß Abb. 124 an. Nur die Summe der Momente M_A und M_B ist statisch bestimmt:

$$M_A + M_B - K\,\frac{C'\,C''}{2} = 0 \text{ oder mit } \frac{C'\,C''}{2} = \sqrt{p\,q},$$

$$M_A + M_B = K\cdot\sqrt{p\,q}. \tag{1}$$

Es bedeute:

φ_p Drehungswinkel von A gegen C' infolge Biegung des Stabes $A\,C'$.

ψ_p Drehungswinkel von A gegen C' infolge Drillung des Stabes $A\,C'$.

φ_q Drehungswinkel von C' gegen B infolge Biegung des Stabes $C'B$.

ψ_q Drehungswinkel von C' gegen B infolge Drillung des Stabes $C'B$.

Die entsprechenden Drehungsvektoren sind in Abb. 124 eingetragen. Ihre geometrische Summe ist der Drehungsvektor von A gegen B. Infolge der Symmetrie des Gebildes und seiner Belastung muß der Vektor der Drehung von A gegen B senkrecht zur Symmetralen AB sein, siehe das Vektoreck in Abb. 124, dem abzulesen ist $\varphi_q \cos\alpha - \psi_q \sin\alpha - \varphi_p \sin\alpha - \psi_p \cos\alpha = 0$ oder $\varphi_q - \psi_p = (\varphi_p + \psi_q)\,\mathrm{tg}\,\alpha$; da $\mathrm{tg}\cdot\alpha = \sqrt{\dfrac{p}{q}}$, folgt

$$\sqrt{p}\,(\varphi_q - \psi_p) = \sqrt{q}\,(\varphi_p + \psi_q). \tag{2}$$

Bei einem Stab von der Länge l, dem mittleren Biegemoment M_{bm}, dem Elastizitätsmodul E ist, da das Biegeträgheitsmoment annähernd $2\,b\,s\left(\dfrac{h}{2}\right)^2 = \dfrac{b\,h^2\,s}{2}$ beträgt, der Biegewinkel

$$\varphi = \frac{M_{bm}\cdot l}{E\,\dfrac{b\,h^2\,s}{2}} \quad\text{oder}\quad \varphi = \frac{2}{h^2\,s\,E}\,\frac{l}{b}\,M_{bm}. \tag{3}$$

Nennenswerte Drillsteifigkeit der vorliegenden Stäbe kommt nur durch Behinderung ihrer Querschnittsverwölbung an den Enden, d. h. durch hochkantige Biegung der Gurtungen zustande. Die Verbindung von Ober- und Untergurt durch die massiven Stabecken kann als starr gelten. Abb. 125 zeigt dann die Deformation der Gurtungen eines I-Stabes, und die Anwendung einfacher Sätze des Gleichgewichtes und der Biegung führt auf die Beziehung zwischen Drillwinkel ψ und Drillmoment M_d eines solchen Stabes:

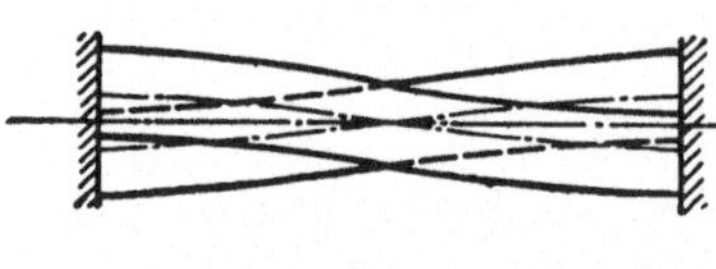

Abb. 125.

$$\psi = \frac{2}{h^2\,s\,E}\left(\frac{l}{b}\right)^3 M_d. \tag{4}$$

Der Biegemomentenverlauf über die Stablänge ist beim betrachteten Rahmen linear, also ist das mittlere Biegemoment eines Stabes M_{bm} das arithmetische Mittel der Biegemomente an den Stabenden. Die Drillmomente sind über die Länge jedes Stabes konstant.

Im einzelnen ergibt Abb. 124:

1. Stab $A\,C'$:

$$M_{bm} = \frac{1}{2}\left[-M_A - \left(M_A \sin\alpha - K\,\frac{q}{p+q}\,\sqrt{p}\,\sqrt{p+q}\right)\right] \text{ oder mit}$$

$$\sin\alpha = \frac{\sqrt{q}}{\sqrt{p+q}}:$$

$$M_{bm} = \frac{1}{2}\left[-2\,M_A\,\frac{\sqrt{q}}{\sqrt{p+q}} + K\,\frac{q\,\sqrt{p}}{\sqrt{p+q}}\right]. \tag{5}$$

$$M_d = -M_A\cos\alpha \quad\text{oder mit}\quad \cos\alpha = \frac{\sqrt{p}}{\sqrt{p+q}}:$$

$$M_d = -M_A\,\frac{\sqrt{p}}{\sqrt{p+q}}. \tag{6}$$

2. Stab $C'\,B$:

$$M_{bm} = \frac{1}{2}\left\{M_A\cos\alpha + \left[M_A\cos\alpha + \left(K\,\frac{q}{p+q} - K\right)\sqrt{q}\,\sqrt{p+q}\right]\right\},$$

$$M_{bm} = \frac{1}{2}\left[2\,M_A\,\frac{\sqrt{p}}{\sqrt{p+q}} - K\,\frac{p\,\sqrt{q}}{\sqrt{p+q}}\right]. \tag{7}$$

$$M_d = -M_A\sin\alpha + K\,\frac{q}{p+q}\,\sqrt{p}\,\sqrt{p+q} \quad\text{oder}$$

$$M_d = -M_A\,\frac{\sqrt{q}}{\sqrt{p+q}} + K\,\frac{q\,\sqrt{p}}{\sqrt{p+q}}. \tag{8}$$

Mittels der Gl. (3) bis (8) bestimmt man die Drehungen φ_p, φ_q, ψ_p, ψ_q und setzt diese in die Deformationsbedingung Gl. (2) ein:

$$\sqrt{p}\left[\frac{2}{h^2\,s\,E}\,\frac{\sqrt{q}\,\sqrt{p+q}}{b}\cdot\frac{1}{2}\left(2\,M_A\,\frac{\sqrt{p}}{\sqrt{p+q}} - K\,\frac{p\,\sqrt{q}}{\sqrt{p+q}}\right)+\right.$$

$$\left. + \frac{2}{h^2\,s\,E}\,\frac{p\,(p+q)\,\sqrt{p}\,\sqrt{p+q}}{b^3}\,M_A\cdot\frac{\sqrt{p}}{\sqrt{p+q}}\right] =$$

$$= \sqrt{q}\left[\frac{2}{h^2\,s\,E}\,\frac{\sqrt{p}\,\sqrt{p+q}}{b}\cdot\frac{1}{2}\left(-2\,M_A\,\frac{\sqrt{q}}{\sqrt{p+q}} + \right.\right.$$

$$\left. + K\,\frac{q\,\sqrt{p}}{\sqrt{p+q}}\right) + \frac{2}{h^2\,s\,E}\,\frac{q\,(p+q)\,\sqrt{q}\,\sqrt{p+q}}{b^3}\cdot$$

$$\left.\cdot\left(-M_A\,\frac{\sqrt{q}}{\sqrt{p+q}} + K\,\frac{q\,\sqrt{p}}{\sqrt{p+q}}\right)\right].$$

Daraus erhält man

$$M_A = K q \; \frac{\dfrac{p}{2}(\sqrt{p} + \sqrt{q}) + \dfrac{q^2}{b^2}\sqrt{p}\,(p+q)}{p\sqrt{q} + q\sqrt{p} + (p^2\sqrt{p} + q^2\sqrt{q})\dfrac{p+q}{b^2}}. \qquad (9)$$

Offenbar bekommt man M_B, wenn man in Gl. (9) p mit q vertauscht:

$$M_B = K.p \; \frac{\dfrac{q}{2}(\sqrt{p} + \sqrt{q}) + \dfrac{p^2}{b^2}\sqrt{q}\,(p+q)}{p\sqrt{q} + q\sqrt{p} + (p^2\sqrt{p} + q^2\sqrt{q})\dfrac{p+q}{b^2}}. \qquad (10)$$

Zur Probe addiert man die Gl. (9) und (10) und erhält richtig die statische Beziehung Gl. (1).

81. Übung.

Die Enden eines nach Abb. 126 belasteten Stabes von konstantem Querschnitt nähern sich beim Ausknicken um p. Welche Beziehung besteht zwischen p und der größten seitlichen Ausbiegung q?

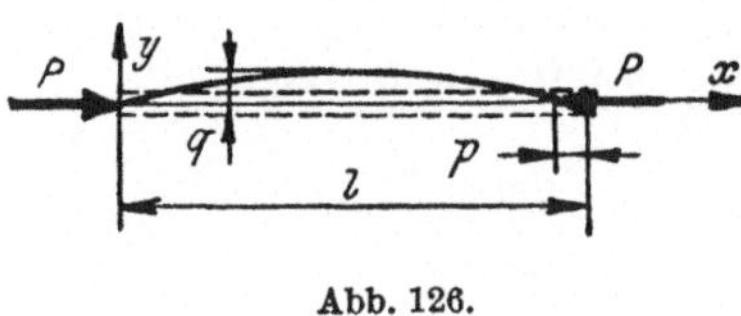

Abb. 126.

Es ist die Stablänge $l =$

$$= \int_0^{l-p} \sqrt{1 + y'^2}\, dx, \quad \text{und weil } y'^2$$

sehr klein bleibt, angenähert $l = \displaystyle\int_0^{l-p}\left(1 + \frac{y'^2}{2}\right) dx$, daher weiter

$$l = l - p + \frac{1}{2}\int_0^{l-p} y'^2\, dx; \quad \text{daraus folgt}$$

$$p = \frac{1}{2}\int_0^{l-p} y'^2\, dx. \qquad (1)$$

Im vorliegenden Knickfall biegt sich der Stab bekanntlich sinuslinienförmig: $y = q \sin 2\pi \dfrac{x}{2(l-p)} = q \sin \pi \dfrac{x}{l-p}$; daraus folgt

$$y' = q\, \frac{\pi}{l-p}\, \cos \pi\, \frac{x}{l-p}.$$

Dies in Gl. (1) eingesetzt, gibt $p = \dfrac{\pi^2}{4} \cdot \dfrac{q^2}{l - p}$. Darin kann p gegen l vernachlässigt werden, so daß

$$\boxed{p = \frac{\pi^2}{4} \cdot \frac{q^2}{l}.}$$

82. Übung.

Eine einseitig eingespannte Blattfeder, Abb. 127, stützt sich mit ihrem anderen Ende auf ein Auflager ab, welches, senkrecht zur Richtung der anfänglich geraden Feder bewegt, dieser eine von 0 bis f steigende Durchbiegung erteilt. Das Federende ist vergrößert in der Nebenfigur von Abb. 128 gezeichnet. Man berechne die während des beschriebenen Vorganges geleistete Arbeit der Reibung zwischen Feder und Auflager, bestimme den Wert der Abmessung e des Federendes (siehe Abb. 128), für welchen

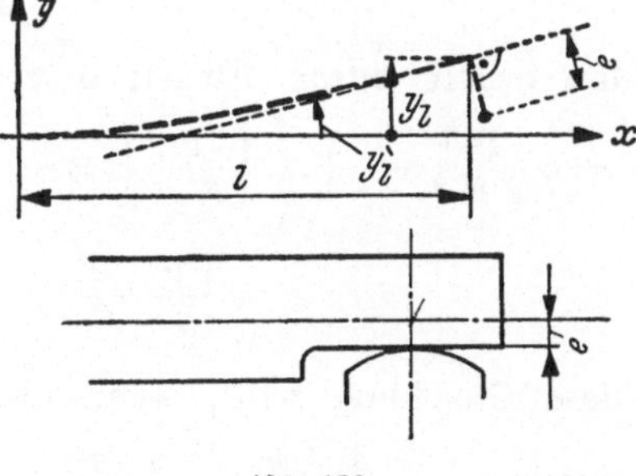

Abb. 128.

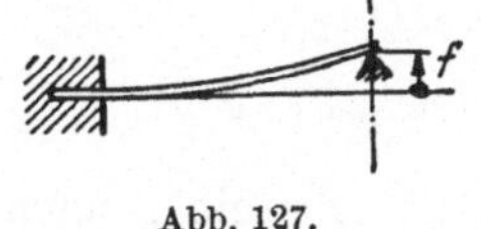

Abb. 127.

die Reibungsarbeit den geringsten Betrag annimmt und diesen selbst. (Wichtig für Schwinggeräte mit Blattfedern!)

Die mit Reibung verbundene Verschiebung s des Federendes gegenüber dem Auflager ist die Überlagerung zweier Effekte. 1. Schiefstellung des Federendes um die Neigung y_l' der Feder an ihrem Ende in Verbindung damit, daß die Auflagerung der Feder nicht in die neutrale Zone fällt; dies ergibt die Verschiebung $s_1 = y_l'\, e$. 2. Wanderung des Federendes gegen die Einspannstelle zu infolge der Krümmung der Feder. Dies ergibt die Verschiebung s_2. Diese ist nach den Ermittlungen in der 81. Übung (statt s_2 heißt es dort p) $s_2 = \dfrac{1}{2} \sum y'^2\, dx$. Die Gesamtverschiebung ist $s = s_1 - s_2$, also

$$s = e\, y_l' - \frac{1}{2} \int_0^l y'^2\, dx. \tag{1}$$

10*

Ist M das Biegemoment, P die Kraft, welche die Durchbiegung y_l erzeugt, J das Biegeträgheitsmoment, E der Elastizitätsmodul, dann gilt $\dfrac{dy^2}{dx^2} = \dfrac{M}{E\,J} = \dfrac{P\,(l-x)}{E\,J}$. Einmalige Integration und Konstantenbestimmung gibt

$$\frac{dy}{dx} = y' = \frac{P}{E\,J}\left(l\,x - \frac{x^2}{2}\right). \tag{2}$$

Für das Federende erhält man daraus mit $x = l$

$$y_l' = \frac{P\,l^2}{2\,E\,J}. \tag{3}$$

Die abermalige Integration und Konstantenbestimmung gibt

$$y = \frac{P}{E\,J}\left(\frac{l\,x^2}{2} - \frac{x^3}{6}\right), \quad \text{woraus mit } x = l \text{ folgt}$$

$$y_l = \frac{P\,l^3}{3\,E\,J}. \tag{3a}$$

Man erhält durch Einsetzen von Gl. (3) und (2) in Gl. (1):

$$s = e\,\frac{P\,l^2}{2\,E\,J} - \frac{1}{2}\int\limits_0^l \left[\frac{P}{E\,J}\left(l\,x - \frac{x^2}{2}\right)\right]^2 dx, \quad \text{oder ausgeführt:}$$

$$s = \frac{e\,l^2}{2}\,\frac{P}{E\,J} - \frac{l^5}{15}\left(\frac{P}{E\,J}\right)^2.$$

Diese Gleichung wird, wenn man aus Gl. (3a) $P = \dfrac{3\,y_l\,E\,J}{l^3}$ einsetzt, $s = \dfrac{3}{2}\,\dfrac{e\,y_l}{l} - \dfrac{3}{5}\,\dfrac{y_l^2}{l}$. Diese Gleichung gibt, nach y_l differenziert:

$$ds = \left(\frac{3}{2}\,\frac{e}{l} - \frac{6}{5}\,\frac{y_l}{l}\right)dy_l. \tag{4}$$

Die Reibungszahl heiße μ. Das Differential der Reibungsarbeit ist, je nachdem $ds > 0$ oder $ds < 0$, anzusetzen:

$$dA = -\mu\,P\,ds, \tag{5}$$

$$dA = \mu\,P\,ds. \tag{6}$$

Aus Gl. (4) folgt, daß $ds > 0$ für $0 < y_l < \dfrac{5}{4}\,e$, $ds < 0$ für $y_l > \dfrac{5}{4}\,e$. Während des betrachteten Vorganges ist daher stets $ds > 0$, wenn $f < \dfrac{5}{4}\,e$; dann gilt Gl. (5) uneingeschränkt und es wird

$$A = -\int\limits_0^f \mu\,P\,ds. \tag{7}$$

Gl. (4) und $P = \dfrac{3\,y_l\,E\,J}{l^3}$ aus Gl. (3a) eingesetzt und die Integration durchgeführt:

$$A = -\frac{\mu\,E\,J}{l^4}\left(\frac{9}{4}\,e\,f^2 - \frac{6}{5}\,f^3\right). \tag{8}$$

Im Fall $f > \dfrac{4}{5}\,e$ liefert Gl. (7) mit der oberen Grenze $f = \dfrac{4}{5}\,e$ die Reibungsarbeit A' im ersten Bewegungsabschnitt, in dem $ds > 0$, also y_l von 0 bis $\dfrac{4}{5}\,e$ steigt, somit ist

$$A' = -\int_0^{\frac{4}{5}l} \mu\,P\,ds.$$

Die Reibungsarbeit A'' während des anschließenden Bewegungsabschnittes ist, da wegen $ds < 0$ Gl. (6) gilt, $A'' = +\int_{\frac{4}{5}l}^{f} \mu\,P\,ds$ und daher die gesamte Reibungsarbeit

$$A = A' + A'' = -\int_0^{\frac{4}{5}l} \mu\,P\,ds + \int_{\frac{4}{5}l}^{f} \mu\,P\,ds = -\int_0^{\frac{4}{5}l} \mu\,P\,ds +$$

$$+ \int_0^{f} \mu\,P\,ds - \int_0^{\frac{4}{5}l} \mu\,P\,ds \text{ oder}$$

$$A = -2\int_0^{\frac{4}{5}l} \mu\,P\,ds + \int_0^{f} \mu\,P\,ds.$$

Gl. (4) und $P = \dfrac{3\,y_l\,E\,J}{l^3}$ aus Gl. (3) eingesetzt und die Integration durchgeführt:

$$A = -\frac{\mu\,E\,J}{l^4}\left[\frac{75}{32}\,e^3 + \frac{6}{5}\,f^3 - \frac{9}{4}\,e\,f^2\right]. \tag{9}$$

Zusammenfassung, wobei die Gl. (8) und (9) umgeschrieben sind:

$$\text{Für } \frac{e}{f} \geqq \frac{4}{5} \qquad A = -\frac{\mu\,E\,J\,f^3}{l^4}\left[\frac{9}{4}\left(\frac{e}{f}\right) - \frac{6}{5}\right].$$

$$\text{Für } \frac{e}{f} \leqq \frac{4}{5} \qquad A = -\frac{\mu\,E\,J\,f^3}{l^4}\left[\frac{75}{32}\left(\frac{e}{f}\right)^3 - \frac{9}{4}\left(\frac{e}{f}\right) + \frac{6}{5}\right].$$

Soll der Betrag von A ein Minimum werden, muß jedenfalls $\dfrac{e}{f} < \dfrac{4}{5}$ sein. Eine einfache Minimumrechnung gibt

$$\boxed{\frac{e}{f} = \frac{2}{5}\,\sqrt{2} = 0{,}566.}$$

Damit wird die geringste Reibungsarbeit

$$\boxed{A = -\frac{6 - 3\,\sqrt{2}}{5}\,\frac{\mu\,E\,J\,f^3}{l^4} = -\,0{,}352\,\frac{\mu\,E\,J\,f^3}{l^4}.}$$

83. Übung.

Um wieviel muß der Dorn, auf den eine Schraubenfeder bei der Herstellung aufgewickelt wird, kleiner sein als der Innendurchmesser der fertigen Schraubenfeder, wenn diese den mittleren Windungsdurchmesser D_f aufweisen soll und der Federdraht den Durchmesser d hat?

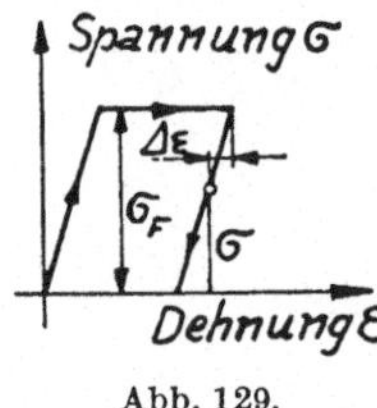

Abb. 129.

Beim Wickeln wird das Federmaterial zum Teil plastisch. Mit Berechtigung kann angenommen werden, alle Abschnitte des Federdrahtes verhalten sich gleich. Dann bleiben die Drahtquerschnitte genau eben. Für den Übergang vom elastischen Zustand in den plastischen, für diesen selbst und für den umgekehrten Übergang macht man folgende, etwas vereinfachte Annahmen, wobei einachsiger Spannungszustand vorausgesetzt ist: Dehnt oder staucht man das Material und übersteigt der Betrag der Zug- bzw. Druckspannung den Betrag der Fließgrenze σ_F, dann wird es plastisch; dehnt bzw. staucht man es weiter, dann bleibt der Betrag der Zug- bzw. Druckspannung gleich dem der Fließgrenze. Bei jeder Verminderung der Dehnung bzw. Stauchung wird das Material sogleich wieder elastisch und die Zugspannung bzw. Druckspannung vermindert sich proportional der Abnahme der Dehnung bzw. Stauchung.

In Abb. 129 ist dies bildlich dargestellt. Ist ε die Dehnung, $\Delta\varepsilon$ deren Verminderung (bei nachlassender Stauchung ist $\Delta\varepsilon < 0$), E der Elastizitätsmodul, dann gilt also für den elastischen Zustand nach einem plastischen

$$\sigma = \pm\,\sigma_F - \Delta\varepsilon\cdot E. \tag{1}$$

(Oberes Vorzeichen nach plastischem Zugzustand, unteres nach plastischem Druckzustand.)

Da dem beim Wickeln des Drahtes angewendeten Zug nur geringe Zugspannungen entsprechen, bleibt auch während des Wickelns die Schicht des Federdrahtes (neutrale Schicht) mit einem Durchmesser D gleich dem der Drahtachse fast ungedehnt (Abb. 130). Gegenüber dem geraden Zustand des Drahtes vor dem Wickeln ist daher die Dehnung im Abstand y von der neutralen Schicht bei eben bleibenden Querschnitten

$$\varepsilon = \frac{y}{D/2} = 2\,\frac{y}{D}. \qquad (2)$$

Wenn der Draht auf dem Dorn aufgewickelt ist (Abb. 131), wird $D = D_W$. Dabei bleibt das Material in einem Bereiche elastisch, an dessen Grenzen $\varepsilon = \dfrac{\pm\,\sigma_F}{E}$ ist. Diese sind daher, Anwendung von Gl. (2) mit $D = D_W$ und $\varepsilon = \dfrac{\pm\,\sigma_F}{E}$, durch $y_E = \pm\,\dfrac{D_W}{2}\,\dfrac{\sigma_F}{E}$ festgelegt.

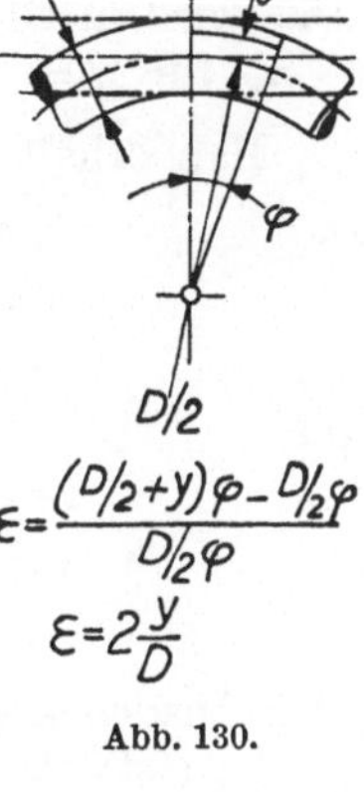

Abb. 130.

Bei normalem Federstahl ist etwa $\sigma_F = 10\,000$ kg/cm², $E = 2\,000\,000$ kg/cm², daher $y_E = \pm\,\dfrac{D_w}{400}$, d. h. der elastisch bleibende Teil des Drahtes ist auch bei verhältnismäßig dünndrahtigen Federn vernachlässigbar klein gegenüber dem plastisch verformten Teil. Diese Vernachlässigung ist erst recht begründet bei der folgenden Biegemomentbetrachtung. Nach dem Wickeln muß das Biegemoment im Federdraht Null sein, d. h. wenn df ein Element des Drahtquerschnittes f ist:

$$\int_{y=-d/2}^{y=d/2} \sigma\,df\,y = 0. \qquad (3)$$

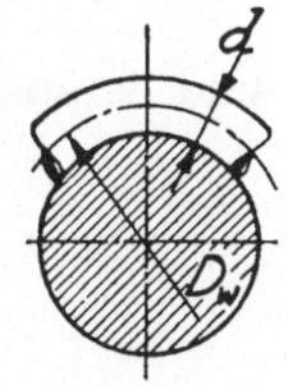

Abb. 131.

σ ist, da annähernd alles Material plastisch war, nach Gl. (1) einzusetzen. Auf dem Dorn hatte der Federdraht nach Gl. (2) die Dehnungen $\varepsilon = 2\,\dfrac{y}{D_W}$, nach dem Wickeln sind diese, infolge Vergrößerung von D_W auf D_f, auf $\varepsilon = 2\,\dfrac{y}{D_f}$ zurückgegangen, also ist

$$\Delta\varepsilon = 2\,y\left(\frac{1}{D_w} - \frac{1}{D_f}\right) = 2\,y\,\frac{D_f - D_W}{D_W\,D_f}.$$

$D_f - D_W = \Delta D$ ist der gesuchte Durchmesserunterschied; da er klein ist, kann man statt $D_W\, D_f$ näherungsweise D_f^2 setzen, so daß $\Delta\varepsilon = 2\,\dfrac{\Delta D}{D_f^2}\,y$ wird und damit Gl. (1) lautet:

$$\sigma = \pm\,\sigma_F - 2\,\frac{\Delta D}{D_f^2}\,E\,y.$$

Das wird in Gl. (3) eingesetzt, wobei $+\,\sigma_F$ für $y = 0 \ldots d/2$ und $-\sigma_F$ für $y = -d/2 \ldots 0$ gilt.

Man erhält

$$-\sigma_F \int\limits_{y=-d/2}^{y=0} y\,df + \sigma_F \int\limits_{y=0}^{y=d/2} y\,df - 2\,\frac{\Delta D}{D_f^2}\,E \int\limits_{y=-d/2}^{y=d/2} y^2\,df = 0$$

oder

$$\sigma_F\left[\int\limits_{y=0}^{y=d/2} y\,df - \int\limits_{y=-d/2}^{y=0} y\,df\right] - 2\,\frac{\Delta D}{D_f^2}\,E \int\limits_{y=-d/2}^{y=-d/2} y^2\,df = 0.$$

Der Ausdruck in $[\ldots]$ ist das doppelte statische Moment einer Halbkreisfläche vom Durchmesser d, bezogen auf diesen, und beträgt $d^3/6$. Das letzte Integral ist das Trägheitsmoment einer Kreisfläche vom Durchmesser d, bezogen auf einen solchen, und beträgt $\pi\,\dfrac{d^4}{64}$. Es ergibt sich durch Einsetzen dieser Werte

$$\sigma_F\,\frac{d^3}{6} - 2\,\frac{\Delta\dot D}{D_f^2}\,E\,\pi\,\frac{d^4}{64} = 0$$

und daraus

$$\boxed{\;\Delta D = \frac{16}{3\,\pi}\,\frac{D_f^2}{d}\cdot\frac{\sigma_F}{E}\;.}$$

V. Elastische Schwingungen und Wellen.

84. Übung.

Ein irgendwie gestützter oder eingespannter gerader elastischer Stab trägt eingespannt einen starren symmetrischen Körper (Abb. 132). Der Körperschwerpunkt liegt auf der Stabachse. Welche Bewegung vollführt der Körper in seiner Symmetrieebene, welche mit einer Hauptträgheitsebene des Stabes zusammenfallen möge?

Es bezeichne:

m die Masse des Körpers,

J sein Trägheitsmoment für die Schwerachse senkrecht zur Symmetrieebene,

y die Durchbiegung des Stabes am Sitze des Körpers,

φ den Biegewinkel daselbst.

Der Körper übt auf den Stab die Kraft P und das Kräftepaar M aus. Die Bewegungsgleichungen des Körpers sind

$$\left. \begin{array}{l} m\,\ddot{y} = -\,P, \\ J\,\ddot{\varphi} = -\,M. \end{array} \right\} \qquad (1)$$

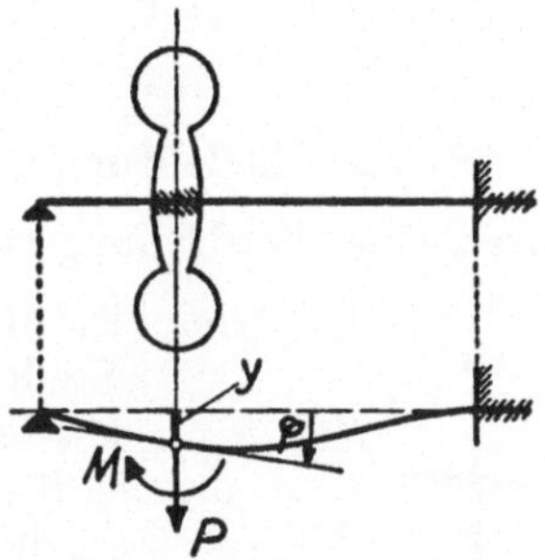

Abb. 132.

Die Durchbiegung für $P = 1$ heiße α.

Die Durchbiegung für $M = 1$ heiße β.

Der Biegewinkel für $M = 1$ heiße γ.

Der Biegewinkel für $P = 1$ ist gleich β, was sich leicht aus dem Satz von Maxwell von der Gegenseitigkeit der Verschiebungen erklärt.

Es ist also

$$y = \alpha\,P + \beta\,M, \qquad \varphi = \gamma\,M + \beta\,P.$$

Daraus wird

$$P = \frac{\gamma\,y - \beta\,\varphi}{\alpha\,\gamma - \beta^2}, \qquad M = \frac{\alpha\,\varphi - \beta\,y}{\alpha\,\gamma - \beta^2}.$$

Diese beiden Gleichungen werden in die Bewegungsgleichungen (1) eingesetzt:

$$m\,\ddot{y} = \frac{-\,\gamma\,y + \beta\,\varphi}{\alpha\,\gamma - \beta^2}, \qquad (2)$$

$$J\,\ddot{\varphi} = \frac{-\,\alpha\,\varphi + \beta\,y}{\alpha\,\gamma - \beta^2}. \qquad (3)$$

Um aus diesen beiden simultanen Differentialgleichungen eine Differentialgleichung, z. B. für y zu bilden, wird zunächst aus Gl. (2) und (3) φ eliminiert:

$$y + \alpha\,m\,\ddot{y} + \beta\,J\,\ddot{\varphi} = 0. \qquad (4)$$

Weiter werden Gl. (3) und Gl. (4) jede zweimal nach der Zeit differenziert:

$$J\,\overset{\ldots\ldots}{\varphi}\,(\alpha\,\gamma - \beta^2) + \alpha\,\ddot{\varphi} - \beta\,\ddot{y} = 0. \qquad (5)$$

$$\alpha\,m\,\overset{\ldots\ldots}{y} + \ddot{y} + \beta\,J\,\overset{\ldots\ldots}{\varphi} = 0. \qquad (6)$$

Aus den Gl. (4), (5), (6) können nunmehr $\ddot{\varphi}$ und $\ddddot{\varphi}$ eliminiert werden:

$$\ddddot{y} + \ddot{y}\,\frac{\dfrac{1}{\alpha\,m} + \dfrac{1}{\gamma\,J}}{1 - \dfrac{\beta^2}{\alpha\,\gamma}} + y\,\frac{\dfrac{1}{\alpha\,m} \cdot \dfrac{1}{\gamma\,J}}{1 - \dfrac{\beta^2}{\alpha\,\gamma}} = 0. \tag{7}$$

Man führt zweckmäßig ein

$$\frac{1}{\alpha\,m} = \omega_m{}^2, \tag{8}$$

$$\frac{1}{\gamma\,J} = \omega_J{}^2. \tag{9}$$

Aus der Bedeutung von $\dfrac{1}{\alpha}$ und $\dfrac{1}{\gamma}$, welche eine Verschiebungs- bzw. eine Verdrehungssteifigkeit darstellen, ergibt sich:

Abb. 133.

ω_m ist die Schwingungsfrequenz einer an die Stelle des Körpers tretenden konzentrierten Masse von der Größe der Masse des Körpers.

ω_J ist die Schwingungsfrequenz der Drehung eines an die Stelle des Körpers tretenden Gebildes mit verschwindender Masse und mit einem Trägheitsmoment von der Größe des Trägheitsmomentes des Körpers. Ein derartiges Gebilde kann man sich (Abb. 133) aus zwei sehr weit voneinander entfernten, sehr kleinen Massen bestehend, denken, die durch masselose, starre Verbindungen untereinander und mit dem federnden Stab zusammenhängen.

Die Einführung von Gl. (8) und (9) in Gl. (7) ergibt:

$$\ddddot{y} + \ddot{y}\,\frac{\omega_m{}^2 + \omega_J{}^2}{1 - \dfrac{\beta^2}{\alpha\,\gamma}} + y\,\frac{\omega_m{}^2 \cdot \omega_J{}^2}{1 - \dfrac{\beta^2}{\alpha\,\gamma}} = 0. \tag{10}$$

Zu dieser linearen homogenen Differentialgleichung mit konstanten Koeffizienten gehört als sogenannte charakteristische Gleichung

$$\varrho^4 + \varrho^2\,\frac{\omega_m{}^2 + \omega_J{}^2}{1 - \dfrac{\beta^2}{\alpha\,\gamma}} + \frac{\omega_m{}^2 \cdot \omega_J{}^2}{1 - \dfrac{\beta^2}{\alpha\,\gamma}} = 0. \tag{11}$$

Sie hat vier Wurzeln entsprechend den zwei Werten von ϱ^2:

$$\varrho_{\mathrm{I,\,II}}{}^2 = -\frac{1}{2\left(1 - \dfrac{\beta^2}{\alpha\,\gamma}\right)}\left[\omega_m{}^2 + \omega_J{}^2 \pm \right.$$

$$\left. \pm \sqrt{(\omega_m{}^2 - \omega_J{}^2)^2 + 4\,\frac{\beta^2}{\alpha\,\gamma}\,\omega_m{}^2\omega_J{}^2}\,\right].$$

Wenn man annimmt $\varrho_I^2 < 0$ und $\varrho_{II}^2 < 0$, was später nachgewiesen wird, dann haben die vier Wurzeln von Gl. (11) die Form:

$$\varrho_1 = + i \sqrt{-\varrho_I^2}\,, \qquad \varrho_3 = + i \sqrt{-\varrho_{II}^2}\,,$$
$$\varrho_2 = - i \sqrt{-\varrho_I^2}\,, \qquad \varrho_4 = - i \sqrt{-\varrho_{II}^2}\,.$$

Man erkennt daraus, daß das Integral von Gl. (10), also die Verschiebung des Körperschwerpunktes, durch Überlagerung von zwei Sinusschwingungen mit den Kreisfrequenzen $\sqrt{-\varrho_I^2}$ und $\sqrt{-\varrho_{II}^2}$ gegeben ist, und ebenso ist es mit der Verdrehung φ des Körpers, wie leicht aus Gl. (4) zu folgern ist.

Für die beiden auftretenden Kreisfrequenzen ω_I und ω_{II} besteht demnach die Gleichung:

$$\omega_{I,\,II}{}^2 = \frac{1}{2\left(1 - \dfrac{\beta^2}{\alpha\,\gamma}\right)}\left[\omega_m{}^2 + \omega_J{}^2 \pm \right.$$
$$\left. \pm \sqrt{(\omega_m{}^2 - \omega_J{}^2)^2 + 4\,\frac{\beta^2}{\alpha\,\gamma}\,\omega_m{}^2\,\omega_J{}^2}\right].$$

Die Amplituden und Phasenlagen der vier Schwingungen, die die Gesamtbewegung ausmachen, sind durch die Anfangsbedingungen bestimmt. Nachweis, daß stets $\varrho_{I,\,II}{}^2 < 0$:

Man forme den Ausdruck für ϱ^2 um in

$$\varrho_{I,\,II}{}^2 = \frac{-1}{2\left(1 - \dfrac{\beta^2}{\alpha\,\gamma}\right)}\left[(\omega_m{}^2 + \omega_J{}^2) \pm \right.$$
$$\left. \pm \sqrt{(\omega_m{}^2 + \omega_J{}^2)^2 - 4\,\omega_m{}^2\,\omega_J{}^2\left(1 - \frac{\beta^2}{\alpha\,\gamma}\right)}\right].$$

Ist $1 - \dfrac{\beta^2}{\alpha\,\gamma} > 0$, dann ist jedenfalls der Ausdruck $[\ldots] > 0$ und $\varrho_{I,\,II}{}^2 < 0$. Ist $1 - \dfrac{\beta^2}{\alpha\,\gamma} < 0$, dann ist beim oberen Vorzeichen der Ausdruck $[\ldots] > 0$ und daher $\varrho_I^2 > 0$; beim unteren Vorzeichen ist dagegen der Ausdruck $[\ldots] < 0$ und daher $\varrho_{II}^2 < 0$; alsdann ist y dargestellt durch einen Anteil, der einer Sinusschwingung entspricht, und einem Anteil, der einer hyperbolischen Sinusfunktion der Zeit folgt. Es würde sich daher y im Laufe der Zeit zu unendlich großen Werten steigern. Damit ist aber die Leistung einer unendlich großen Formänderungsarbeit verbunden, die mit der endlichen Anfangswucht des Systems nicht verträglich ist. Also ist physikalisch die Annahme $\varrho_{I,\,II}{}^2 < 0$ gerechtfertigt. Sie führt nach den vorigen Überlegungen auf die Tatsache, daß stets $\beta^2 < \alpha\,\gamma$. Es wäre interessant, dies auch unmittelbar aus der Lehre von der Biegung abzuleiten.

85. Übung.

Man ermittle die Eigenschwingungsfrequenzen der in Abb. 134 gezeigten Drehschwingungsanordnung. Die Drehsteifigkeiten (Momente je Bogeneinheit Verdrehung) des federnden Zahnrades und die der beiden Wellenstücke heißen bzw. C, c, γ. Die Trägheitsmomente sind laut Abbildung J, i, ι, wobei J auf die gemeinsame Welle reduziert ist.

Ein mit der Kreisfrequenz ω drehschwingender Körper hat im Augenblick der Amplitude A (Bogenmaß) die Winkelbeschleunigung $-A\,\omega^2$. Nach der Schwingungslehre treten die Amplituden A, a, α der drei Massenkörper gleichzeitig ein. In diesem Augenblick wird das System betrachtet und für jede Masse das dynamische Grundgesetz für Drehung aufgestellt, wobei noch die Drehungsamplitude X der Welle, dort wo das Zahnrad sitzt, einzuführen ist:

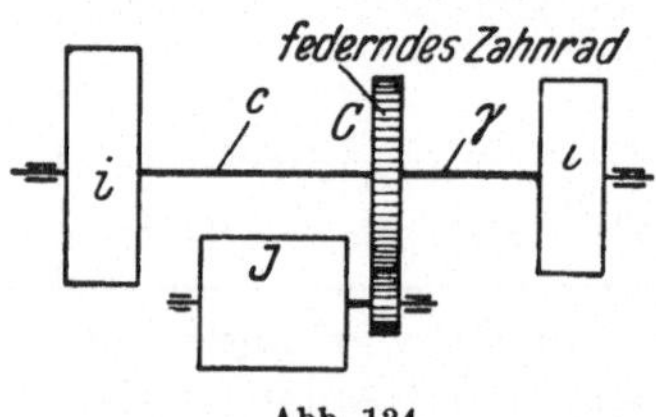

Abb. 134.

$$\left.\begin{aligned} -A\,J\,\omega^2 &= C\,(X-A),\\ -a\,i\,\omega^2 &= c\,(X-a),\\ -\alpha\,\iota\,\omega^2 &= \gamma\,(X-\alpha). \end{aligned}\right\} \quad (1)$$

Da die federnden Teile masselos gedacht sind, ist die Summe der Reaktionen der Drehmomente, welche auf die Massenkörper wirken, gleich Null:

$$-C\,(X-A) - c\,(X-a) - \gamma\,(X-\alpha) = 0$$

oder

$$X = \frac{C\,A + c\,a + \gamma\,\alpha}{C + c + \gamma}. \qquad (2)$$

Gl. (2) in die Gl. (1) eingesetzt ergibt:

$$\begin{aligned}
A\,[C\,(c+\gamma) &- J\,(C+c+\gamma)\,\omega^2] - a\,C\,c\\
-A\,C\,c &\qquad\qquad\qquad\qquad + a\,[c\,(C+\gamma) -\\
-A\,C\,\gamma &\qquad\qquad\qquad\qquad\quad - a\,c\,\gamma\\
&\quad - \alpha\,C\,\gamma \qquad\qquad\qquad\qquad\qquad = 0\\
&- i\,(C+c+\gamma)\,\omega^2] - \alpha\,c\,\gamma \qquad\qquad\qquad = 0\\
&\qquad + \alpha\,[\gamma\,(C+c) - \iota\,(C+c+\gamma)\,\omega^2] = 0
\end{aligned}$$

Aus diesen Gleichungen können A, a, α bestimmt werden; da sie aber homogen sind, haben sie nach der Gleichungslehre nur dann von Null verschiedene Lösungen für A, a, α, d. h. Eigenschwingungen kommen nur dann zustande, wenn die Determinante

$$D = \begin{vmatrix} C(c+\gamma) - J(C+c+\gamma)\omega^2, & -Cc, & -C\gamma, \\ -Cc, & c(C+\gamma) - i(C+c+\gamma)\omega^2, & -c\gamma, \\ -C\gamma, & -c\gamma, & \gamma(C+c) - \iota(C+c+\gamma)\omega^2, \end{vmatrix}$$

verschwindet.

$D = 0$, oder nach längerer Ausrechnung

$$\omega^2 \left[\omega^4 - \omega^2 \frac{\dfrac{C(c+\gamma)}{J} + \dfrac{c(\gamma+C)}{i} + \dfrac{\gamma(C+c)}{\iota}}{C+c+\gamma} + \frac{(J+i+\iota)\,C \cdot c \cdot \gamma}{J \cdot i \cdot \iota\,(C+c+\gamma)} \right] = 0,$$

ist die Beziehung zur Bestimmung der Eigenkreisfrequenzen. Die Lösungen $\omega = \pm\,0$ sind bedeutungslos, es bleibt als maßgebende Gleichung für die zwei Eigenkreisfrequenzen:

$$\boxed{\;\omega^4 - \omega^2 \frac{\dfrac{C(c+\gamma)}{J} + \dfrac{c(\gamma+C)}{i} + \dfrac{\gamma(C+c)}{\iota}}{C+c+\gamma} + \; + \frac{(J+i+\iota)\,C \cdot c \cdot \gamma}{J\,i\,\iota\,(C+c+\gamma)} = 0.\;}$$

86. Übung.

Ein Fliehgewicht von der Masse m ist (Abb. 135) radial zu einer mit der gleichförmigen Winkelgeschwindigkeit ω umlaufenden waagrechten Welle beweglich und steht unter der Wirkung einer Feder mit der Steifigkeit c. Welche Bewegungen macht das Fliehgewicht in seiner Führung?

Es sei r die Entfernung der Masse von der Drehachse. Bei entspannter Feder habe r den Wert a (Schwingungsmittellage von m, wenn die Welle nicht umläuft und die Führung waagrecht stünde).

Um die Relativbewegung des Fliehgewichtes wie eine absolute zu verfolgen, muß radial die Fliehkraft $m\,r\,\omega^2$ (und senkrecht dazu die negative Corioliskraft $m\,2\,\dot r\,\omega$) fingiert werden.

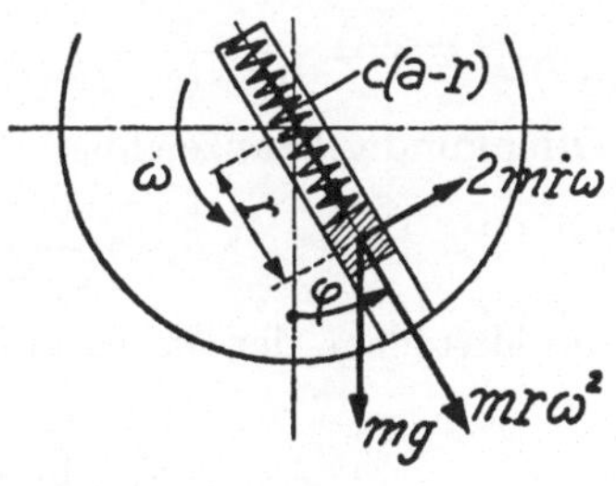

Abb. 135.

Die Zeit t werde von einem Durchgang der Führungsrichtung durch die Lotrechte an gezählt. Dann ist der Winkel φ der Führungsrichtung gegen das Lot: $\varphi = \omega\,t$. Ist g die Beschleunigung der Schwere, dann hat diese eine Projektion $m\,g\cos\varphi =$

$= m\,g\cos\omega\,t$ auf die Führungsrichtung. Die Federkraft ist $c\,(a-r)$. Die Bewegungsgleichung lautet

$$m\,\ddot{r} = m\,r\,\omega^2 + c\,(a-r) + m\,g\cos\omega\,t$$

oder

$$\ddot{r} + \left(\frac{c}{m} - \omega^2\right) r = \frac{c}{m}\,a + g\cos\omega\,t. \tag{1}$$

Man führt vorteilhaft ein

$$\frac{c}{m} = \omega_0^{\,2}. \tag{2}$$

ω_0 ist, wie ohne weiteres einleuchtet, die Kreisfrequenz der harmonischen Eigenschwingungen von m, die *ohne Umlauf* der Welle auftreten. Mit Gl. (2) schreibt sich Gl. (1)

$$\ddot{r} + (\omega_0^{\,2} - \omega^2)\,r = \omega_0^{\,2}\,a + g\cos\omega\,t. \tag{1a}$$

Das Integral von Gl. (1a) ist (siehe die Ausführungen zur 31. Übung) mit A und α als Integrationskonstanten

$$r = A\sin\left(\alpha + \sqrt{\omega_0^{\,2} - \omega^2}\,t\right) + \frac{a}{1 - (\omega/\omega_0)^2} +$$

$$+ \frac{g}{\omega_0^{\,2}\,[1 - 2\,(\omega/\omega_0)^2]}\cos\omega\,t.$$

In der Bewegung von m stecken, der letzten Gleichung zufolge, zwei harmonische Schwingungen, die eine mit der Kreisfrequenz $\omega_e = \sqrt{\omega_0^{\,2} - \omega^2}$, die andere mit der Kreisfrequenz ω der harmonisch verlaufenden Impulse der Schwere. Bei der geringsten Dämpfung klingt die erste Schwingung, die Eigenschwingung von m *bei Umlauf*, allmählich ab, so daß nur zurückbleibt:

$$r = \frac{a}{1 - (\omega/\omega_0)^2} + \frac{g}{\omega_0^{\,2}\,[1 - 2\,(\omega/\omega_0)^2]}\cos\omega\,t. \tag{3}$$

Offenkundig kennzeichnet

$$\frac{a}{1 - (\omega/\omega_0)^2} = r_m \tag{4}$$

die Mittellage der Masse m beim Schwingen und ist

$$\frac{g}{\omega_0^{\,2}\,[1 - 2\,(\omega/\omega_0)^2]} = \Delta r \tag{5}$$

die Amplitude der Schwingungen.

Man erkennt:

1. Für $\omega = \omega_0/\sqrt{2}$ werden die Amplituden unendlich groß, die Mittellage der Masse bleibt im endlichen. Die Kreisfrequenz der Eigenschwingungen bei Umlauf ist der Winkelgeschwindigkeit der Welle gleich.

2. Für $\omega = \omega_0$ rückt die Mittellage der Masse ins Unendliche, und zwar'unabhängig von der Schwere. Die Schwingungsamplitude bleibt dabei endlich. Die Kreisfrequenz der Eigenschwingungen bei Umlauf ist Null.

3. Wird ω im Verhältnis zu ω_0 sehr groß, dann rückt die Mittellage der Masse ins Wellenmittel und die Schwingungen verschwinden außerdem.

Mit der Erscheinung der kritischen Drehzahl einer elastischen Welle, auf der eine Masse sitzt, verglichen, ergeben sich zum Teil Analogien, zum Teil Gegensätze. Die letzteren bestehen vor allem darin, daß die Schwere für das Schleudern von Wellen keine Rolle spielt.

87. Übung.

Ein schwingungsfähiges System nach Abb. 136, bestehend aus der Masse M und einer Feder von der Steifigkeit C, sei mit einer

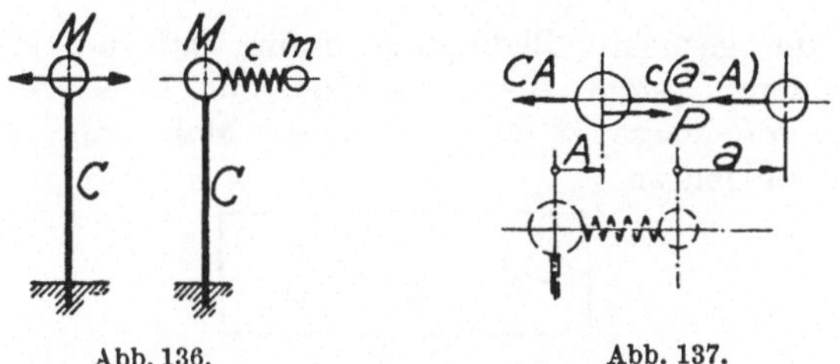

Abb. 136.   Abb. 137.

an M angreifenden, sinusförmig mit der Kreisfrequenz ω_0 pulsierenden Kraft in Resonanz. Man kann die Ausschläge von M verschwinden machen, indem man an M eine Masse m mittels einer passenden Feder (Steifigkeit c) ankoppelt. Welchen Bedingungen müssen dabei m und c genügen und wie groß wird dann der Ausschlag der Masse m? Wie werden die Ausschläge von M bei beliebigen Kreisfrequenzen ω der erregenden Kraft? Wann ist die letztere mit dem Gesamtsystem in Resonanz?

Damit, ohne Ankopplung von m, das System in Resonanz ist, muß bekanntlich sein:

$$M\,\omega_0{}^2 = C. \tag{1}$$

Abb. 137 zeigt das Gesamtsystem in einem Augenblick, in welchem die erregende Kraft und die Ausschläge von M und m ihre Amplitudenwerte haben. Diese sollen P, A, a heißen. Die Beschleunigungen von M und m sind im betrachteten Augenblick bekanntlich $-A\,\omega^2$ bzw. $-a\,\omega^2$ und daher ergibt das dynamische Grundgesetz:

Masse M: $P + c\,(a - A) - C\,A = -M\,A\,\omega^2$ oder

$$P + c\,a - (C - M\,\omega^2 + c)\,A = 0. \tag{2}$$

Masse m: $-c\,(a - A) = -m\,a\,\omega^2$ oder

$$-(c - m\,\omega^2)\,a + c\,A = 0. \tag{3}$$

Durch Entfernen von a aus den Gl. (2) und (3) wird

$$A = \frac{P}{C - M\,\omega^2 - \dfrac{c\,m\,\omega^2}{c - m\,\omega^2}}. \tag{4}$$

Für $\omega = \omega_0$ erhält man daraus bei Einsetzen von Gl. (1)

$$A_0 = -P\,\frac{c - m\,\omega_0{}^2}{c\,m\,\omega_0{}^2}.$$

Es wird also $A_0 = 0$, wenn

$$c = m\,\omega_0{}^2. \tag{5}$$

Dies ist die gesuchte Bedingung dafür, daß bei ursprünglich resonierendem System die Ausschläge der Masse M nach Ankopplung der Masse m verschwinden. Man kann Gl. (5) mit Gl. (1) vereinigen zu

$$\boxed{\;\omega_0{}^2 = \frac{C}{M} = \frac{c}{m}\;.\;} \tag{6}$$

Wenn die Schwingungen der Masse M ausgelöscht sind, sind die Amplituden der Ausschläge von m:

$$\boxed{\;a_0 = -\frac{P}{c} = -\frac{P}{m\,\omega_0{}^2}\;.\;}$$

Es folgt dies aus Gl. (2) mit $A = 0$.

In Gl. (4) kann gemäß Gl. (6) gesetzt werden $C = M\,\omega_0{}^2$, $c = m\,\omega_0{}^2$. Dann wird, wenn zur einfacheren Schreibung $\dfrac{\omega}{\omega_0} = x$ genannt wird,

$$\boxed{\;A = \frac{P}{M\,\omega_0{}^2}\bigg/1 - x^2\left(1 + \frac{m/M}{1 - x^2}\right).\;} \tag{7}$$

Bei Resonanz des Gesamtsystems mit der erregenden Kraft wird rechnerisch $A = \infty$, und zwar, indem der Nennerausdruck in Gl. (7) Null wird. Daraus kann die Kreisfrequenz ω_r der erregenden Kraft für den Resonanzfall bestimmt werden:

$$\omega_r{}^2 = \omega_0{}^2 \left[\left(1 + \frac{m}{2\,M}\right) \pm \sqrt{\left(1 + \frac{m}{2\,M}\right)^2 - 1}\,\right].$$

Wie zu erwarten, ergeben sich zwei Beträge für ω_r.

88. Übung.

Der Körper, in welchen das in Abb. 138 gezeichnete Winkeleisen eingespannt ist, macht eine Sinusschwingung (Amplitude a, Kreisfrequenz ω) senkrecht zur Ebene des einen Winkelschenkels. Unter welchen Bedingungen macht die am Ende des Winkeleisens sitzende Masse m Resonanzschwingungen?

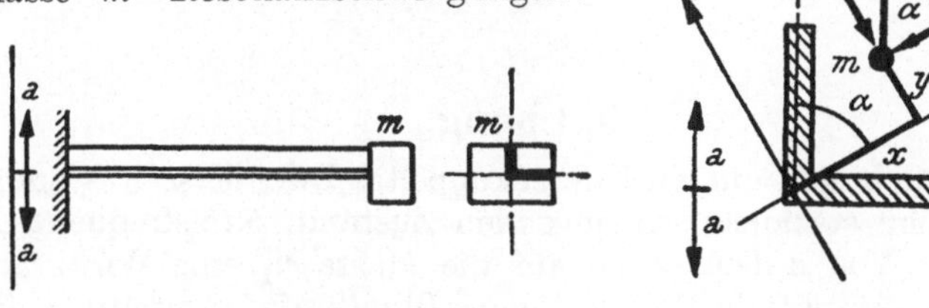

Abb. 138.   Abb. 139.

Betrachtung der Relativbewegung von m gegen ein Achsenkreuz, Abb. 139, welches mit dem schwingenden Körper starr verbunden ist und dessen Ebenen xz und yz parallel zu den Trägheitshauptachsen der Winkeleisenquerschnitte sind. Die untersuchte Bewegung von m kommt zustande unter Einwirkung der absoluten Kraft und der negativen Führungskraft. Die am Ende des Winkeleisens wirkenden Querbelastungen, die dort Durchbiegungen der Größe „eins" in Richtung x bzw. y erzeugen, haben ebenfalls diese Richtungen und sollen c_x und c_y heißen. Dann sind die Komponenten der Absolutkraft in x- bzw. y-Richtung

$$X_a = - c_x\,x, \qquad Y_a = - c_y\,y.$$

Da die Beschleunigung der Sinusschwingung $s = a \sin \omega t$ gleich ist $\ddot{s} = - a\,\omega^2 \sin \omega t$, ist die negative Führungskraft $- m\,\ddot{s} = = m\,a\,\omega^2 \sin \omega t$ und hat die Komponenten

$$X_{-F} = m\,a\,\omega^2 \cos \alpha \sin \omega t, \qquad Y_{-F} = m\,a\,w^2 \sin \alpha \sin \omega t.$$

Die Bewegungsgleichungen von m bezüglich des eingeführten Achsenkreuzes lauten nach obigem daher

$$m\,\ddot{x} = X_a + X_{-F} = -c_x\,x + m\,a\,\omega^2 \cos\alpha \sin\omega\,t,$$

$$m\,\ddot{y} = Y_a + Y_{-F} = -c_y\,y + m\,a\,\omega^2 \sin\alpha \sin\omega\,t$$

oder umgeformt

$$m\,\ddot{x} + c_x\,x = m\,a\,\omega^2 \cos\alpha \sin\omega\,t,$$

$$m\,\ddot{y} + c_y\,y = m\,a\,\omega^2 \sin\alpha \sin\omega\,t.$$

Das genügt, um zu erkennen, daß Resonanzschwingungen — bei Abwesenheit von Dämpfungen unendliche Ausschläge in irgend einer Richtung — der Masse m entstehen, wenn

$$\boxed{\omega^2 = \frac{c_x}{m}} \quad \text{oder} \quad \boxed{\omega^2 = \frac{c_y}{m}}.$$

Es bestehen also, wenn $c_x \lessgtr c_y$ zwei Resonanzmöglichkeiten.

89. Übung.

Es handelt sich um ein federgekoppeltes Zwei-Massen-System, Abb. 140, im stationär schwingenden Zustand, Kreisfrequenz ω.

Von außen wirke auf die Masse m_1 eine Wirkkraft, Amplitude Q_1, und eine Blindkraft, Amplitude P_1, und auf die Masse m_2 eine Wirkkraft, Amplitude Q_2, und eine Blindkraft, Amplitude P_2. Man bilde drei vom Phasenwinkel α zwischen den Amplituden A_1 und A_2 der Massen freie dynamische Gleichungen, so zwar, daß die erste die Blindkräfte, die zweite die Wirkkräfte, die dritte die Steifigkeit c der Kopplungsfeder nicht enthält. Sind diese drei Gleichungen für den Vorgang hinreichend?

Abb. 140.

Für jede der beiden Massen läßt sich eine zeitvektorielle Bewegungsgleichung aufstellen. Jede dieser ist in zwei nicht vektorielle Gleichungen spaltbar, so daß sich vier solcher ergeben. Sie enthalten zweifellos den Phasenwinkel α zwischen den Amplituden der beiden Massen. Durch seine Elimination ergeben sich daher drei von ihm freie Gleichungen. Die hier gesuchten Gleichungen sind daher hinreichend.

Von der Kupplungsfeder wird ausgeübt auf m_1 die Kraft $\overline{F}_1 = c\,(\overline{A}_2 - \overline{A}_1)$, auf m_2 die Kraft $\overline{F}_2 = c\,(\overline{A}_1 - \overline{A}_2)$.

Bewegungsgleichungen für m_1 und m_2:

$$- m_1 \overline{A_1} \omega^2 = \overline{P_1} + \overline{Q_1} + \overline{F_1}, \quad - m_2 \overline{A_2} \omega^2 = \overline{P_2} + \overline{Q_2} + \overline{F_2}.$$

Nach Einsetzen von $\overline{F_1}$ und $\overline{F_2}$ wird:

$$\overline{A_1} (c - m_1 \omega^2) - c \overline{A_2} = \overline{P_1} + \overline{Q_1},$$
$$\overline{A_2} (c - m_1 \omega^2) - c \overline{A_1} = \overline{P_2} + \overline{Q_2}.$$

In Abb. 141 sind die Vektordiagramme gezeichnet, welche diesen beiden Gleichungen entsprechen. Definitionsgemäß sind Blindkräfte zur Amplitude gleichphasig, Wirkkräfte zur Amplitude der *Geschwindigkeit* gleichphasig (zur Amplitude also um 90° voreilend) einzutragen.

Man liest ab:

$$Q_1 = - c A_2 \sin \quad (180° - \alpha)$$
$$\text{oder} \quad Q_1 = - c A_2 \sin \alpha,$$
$$Q_2 = - c A_1 \sin - (180° - \alpha)$$
$$\text{oder} \quad Q_2 = \quad c A_1 \sin \alpha.$$

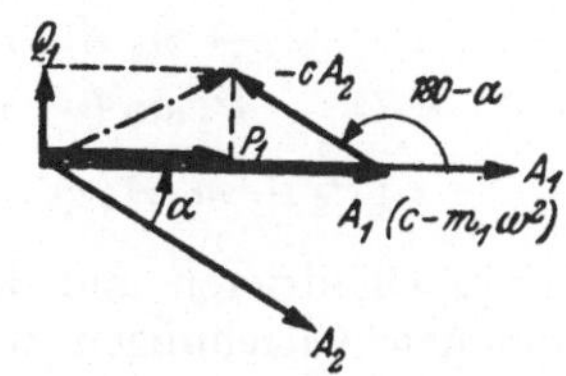

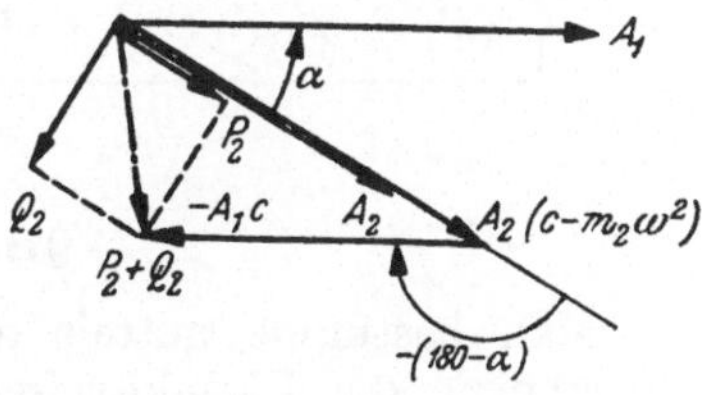

Abb. 141.

Durch Division wird $\sin \alpha$ eliminiert und man erhält

$$\boxed{Q_1 A_1 + Q_2 A_2 = 0.} \tag{1}$$

(Dieses Ergebnis wäre auch aus der Leistungsbilanz des Systems abzuleiten gewesen.)

Man liest aus Abb. 141 weiter ab:

$$P_1 = A_1 (c - m_1 \omega^2) - c A_2 \cos (180° - \alpha) \quad \text{oder}$$
$$P_1 - A_1 (c - m_1 \omega^2) = c A_2 \cos \alpha,$$
$$P_2 = A_2 (c - m_2 \omega^2) - c A_1 \cos - (180° - \alpha) \quad \text{oder}$$
$$P_2 - A_2 (c - m_2 \omega^2) = c A_1 \cos \alpha.$$

Durch Division wird $\cos \alpha$ eliminiert und man erhält

$$\boxed{A_1 [P_1 - A_1 (c - m_1 \omega^2)] = A_2 [P_2 - A_2 (c - m_2 \omega^2)].} \tag{2}$$

Die dritte der gesuchten Gleichungen, die von c freie, kann einfach durch Anwendung des Schwerpunktsatzes gefunden werden; z. B. durch seine Anschreibung für die beiden Augenblicke des größten Ausschlages und der größten Geschwindigkeit von m_1. An Hand der Abb. 141 wird

$$- m_1 A_1 \omega^2 - m_2 A_2 \omega^2 \cos(-\alpha) =$$
$$= P_1 + P_2 \cos(-\alpha) + Q_2 \cos[-(90+\alpha)] \quad \text{oder}$$
$$(P_2 + m_2 A_2 \omega^2) \cos\alpha - Q_2 \sin\alpha = -(P_1 + m_1 A_1 \omega^2),$$
$$- m_2 A_2 \omega^2 \sin(-\alpha) =$$
$$= Q_1 + P_2 \sin(-\alpha) + Q_2 \sin[-(90°+x)] \quad \text{oder}$$
$$(P_2 + m_2 A_2 \omega^2) \sin\alpha + Q_2 \cos\alpha = Q_1.$$

Durch Quadrieren und darauffolgendes Addieren der beiden gefundenen Gleichungen wird α eliminiert, wobei herauskommt:

$$\boxed{(P_1 + m_1 A_1 \omega^2)^2 + Q_1{}^2 = (P_2 + m_2 A_2 \omega^2)^2 + Q_2{}^2.} \quad (3)$$

90. Übung.

Man bestimme mittels der in der 89. Übung gewonnenen Ergebnisse die Eigenkreisfrequenzen des in Abb. 142 gezeigten Schwingungssystems. (Bezeichnungen wie in der 89. Übung.)

Die von den beiden Federn, welche sich gegen den festen Raum abstützen und deren Steifigkeiten c_1 bzw. c_2 seien, ausgeübten Kräfte sind Blindkräfte und haben die Amplituden $P_1 = - c_1 A_1$, $P_2 = - c_2 A_2$. Es ist hier $Q_1 = Q_2 = 0$. Die Gl. (1), (2), (3) der 89. Übung lauten dann $0 = 0$,

$$A_1 [A_1 c_1 + A_1 (c - m_1 \omega^2)] =$$
$$= A_2 [A_2 c_2 + A_2 (c - m_2 \omega^2)] \quad \text{oder}$$
$$A_1{}^2 [(c_1 + c) - m_1 \omega^2] = A_2{}^2 [(c_2 + c) - m_2 \omega^2], \quad (1)$$
$$(- A_1 c_1 + m_1 A_1 \omega^2)^2 =$$
$$= (- A_2 c_2 + m_2 A_2 \omega^2)^2 \quad \text{oder}$$
$$A_1{}^2 (c_1 - m_1 \omega^2)^2 = A_2{}^2 (c_2 - m_2 \omega^2)^2. \quad (2)$$

Abb. 142.

Division von Gl. (1) und (2) ergibt, wobei A_1 und A_2 wegfallen,

$$\frac{(c_1 + c) - m_1 \omega^2}{(c_1 - m_1 \omega^2)^2} = \frac{(c_2 + c) - m_2 \omega^2}{(c_2 - m_2 \omega^2)^2}.$$

Daraus folgt die kubische Gleichung zur Bestimmung von ω^2

$$\omega^6\, m_1\, m_2\, (m_1 - m_2) - \omega^4\, [2\, m_1\, m_2\, (c_1 - c_2) + c\, (m_1{}^2 - m_2{}^2) +$$
$$+ m_1{}^2\, c_2 - m_2{}^2\, c_1] + \omega^2\, [2\, c_1\, c_2\, (m_1 - m_2) + 2\, c\, (c_1\, m_1 - c_2\, m_2) +$$
$$+ c_1{}^2\, m_2 - c_2{}^2\, m_1] - (c_1 - c_2)\, [c_1\, c_2 + c\, (c_1 + c_2)] = 0.$$

91. Übung.

Die beiden Massen der stationär schwingenden Anordnung nach Abb. 143 erfahren Reibungskräfte, welche (Proportionalitätsfaktoren k_1 bzw. k_2) der Geschwindigkeit proportional sind. Die Schwingung wird unterhalten durch eine auf m_2 wirkende pulsierende Kraft, deren Amplitude K heiße. K soll, und zwar unabhängig von der Größe der Dämpfungszahlen k_1, k_2, eine reine Wirkkraft sein. Man leite die Bedingung hierfür mittels der in der 89. Übung gewonnenen Beziehungen her.

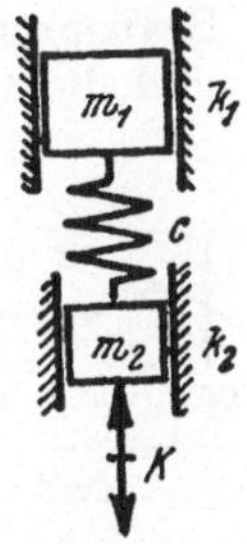

Es ist mit den Bezeichnungen der 89. Übung:
$$P_1 = P_2 = 0, \quad Q_1 = - k_1\, A_1\, \omega, \quad Q_2 = K - k_2\, A_2\, \omega.$$
Damit lauten die Gl. (1), (2), (3) der 89. Übung:

$$- k_1\, A_1{}^2\, \omega + (K - k_2\, A_2\, \omega)\, A_2 = 0, \qquad (1)$$
$$- A_1{}^2\, (c - m_1\, \omega^2) = - A_2{}^2\, (c - m_2\, \omega^2), \qquad (2)$$
$$(m_1\, A_1\, \omega^2)^2 + (k_1\, A_1\, \omega)^2 = (m_2\, A_2\, \omega^2) + (K - k_2\, A_2\, \omega)^2. \qquad (3)$$

Abb. 143.

Aus der Gl. (1) folgt $K - k_2\, A_2\, \omega = k_1\, A_1\, \omega\, \dfrac{A_1}{A_2}$.

Das wird in die Gl. (3) eingesetzt:

$$(m_1\, A_1\, \omega)^2 + (k_1\, A_1)^2 = (m_2\, A_2\, \omega)^2 + (k_1\, A_1)^2 \left(\frac{A_1}{A_2}\right)^2 \text{ oder}$$

$$(m_1\, \omega)^2 + k_1{}^2 = (m_2\, \omega)^2 \left(\frac{A_2}{A_1}\right)^2 + k_1 \left(\frac{A_1}{A_2}\right)^2 \text{ oder}$$

$$\omega^2 \left[m_1{}^2 - m_2{}^2 \left(\frac{A_2}{A_1}\right)^2\right] + k_1{}^2 \left[1 - \left(\frac{A_1}{A_2}\right)^2\right] = 0.$$

In diese Gleichung werden die aus der Gl. (2) gebildeten Amplitudenverhältnisse $\dfrac{A_2}{A_1}$ und $\dfrac{A_1}{A_2}$ eingesetzt:

$$\omega^2 \left[m_1{}^2 - m_2{}^2\, \frac{c - m_1\, \omega^2}{c - m_2\, \omega^2}\right] + k_1{}^2 \left[1 - \frac{c - m_2\, \omega^2}{c - m_1\, \omega^2}\right] = 0.$$

Soll diese Gleichung unabhängig von der Größe von k_1 bestehen, dann muß jede ihrer beiden Klammerausdrücke verschwinden. Das ist für $\boxed{m_2 = m_1}$ der Fall. Auf die Größe der Federsteifigkeit c kommt es dabei nicht an! Im übrigen ergibt sich mit $m_1 = m_2$ aus Gl. (2) $\boxed{A_2 = A_1}$ und damit aus Gl. (3)

$$\boxed{K = (k_1 + k_2)\, A_1\, \omega.}$$

92. Übung.

Zwei prismatische oder zylindrische, völlig elastische Körper gleichen Querschnittes und gleichen Materials stoßen axial aufeinander. Wie lange dauert der Stoßvorgang? Welche größte Beanspruchung tritt in den beiden Körpern auf? Wie groß sind die Geschwindigkeiten nach dem Stoß?

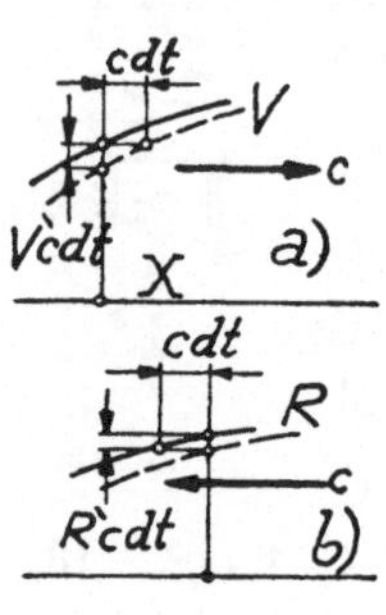

Abb. 144.

Längsbewegungen von prismatischen oder zylindrischen elastischen Körpern können bekanntlich wie folgt beschrieben werden:

Trägt man senkrecht zur Körperachse die Wege der einzelnen Stabpunkte auf, und zwar gerechnet von einer Anfangslage im spannungslosen Stab, dann ist die so entstehende Kurve die Überlagerung zweier Kurven, welche, ohne ihre Form zu verändern, mit der Schallgeschwindigkeit c, die dem Stoff des Körpers eigentümlich ist, längs der Körperachse laufen, und zwar in entgegengesetzten Richtungen. Die beiden Kurven heißen Vorwärtswelle und Rückwärtswelle; ihre Ordinaten mögen V und R sein, ihre Steilheiten gegen die Körperachse V' und R'.

Abb. 144a und 144b stellen das Weiterrücken der V- bzw. der R-Welle während eines Zeitteilchens dt, also um $c\,dt$, dar. Der Punkt des Körpers, der im spannungslosen Zustand die Stelle x der Stabachse einnahm, verändert seine Lage während der Zeit dt infolge des Zusammenwirkens beider Wellen um $-c\,dt\,V' + c\,dt\,R'$, wie aus der Abb. 144 unmittelbar hervorgeht. Die Geschwindigkeit des Punktes ist daher

$$v = \frac{-c\,dt\,V' + c\,dt\,R'}{dt},$$

also

$$v = c\,(-V' + R'). \tag{1}$$

Die Steilheit der oben eingeführten, Wege darstellenden Kurve ist die örtliche Dehnung des Körpers, sie ist also gleich $V' + R'$, und mit dem Elastizitätsmodul E des Körpers wird die Spannung in ihm

$$\sigma = E\,(V' + R'). \tag{2}$$

(σ ist positiv bei Zug, negativ bei Druck.)

Bei Verfolgung des Stoßes sei angenommen, der längere Körper, Länge L, stoße mit der Geschwindigkeit w auf den ruhenden kürzeren Körper von der Länge l (Abb. 145) (L und l sollen auch als Indices verwendet werden zur Kennzeichnung der beiden Körper).

Knapp vor dem Zusammentreffen sind beide Körper spannungslos, also ist nach Gl. (2) für *alle* Stellen derselben

$$V_L' + R_L' = 0$$
$$\text{und}$$
$$V_l' + R_l' = 0.$$

Außerdem ist nach Gl. (1)

$$w = c\,(- V_L' + R_L')$$
$$\text{und}$$
$$0 = - V_l' + R_l'$$

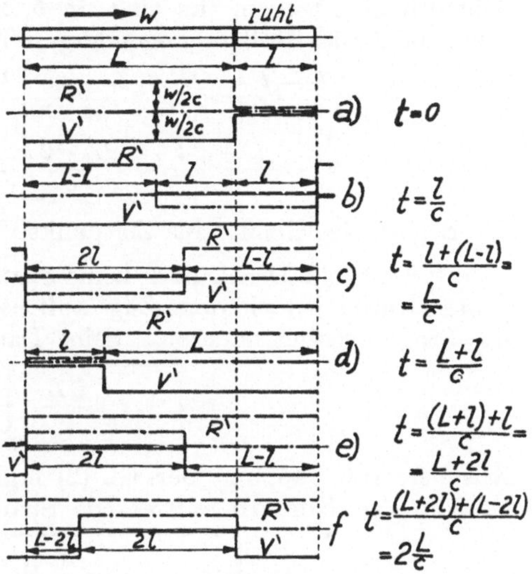

Abb. 145.

für *alle* Stellen des Körpers „L" bzw. „l". Aus diesen Gleichungen folgt

$$V_L' = - \frac{1}{2}\,\frac{w}{c}, \qquad R_L' = \frac{1}{2}\,\frac{w}{c}$$

$$\text{und} \quad V_l' = R_l' = 0.$$

Bei der Verfolgung des Stoßvorganges stellt man vorteilhaft nicht die Wellen V und R, sondern die Wellen V' und R' dar. Zu Beginn des Vorganges ergibt sich daher das Bild nach Abb. 145 a. - Solange der Stoß dauert, d. h. solange sich an den Berührungsstellen der beiden Körper Spannungen $\sigma \leqq 0$ ergeben, verhalten sich die beiden Körper natürlich wie ein einziger. Als Grenzbedingung muß dabei erfüllt sein, daß an den freien Körperenden die Spannungen $\sigma = 0$ sind, d. h. gemäß Gl. (2) $V' = - R'$. Es gilt daher für jedes freie Körperende: Die Höhe der *heraus*laufenden Welle der Neigungen muß in jedem Augenblick durch die Höhe der *hinein*laufenden Welle der Neigungen zu Null kompensiert werden. Das bestimmt die Gestalt der in die freien Körperenden *hinein*laufenden Wellen. In allen Bildern der Abb. 145 sind auch die Werte $\dfrac{V' + R'}{2} = \dfrac{\sigma}{2\,E}$ [nach Gl. (2)] zwecks Darstellung der Spannung in den Körpern eingetragen. Es sind in b, c, d, e, f charakteristische Augenblicke des Stoßvorganges dargestellt, und zwar die Zeitpunkte

$$\frac{l}{c}, \quad \frac{l}{c} + \frac{L-l}{c} = \frac{L}{c}, \quad \frac{L+l}{c}, \quad \frac{L+l}{c} + \frac{l}{c} = \frac{L+2\,l}{c},$$

$$\frac{L+2\,l}{c} + \frac{L-2\,l}{c} = \frac{2\,L}{c}$$

ab Beginn desselben. Bis Zeitpunkt $\dfrac{2\,L}{c}$ also Bild f, herrscht an der Stoßstelle Druck oder keine Spannung. Einen Augenblick später würde jedoch dort Zug auftreten, so daß f das Ende des Stoßvorganges darstellt. Seine Dauer t_s ist also

$$\boxed{t_s = \frac{2\,L}{c}.} \tag{3}$$

Aus der Abb. 145 und der Gl. (2) ergibt sich die größte beim Stoß in den Körpern auftretende Spannung σ_{max} zu

$$\boxed{\sigma_{\mathrm{max}} = \pm \frac{1}{2}\,E\,\frac{w}{c}.} \tag{4}$$

Als Druck tritt sie in beiden Körpern auf, Zug erfährt überhaupt nur der längere Körper.

Im Endaugenblick des Stoßes (Abb. 145, f) hat der kürzere Körper die einheitliche Geschwindigkeit w; vom längeren Körper hat ein $(L - 2\,l)$ langes Stück die Geschwindigkeit w und ein $2\,l$ langes Stück die Geschwindigkeit $\dfrac{w}{2}$. Wenn von der Geschwindigkeit des längeren Körpers nach dem Stoß die Rede sein soll, wird man darunter seine Schwerpunktsgeschwindigkeit w_s verstehen; sie ergibt sich aus dem Ansatz

$$w_s\,L = (L - 2\,l)\,w + 2\,l\,\frac{w}{2} = w\,(L - l)$$

zu

$$w_s = w\left(1 - \frac{l}{L}\right).$$

Im allgemeinen haben *beide* Körper bei Stoßbeginn Geschwindigkeiten; sie mögen v_L und v_l heißen, während bei Stoßende die Geschwindigkeiten $\bar{v}_L$ und $\bar{v}_l$ seien. Zur Behandlung dieses allgemeinen Falles denke man sich den oben verfolgten Sonderfall von einem in der Längsrichtung der Körper mit der gleichförmigen Geschwindigkeit u bewegten System verfolgt. Von diesem aus gesehen hat man

$$v_L = w - u, \quad v_l = -u, \quad \bar{v}_L = w_s - u = w\left(1 - \frac{l}{L}\right) - u, \quad \bar{v}_l = w - u.$$

Wenn man aus diesen Gleichungen u und w entfernt, erhält man:

$$\boxed{\bar{v}_l = v_L.} \tag{5}$$

$$\boxed{\bar{v}_L = v_L\left(1 - \frac{l}{L}\right) + v_l\,\frac{l}{L}.} \tag{6}$$

Der behandelte Stoßvorgang ist gut durch die Tatsache gekennzeichnet, daß die Rückprallgeschwindigkeit $(\bar{v}_L - \bar{v}_l)$ sich zur Aufprallgeschwindigkeit $(v_L - v_l)$ verhält wie $-\,l : L$, was sich aus den Gl. (5) und (6) ergibt.

Das Verhalten der hier betrachteten Körper ist wesentlich anders als beim „klassischen Stoß“, bei dem doch, wieder völlig elastisches Verhalten vorausgesetzt, die Rückprallgeschwindigkeit der entgegengesetzten Aufprallgeschwindigkeit gleich ist. Beim „klassischen Stoß“ werden nämlich (was selten betont wird) Körper vorausgesetzt, deren Nachgiebigkeit auf die nächste Umgebung der Stoßstelle beschränkt ist, wobei die Masse dieser Körperteile im Vergleich zur Körpermasse vernachlässigbar ist.

Beurteilt man im oben behandelten Fall die lebendige Kraft, was naheliegend ist, nur nach den Schwerpunktgeschwindigkeiten der Körper, dann ergibt sich ein scheinbarer Verlust an lebendiger Kraft infolge des Stoßes, trotzdem völlig elastisches Verhalten angenommen ist. Wenn $l = L$, dann verschwindet der Unterschied gegenüber dem „klassischen Stoß“ bezüglich der Geschwindigkeiten und des Stoßverlustes.

93. Übung.

Ebenso wie prismatische oder zylindrische Stäbe in der 92. Übung sind auch Schraubenfedern Gebilde mit über die Länge gleichförmig verteilter Masse und Elastizität. Daher folgen die Längsbewegungen von Schraubenfedern in grundsätzlicher Hinsicht den in der 92. Übung angeführten Gesetzmäßigkeiten. Welche Unterschiede herrschen jedoch im einzelnen?

Ist E der Elastizitätsmodul des Stabmaterials, ϱ dessen Masse je Raumeinheit (Dichte), dann ist die Schallgeschwindigkeit im Stabe $c = \sqrt{\dfrac{E}{\varrho}}$, was auch $c = \sqrt{\dfrac{E f}{\varrho f}}$ geschrieben werden kann, wobei f den Stabquerschnitt bedeute. Es ist $\varrho f = \mu$ die Masse der Längeneinheit, $E f = P_{\varepsilon=1}$ die Kraft, welche die Dehnung $\varepsilon = 1$ bewirkt, also ist auch

$$c = \sqrt{\frac{P_{\varepsilon=1}}{\mu}}.$$

Ist C die Federungskonstante, also die Kraft, um den Stab von der Länge l um die Längeneinheit zu verlängern, dann ist $P_{\varepsilon=1} = C l$ und damit

$$c = \sqrt{\frac{C l}{\mu}}. \tag{1}$$

Die Größen C, l, μ sind auch bei der Schraubenfeder definiert; setzt man die für die Schraubenfeder gültigen Werte in Gl. (1) ein, dann erhält man in c die Größe, welche hier an die Stelle der Schallgeschwindigkeit im Stabe tritt.

Für eine nicht zu steile Schraubenfeder vom Drahtdurchmesser d, dem mittleren Windungsradius r, mit der Windungszahl n und aus einem Material von der Dichte ϱ und dem Gleitmodul G kann gesetzt werden

$$\mu = \frac{\dfrac{d^2 \pi}{4} \cdot 2\, r\, \pi\, n\, \varrho}{l} = \frac{\pi^2}{2}\, \frac{d^2\, r\, n\, \varrho}{l}$$

und

$$C = \frac{G\, d^4}{64\, n\, r^3}: \tag{2}$$

In Gl. (1) eingeführt, wird

$$c = \frac{d}{4\,\sqrt{2\,\pi\, r^2}} \cdot \frac{l}{n} \sqrt{\frac{G}{\varrho}}.$$

Es ist $\dfrac{l}{n} = h$ die Ganghöhe der Feder, daher

$$\boxed{c = \frac{1}{4\,\sqrt{2\,\pi}} \cdot \frac{d\, h}{r^2} \sqrt{\frac{G}{\varrho}}.} \tag{3}$$

Die Länge der Feder hat mithin keinen Einfluß auf c, und im übrigen kommt es nur auf das Material und auf Verhältniszahlen $\dfrac{d}{r}$ und $\dfrac{h}{r}$ an.[1]

---

[1] Für Federstahl erhält man aus Gl. (3) etwa $c = 180 \dfrac{d\,h}{r^2} \left[\dfrac{\mathrm{m}}{\sec}\right]$.

Rechnet man c aus Gl. (3), dann gilt naturgemäß die Gl. (1) aus der 92. Übung auch für die Schraubenfeder.

Mit f erweitert, lautet die Gl. (2) der 92. Übung $\sigma f = E f$ $(V' + R')$. Es ist $\sigma f = P$ die Kraft im Stab und nach Früherem $E f = P_{\varepsilon = 1}$, also

$$P = P_{\varepsilon = 1}\,(V' + R'). \tag{4}$$

P und $P_{\varepsilon = 1}$ sind auch für die Schraubenfeder definiert, und somit ersetzt bei der Schraubenfeder die Gl. (4) die Gl. (2) der 92. Übung. Nach früherem ist $P_{\varepsilon = 1} = C\,l$ und daher mit Gl. (2)

$$P_{\varepsilon = 1} = \frac{G\,d^4}{64\,r^3}\cdot\frac{l}{n};$$

führt man die Ganghöhe $h = \dfrac{l}{n}$ der Feder ein, dann wird

$$P_{\varepsilon = 1} = \frac{G}{64}\cdot\frac{d^4\,h}{r^3}. \tag{5}$$

94. Übung.

Eine mit der Kraft K (als Druckkraft *negatives* Vorzeichen!) gespannte Druckfeder stützt sich (Abb. 146) beidseitig in einem (freibeweglichen) Gehäuse von der Masse M ab. Welche Geschwindigkeiten werden dem Gehäuse und der Feder erteilt, wenn z. B. durch Bruch die eine Abstützung bei „F" verlorengeht?

Die Grundlagen zur Lösung sind in der 92. und 93. Übung gegeben. Zu Beginn des zu untersuchenden Vor-

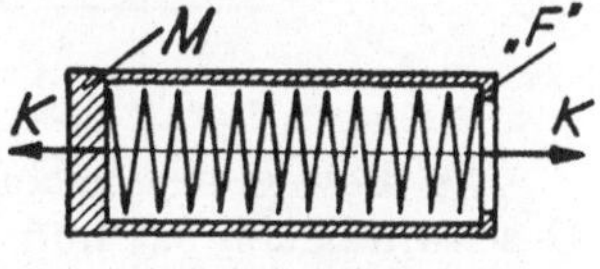

Abb. 146.

ganges ist für *alle* Stellen der Schraubenfeder die Kraft $P = K$ und die Geschwindigkeit $v = 0$. Also gilt für *alle* Stellen der Feder

$$P_{\varepsilon = 1}\,(V' + R') = K \qquad \text{[Gleichung (4), 93. Übung]}$$

sowie

$$c\,(-\,V' + R') = 0 \qquad \text{[Gleichung (1), 92. Übung]}.$$

Daraus folgt, daß anfangs auf der ganzen Länge der Feder ist:

$$V' = R' = \frac{K}{2\,P_{\varepsilon = 1}}. \tag{1}$$

Dies zeigt Abb. 147 a.

M soll, als Index verwendet, die Stelle der Feder ($x = 0$) bezeichnen, die mit der Masse M in Berührung ist.

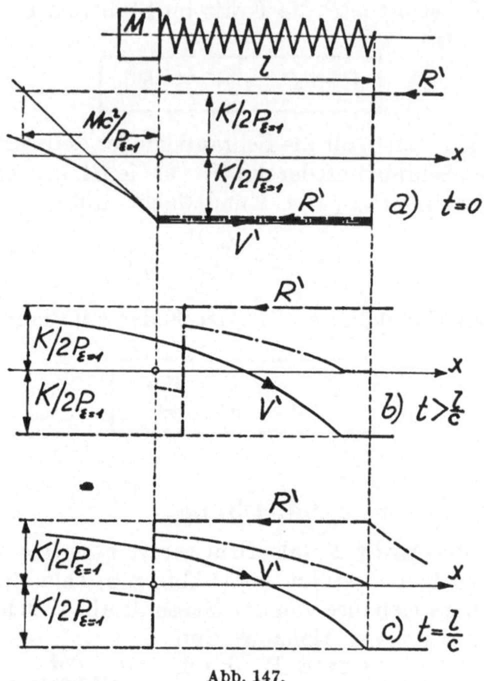

Abb. 147.

Die Bewegungsgleichung der Masse M lautet, wenn v_M ihre Geschwindigkeit ist und t die Zeit bedeutet

$$M \cdot \frac{dv_M}{dt} = P_M. \tag{2}$$

Aus Gl. (1) der 92. Übung folgt

$$\frac{dv_M}{dt} = c\left(-\frac{dV_M{}'}{dt} + \frac{dR_M{}'}{dt}\right)$$

und für P_M gilt [Gl. (4) der 93. Übung]

$$P_M = P_{\varepsilon=1}\,(V_M{}' + R_M{}').$$

Da die Welle R' sich gegen die Masse M zu hinbewegt, muß zunächst dauernd $R_M{}'$ auf dem durch Gl. (1) gegebenen Wert bleiben. Wenn dies berücksichtigt wird, lauten die beiden letzten Gleichungen:

$$\frac{d v_M}{d t} = - c \, \frac{d V_M{}'}{d t}, \qquad P_M = P_{\varepsilon=1}\left(V_M{}' + \frac{K}{2\,P_{\varepsilon=1}}\right).$$

Durch Einsetzen in Gl. (2) wird

$$- M \, \frac{c}{P_{\varepsilon=1}} \cdot \frac{d V_M{}'}{d t} = V_M{}' + \frac{K}{2\,P_{\varepsilon=1}}.$$

Das Integral davon lautet mit der Integrationskonstanten C

$$V_M{}' = \frac{-K}{2\,P_{\varepsilon=1}} + C\,e^{-\frac{P_{\varepsilon=1}}{M\,c}\,t}. \tag{3}$$

Zur Zeit $t=0$ ist überall nach Gl. (1) $V' = \dfrac{K}{2\,P_{\varepsilon=1}}$, also auch

$V_M{}' = \dfrac{K}{2\,P_{\varepsilon=1}}$; dadurch bestimmt sich die Integrationskonstante

zu $C = \dfrac{K}{P_{\varepsilon=1}}$ und die Gl. (3) wird:

$$V_M{}' = \frac{-K}{P_{\varepsilon=1}}\left(\frac{1}{2} - e^{-\frac{P_{\varepsilon=1}}{M\,c}\,t}\right). \tag{4}$$

Es interessiert die Gestalt des Teiles der Welle V', der in die Feder hineinläuft. Der Wert $V_M{}'$ zur Zeit t ist identisch mit dem Wert V' am Orte $x = -c\,t$ zur Zeit $t = 0$.

Es wird also in Gl. (4) t durch $-\dfrac{x}{c}$ vertreten, wobei sie übergeht in

$$V' = \frac{-K}{P_{\varepsilon=1}}\left(\frac{1}{2} - e^{\frac{P_{\varepsilon=1}}{M\,c^2}\,x}\right). \tag{5}$$

Der gesuchte Teil der Welle V' ist daher eine Exponentialkurve, wie sie Abb. 147 zeigt. Die Ortskonstante ist $\dfrac{M\,c^2}{P_{\varepsilon=1}}$, die Asymptote hat von der x-Achse den Abstand $\dfrac{-K}{2\,P_{\varepsilon=1}}$.

Am frei gewordenen Federende ist dauernd $P = 0$, daher zieht dort ein Wellenstück $R' = \dfrac{-K}{2\,P_{\varepsilon=1}}$ in die Feder ein, wie Abb. 147 zeigt.

Die Ordinaten der Kurve, die das arithmetische Mittel von V' und R' darstellt (sie ist in Abb. 147 strichpunktiert gezeichnet), sind gemäß Gl. (4) der 93. Übung ein Maß für P. Man hat daher Druck, wo diese Kurve unter der x-Achse, und Zug, wo die Kurve über der x-Achse verläuft.

Abb. 147 b stellt den Vorgang knapp vor dem Zeitpunkt $t = \dfrac{l}{c}$ dar, wo l die Federlänge bedeutet. Man erkennt, daß bisher stets an der Stelle M Druck herrschte.

Abb. 147 c gilt für $t = \dfrac{l}{c}$; der Druck der Feder auf die Masse M geht gerade durch Null hindurch, also stellt Abb. 147c den Augenblick der Trennung zwischen der Masse M und der Feder dar.

Für ihn gilt nach Gl. (4) mit $t = \dfrac{l}{c}$

$$V_M' = \frac{-K}{P_{\varepsilon=1}}\left(\frac{1}{2} - e^{-\frac{P_{\varepsilon=1}\, l}{M\,c^2}}\right);$$

die Abb. 147 c zeigt, daß R_M' gerade von $\dfrac{K}{2\,P_{\varepsilon=1}}$ auf $-\dfrac{K}{2\,P_{\varepsilon=1}}$ springt. Ein Zeitdifferential vor der Trennung zwischen Feder und Masse M hat diese daher [Anwendung von Gl. (1) der 92. Übung] die Geschwindigkeit

$$v_M = c\left[\frac{K}{P_{\varepsilon=1}}\left(\frac{1}{2} - e^{-\frac{P_{\varepsilon=1}\, l}{M\,c^2}}\right) + \frac{K}{2\,P_{\varepsilon=1}}\right]$$

oder

$$v_M = c\,\frac{K}{P_{\varepsilon=1}}\left(1 - e^{-\frac{P_{\varepsilon=1}\, l}{M\,c^2}}\right). \tag{6}$$

Der Exponent von e stellt sich mittels der in der 93. Übung angegebenen Beziehungen als das negative Verhältnis der Federmasse M_F zur Masse M heraus.

$\dfrac{K}{P_{\varepsilon=1}}$ ist die Dehnung ε_0 der Feder im eingebauten Zustand.

(ε ist als Stauchung negativ!)

Mit alldem wird Gl. (6)

$$\boxed{\;v_M = c\,\varepsilon_0\left(1 - e^{-\frac{M_F}{M}}\right).\;} \tag{7}$$

Unter der Geschwindigkeit v_F, welche der Feder erteilt wird, versteht man zweckmäßig die ihres Schwerpunktes, da ja die verschiedenen Teile der Feder verschiedene Geschwindigkeiten erlangen. Da der gemeinsame Schwerpunkt des Ganzen in Ruhe bleiben muß, gilt der Ansatz $v_M M + v_F M_F = 0$. Gl. (7) eingesetzt, gibt

$$v_F = - c\,\varepsilon_0 \frac{M}{M_F}\left(1 - e^{-\frac{M_F}{M}}\right). \tag{8}$$

Wenn M_F/M verschwindend klein wird, hat man den Fall, daß eine Feder, die sich gegen einen unbeweglichen Körper abstützt, losschnellt. Gl. (8) ergibt dabei durch Ausrechnung der unbestimmten Form $\infty \cdot 0$:

$$v_F = - c\,\varepsilon_0.$$

95. Übung.

Wie verändern sich die Wellen V' und R', von denen in der 92. Übung die Rede war, beim Passieren der Grenzfläche zweier Stäbe verschiedenen Querschnittes und verschiedener Schallgeschwindigkeit?

Der Stab, der im Sinne der Laufrichtung von V' der vordere ist, werde durch Index v, der andere durch Index r gekennzeichnet. An der Grenze der beiden Stäbe haben sie nur ein und dieselbe Geschwindigkeit, so daß gemäß Gl. (1) der 92. Übung ist:

$$c_v\,(- V_v' + R_v') = c_r\,(- V_r' + R_r'). \tag{1}$$

Die innere Stabkraft K ist mit dem Stabquerschnitt f und der Spannung σ verknüpft durch

$$K = f\,\sigma, \tag{2}$$

so daß sich mit Gl. (2) der 92. Übung ergibt:

$$K = f\,E\,(V' + R'). \tag{3}$$

Nach dem Satz von Aktion und Reaktion gibt es auch an der Grenzstelle zweier Stäbe nur *einen* Wert der Stabkraft. Die Anwendung von Gl. (3) auf die Grenzfläche ergibt daher

$$f_v\,E_v\,(V_v' + R_v') = f_r\,E_r\,(V_r' + R_r'). \tag{4}$$

Allerdings muß man sich klar darüber sein, daß dies nur mit gewisser Annäherung gilt, denn wenn $f_v \lessgtr f_r$, ist in der Nähe der Grenzfläche der Spannungszustand sicher kein einachsiger, was aber Voraussetzung für die Richtigkeit der Vorstellung von den beiden Wellen V' und R' ist.

Es wird stets in den Anwendungen V_r' und R_v' gegeben und nach V_v' und R_r' gefragt sein. Diese beiden letzteren Größen folgen aus der Auflösung der Gl. (1) und (4):

$$V_v' = V_r' \frac{2}{\dfrac{c_v}{c_r} + \dfrac{f_v}{f_r}\dfrac{E_v}{E_r}} + R_v' \frac{\dfrac{c_v}{c_r} - \dfrac{f_v}{f_r}\dfrac{E_v}{E_r}}{\dfrac{c_v}{c_r} + \dfrac{f_v}{f_r}\dfrac{E_v}{E_r}}.$$

$$R_r' = R_v' \frac{2}{\dfrac{c_r}{c_v} + \dfrac{f_r}{f_v}\cdot\dfrac{E_r}{E_v}} + V_r' \frac{\dfrac{c_r}{c_v} - \dfrac{f_r}{f_v}\cdot\dfrac{E_r}{E_v}}{\dfrac{c_r}{c_v} + \dfrac{f_r}{f_v}\cdot\dfrac{E_r}{E_v}}.$$

Die Schallgeschwindigkeit ist, wenn ϱ die Masse der Volumeneinheit bedeutet, bekanntlich $c = \sqrt{\dfrac{E}{\varrho}}$; daraus ergeben sich die in den obigen Gleichungen auftretenden Verhältnisse

$\dfrac{E_v}{E_r}$ und $\dfrac{E_r}{E_v}$ zu $\dfrac{E_v}{E_r} = \left(\dfrac{c_v}{c_r}\right)^2 \dfrac{\varrho_v}{\varrho_r}$ und $\dfrac{E_r}{E_v} = \left(\dfrac{c_r}{c_v}\right)^2 \dfrac{\varrho_r}{\varrho_v}$.

Wenn man das oben einsetzt, erkennt man die Zweckmäßigkeit der Einführung von $\mu = f\varrho$, der Masse der Längeneinheit. Es wird dann

$$\left.\begin{aligned}
V_v' &= V_r' \frac{2\,(c_r/c_v)^2}{c_r/c_v + \mu_v/\mu_r} + R_v' \frac{c_r/c_v - \mu_v/\mu_r}{c_r/c_v + \mu_v/\mu_r} \\[2mm]
R_r' &= R_v' \frac{2\,(c_v/c_r)^2}{c_v/c_r + \mu_r/\mu_v} + V_r' \frac{c_v/c_r - \mu_v/\mu_r}{c_v/c_r + \mu_v/\mu_r}
\end{aligned}\right\} \qquad (5)$$

Im Sonderfall gleicher Schallgeschwindigkeiten, $c_v = c_r$, ergibt sich daraus

$$V_v' = \frac{2\,V_r' + (1 - \mu_v/\mu_r)\,R_v'}{1 + \mu_v/\mu_r},$$

$$R_r' = \frac{2\,R_v' + (1 - \mu_r/\mu_v)\,V_r'}{1 + \mu_r/\mu_v}$$

und daraus wieder bemerkenswerterweise

$$V_v' - V_r' = -\left(R_r' - R_v'\right) = \frac{\mu_r - \mu_v}{\mu_r + \mu_v}\,(V_r' + R_v'). \qquad (6)$$

Beim Durchschreiten der Grenzfläche machen also in diesem Fall die Wellen V' und R' gleich große, aber entgegengesetzte Sprünge, und zwar proportional der Summe der beiden in die Grenzfläche hineinlaufenden Wellen.

96. Übung.

Es ist die in einem in der 92. und 93. Übung behandelten Stab oder ähnlichem Gebilde steckende Energie unter der Vorstellung von Vorwärts- und Rückwärtswelle zu bestimmen.

Bezeichnungen wie in den obgenannten Übungen. Die Energie $\mathfrak{E}$ besteht hier aus Wucht $\mathfrak{E}_m$ und elastischer Energie $\mathfrak{E}_e$. Es ist also für ein Längenelement:

$$d\mathfrak{E} = \frac{1}{2}\,(\mu\,dx)\,v^2 + \frac{1}{2}\,P\,(\varepsilon\,dx). \tag{1}$$

In der 92. Übung wurde gefunden für v die dortige Gl. (1) und $\varepsilon = V' + R'$. Wird dies berücksichtigt, sowie $P = P_{\varepsilon=1}\cdot\varepsilon$, so erhält man aus Gl. (1)

$$d\mathfrak{E} = \frac{dx}{2}\,[\mu\,c^2\,(-\,V' + R')^2 + P_{\varepsilon=1}\,(V' + R')^2].$$

Aus der 93. Übung stammt $P_{\varepsilon=1} = c^2\mu$, so daß

$$d\mathfrak{E} = \frac{\mu\,c^2}{2}\,[(-\,V' + R')^2 + (V' + R')^2]\,dx \quad\text{oder}$$

$$d\mathfrak{E} = \frac{\mu\,c^2}{2}\,(V'^2 + R'^2)\,dx.$$

Die in einem endlichen Stück des Gebildes enthaltene Energie ist daher

$$\boxed{\;\mathfrak{E} = \frac{\mu\,c^2}{2}\,\left[\int V'^2\,dx + \int R'^2\,dx\right].\;}$$

(Die Integrale sind bestimmte!)

Sie setzt sich also aus den Energien, welche der Vorwärts- und der Rückwärtswelle zuzuschreiben sind, zusammen.

97. Übung.

In einem Punkte, Abb. 148, vereinigen sich n Rohre mit den Querschnitten $f_1 \ldots f_n$ und den Längen $l_1 \ldots l_n$. Die Rohrmündungen sind offen. Die Eigenschwingungsfrequenzen des von den Rohren eingeschlossenen Systems von Gassäulen sind zu bestimmen.

Man führt zweckmäßig die Wellenlängen λ der einzelnen harmonischen Eigenschwingungen ein. Aus λ folgt die Frequenz ν, wenn c die Schallgeschwindigkeit bedeutet, mittels der grundlegenden Beziehung

$$\lambda = \frac{c}{\nu}. \tag{1}$$

x Entfernung längs eines Rohres ab Mündung.

y Schwingungsweite der Gasteilchen.

A Schwingungsweite der Gasteilchen an einer Mündung.

v Amplitude der Gasgeschwindigkeit.

p Amplitude des Gasdruckes.

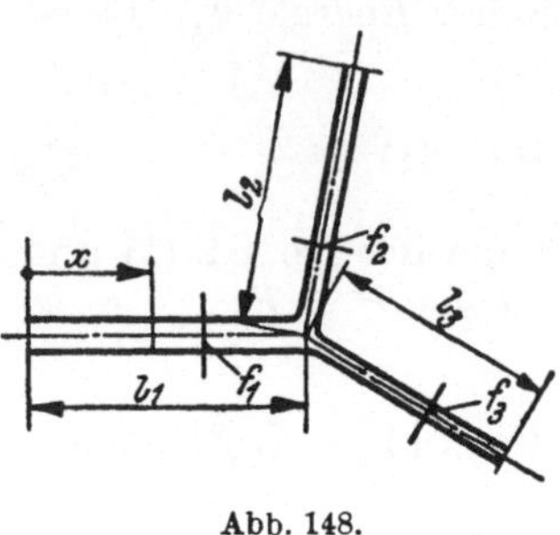

Abb. 148.

Es ist, weil an der Mündung konstanter Druck herrscht, also die Dehnung $\dfrac{dy}{dx}$ der Gassäule dort verschwinden (also ein Schwingungsbauch liegen) muß:

$$y = A \cos 2\pi \frac{x}{\lambda}. \qquad (2)$$

v ist proportional y und ν, somit verkehrt proportional λ, also ist ($C =$ Proportionalitätsfaktor)

$$v = C \frac{A}{\lambda} \cos 2\pi \frac{x}{\lambda}. \qquad (3)$$

p ist negativ proportional der Dehnung $\dfrac{dy}{dx}$ der Gassäule, also nach Gl. (1) ($K =$ Proportionalitätsfaktor)

$$p = \frac{K}{\lambda} A \sin 2\pi \frac{x}{\lambda}. \qquad (4)$$

An der Vereinigungsstelle der Rohre herrscht einheitlicher Druck, also folgt durch Anwendung der Gl. (4) auf die n Rohre:

$$\frac{K}{\lambda} A_1 \sin 2\pi \frac{l_1}{\lambda} = \frac{K}{\lambda} A_2 \sin 2\pi \frac{l_2}{\lambda} = \ldots \frac{K}{\lambda} A_n \sin 2\pi \frac{l_n}{\lambda}$$

$$\text{und} \quad
\left.
\begin{aligned}
A_2 &= A_1 \frac{\sin 2\pi \dfrac{l_1}{\lambda}}{\sin 2\pi \dfrac{l_2}{\lambda}}, \\[2mm]
&\ldots\ldots\ldots\ldots\ldots \\[2mm]
A_n &= A_1 \frac{\sin 2\pi \dfrac{l_1}{\lambda}}{\sin 2\pi \dfrac{l_n}{\lambda}}.
\end{aligned}
\right\} \qquad (5)$$

An der Vereinigungsstelle der Rohre muß der Kontinuität wegen sein $f_1 v_1 + f_2 v_2 + \ldots f_n v_n = 0$, also folgt durch Anwendung von Gl. (3) auf die n Rohre:

$$f_1 \, C \, \frac{A_1}{\lambda} \cos 2\,\pi \, \frac{l_1}{\lambda} + f_2 \, C \, \frac{A_2}{\lambda} \cos 2\,\pi \, \frac{l_2}{\lambda} +$$

$$+ \ldots f_n \, C \, \frac{A_n}{\lambda} \cos 2\,\pi \, \frac{l_n}{\lambda} = 0$$

und daraus

$$f_1 \, A_1 \cos 2\,\pi \, \frac{l_1}{\lambda} + f_2 \, A_2 \cos 2\,\pi \, \frac{l_2}{\lambda} + \ldots f_n \, A_n \cos 2\,\pi \, \frac{l_n}{\lambda} = 0. \quad (6)$$

Einsetzen der Gl. (5) in Gl. (6) gibt

$$f_1 \, \mathrm{ctg} \, 2\,\pi \, \frac{l_1}{\lambda} + f_2 \, \mathrm{ctg} \, 2\,\pi \, \frac{l_2}{\lambda} + \ldots f_n \, \mathrm{ctg} \, 2\,\pi \, \frac{l_n}{\lambda} = 0$$

oder abgekürzt geschrieben:

$$\boxed{\sum f \, \mathrm{ctg} \, 2\,\pi \, \frac{l}{\lambda} = 0.} \quad (7)$$

Die Werte von λ, welche Gl. (7) befriedigen, erhält man praktisch, indem man die Kurve der Funktion $F(\lambda) = \sum f \, \mathrm{ctg} \, 2\,\pi \, \frac{l}{\lambda}$ zeichnet und die Schnittpunkte mit der λ-Achse bestimmt.

Ein Rohr mit abgesetztem Querschnitt ist ein Spezialfall mit $n = 2$.

Ist $l_1 = l_2 = \ldots l_n = l$, dann würde, falls $\mathrm{ctg} \, 2\,\pi \, \frac{l}{\lambda} \lessgtr 0$, die Gl. (7) ergeben $\sum f = 0$; dies ist in Widerspruch damit, daß $f_1 \ldots f_n$ beliebig sein können. Es muß daher im betrachteten Sonderfall sein: $\mathrm{ctg} \, 2\,\pi \, \frac{l}{\lambda} = 0$ oder $2\,\pi \, \frac{l}{\lambda} = \frac{\pi}{2}, \ 3 \, \frac{\pi}{2}, \ 5 \, \frac{\pi}{2} \ldots$, woraus folgt $\lambda = (4\,l), \ 3\,(4\,l), \ 5\,(4\,l) \ldots$.

Im Vereinigungspunkt der Rohre ist dann ein Schwingungsknoten und die Eigenfrequenzen sind von den Querschnittsverhältnissen der Rohre unabhängig.

98. Übung.

Eine ringförmige Scheibe aus elastischem Material ist an ihrer Innenseite festgehalten (Abb. 149) und führt freie Drehschwingungen aus. Wie ist die Scheibe zu profilieren, wenn die Eigenfrequenzen der Drehschwingungen sich wie $1:3:5:\ldots$ verhalten sollen, und wie bestimmen sich diese Frequenzen?

Die auf einem Zylinder vom Radius r liegenden Punkte haben beim größten Schwingungsausschlag, den alle Scheibenpunkte gleichzeitig erreichen, einen dem Winkel φ entsprechenden Weg zurückgelegt. In diesem Augenblick ist bei einer Kreisfrequenz ω der Sinusschwingung die Winkelbeschleunigung

$$\ddot{\varphi} = -\varphi\,\omega^2. \tag{1}$$

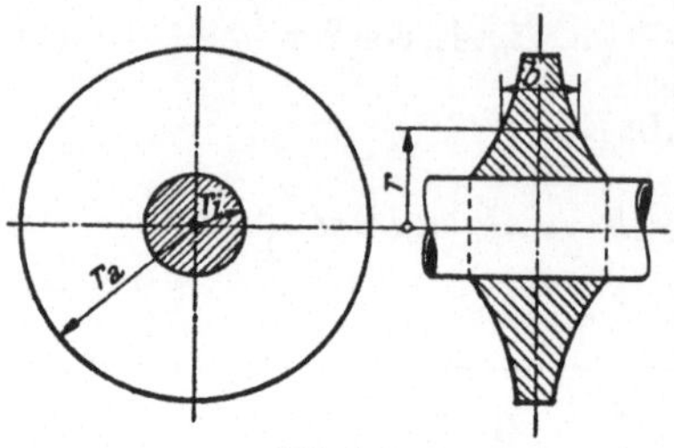

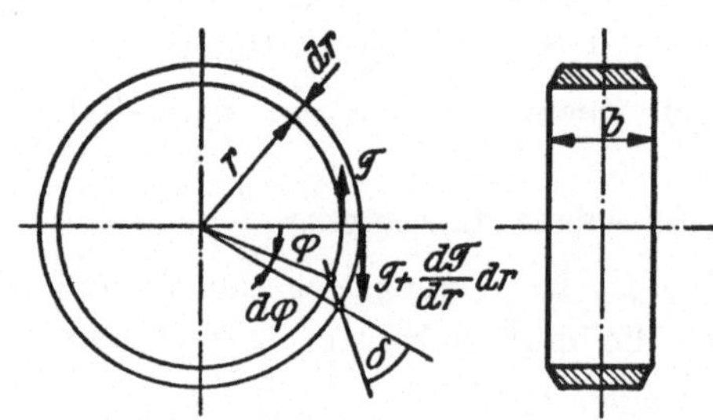

Abb. 149.

Der in Abb. 150 gezeichnete Kreisring hat das Trägheitsmoment

$$dJ = \varrho\,2\,r^3\pi\,b\,dr \tag{2}$$

(ϱ = spezifische Masse); an ihm wirkt innen die Schubspannung τ, somit das Moment $M = 2\pi r^2 b\,\tau$.

Außen wirkt dann $M + \dfrac{dM}{dr}\,dr$ und resultierend daher

$$dM = \frac{dM}{dr}\,dr = 2\,\pi\left(r^2 b\,\frac{d\tau}{dr} + r^2\tau\,\frac{db}{dr} + 2\,r\,b\,\tau\right)dr. \tag{3}$$

Die Schubspannung τ ist mit dem Schiebungswinkel δ verknüpft durch $\tau = \delta\,G$, wo G der Gleitmodul ist; laut Abb. 150 ist $\delta = \dfrac{r\,d\varphi}{dr}$, also

$$\tau = G\,r\,\frac{d\varphi}{dr}. \tag{4}$$

Abb. 150.

Das dynamische Grundgesetz für Drehung lautet für den betrachteten Kreisring $dJ\,\ddot{\varphi} = dM$ und ergibt mit Gl. (1), (2), (3) und (4) schließlich die Gleichung

$$\frac{d^2\varphi}{dr^2} + \frac{d\varphi}{dr}\left(\frac{3}{r} + \frac{\dfrac{db}{dr}}{b}\right) + \frac{\varrho\,\omega^2}{G}\,\varphi = 0. \tag{5}$$

Aus Analogie mit den Längsschwingungen von Stäben z. B. ist zu vermuten, daß von Gl. (5) nur übrigbleiben darf

$$\frac{d^2\varphi}{dr^2} + \frac{\mu\,\omega^2}{G}\,\varphi = 0, \tag{6}$$

damit auch hier die Eigenfrequenzen im Verhältnis $1:3:5:\ldots$ auftreten. Es müßte dann sein:

$$\frac{3}{r} + \frac{\dfrac{db}{dr}}{b} = 0. \tag{7}$$

Das Integral von Gl. (6) lautet mit den Konstanten A, α

$$\varphi = A \sin \left(\omega \sqrt{\frac{\varrho}{G}} \, r + \alpha\right). \tag{8}$$

Grenzbedingungen:

1. Für $r = r_i$ ist $\varphi = 0$.

2. Für $r = r_a$ ist $\tau = 0$, d. h. gemäß Gl. (4) $\dfrac{d\varphi}{dr} = 0$.

Einsetzen der Werte der 1. Grenzbedingung in Gl. (8) ergibt

$$\sin \left(\omega \sqrt{\frac{\varrho}{G}} \, r_i + \alpha\right) = 0$$

oder

$$\omega \sqrt{\frac{\varrho}{G}} \, r_i + \alpha = 0, \pi, 2\pi, \ldots. \tag{9}$$

Mit dem daraus folgenden Wert von α geht Gl. (8) über in

$$\varphi = A \sin \left(\omega \sqrt{\frac{\varrho}{G}} \, [r - r_i] + 0, \pi, 2\pi, \ldots\right).$$

Diese Gleichung wird nach r differenziert:

$$\frac{d\varphi}{dr} = A \omega \sqrt{\frac{\varrho}{G}} \cos \left(\omega \sqrt{\frac{\varrho}{G}} \, [r - r_i] + 0, \pi, 2\pi, \ldots\right).$$

Hierin werden die Werte der 2. Grenzbedingung eingesetzt; es folgt

$$\cos \left(\omega \sqrt{\frac{\varrho}{G}} \, [r_a - r_i] + 0, \pi, 2\pi, \ldots\right) = 0,$$

d. h.

$$\omega \sqrt{\frac{\varrho}{G}} \, [r_a - r_i] + 0, \pi, 2\pi, 3\pi, \ldots = \frac{\pi}{2}, 3\frac{\pi}{2}, 5\frac{\pi}{2}, \ldots,$$

oder

$$\omega = (1, 3, 5, \ldots) \frac{\pi}{2} \frac{\sqrt{\dfrac{G}{\varrho}}}{r_a - r_i}.$$

Somit sind tatsächlich die Eigenkreisfrequenzen die ungerad-

zahligen Vielfachen der Grundkreisfrequenz $\boxed{\dfrac{\pi}{2} \dfrac{\sqrt{\dfrac{G}{\varrho}}}{r_a - r_i}}$.

Das Scheibenprofil ergibt sich durch Integration von Gl. (7) zu $\boxed{b\,r^3 = \text{konst.}}$.

99. Übung.

Auf einen Ring (Abb. 151a) werden radiale Kräfte ausgeübt, und zwar kommt auf die Längeneinheit seines mittleren Umfanges

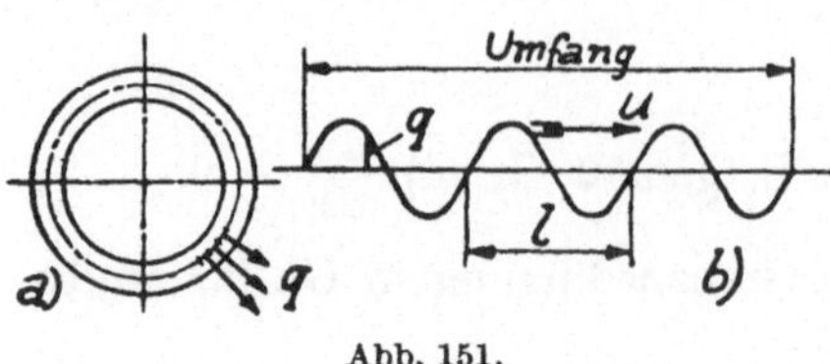

Abb. 151.

die Belastung q. In jedem Augenblick ist der Verlauf von q längs des Umfanges sinusförmig, wie die Abwicklung Abb. 151b zeigt, wobei immer eine ganze Zahl von Sinuswellen der Länge l auf den Umfang entfällt. Die Kurve der augenblicklichen Verteilung von q läuft mit der gleichförmigen Geschwindigkeit u um. Verformung und Beanspruchung des Ringes sind zu bestimmen.

Ganz ähnlich wie hier liegen die Verhältnisse beim Statorring einer elektrischen Synchron- oder Asynchronmaschine, auf den der umlaufende Magnetzug wirkt. Unter einer gewissen radialen Stärke des Ringes im Verhältnis zu seinem Durchmesser und wenn die Zahl der Sinuswellen, die auf den Ring entfällt, nicht allzu gering ist, spielt die Krümmung desselben keine wesentliche Rolle, und daher stellt man sich im vorliegenden Fall am besten einen Ring von unendlichem Durchmesser oder einen unendlich langen geraden Stab vor. Der Querschnitt sei f, das Biegeträgheitsmoment J, die spezifische Masse (Dichte) des Materials ϱ, dessen Elastizitätsmodul E. Längs der Stabachse mögen die Entfernungen x heißen, die Querabweichungen des Stabes von einer spannungslosen Ausgangslage y. Die Zeit heiße t. Abb. 152 zeigt ein Element des Stabes und die darauf einwirkenden Kräfte und Kräftepaare. An den Enden herrschen die Querkräfte Q und

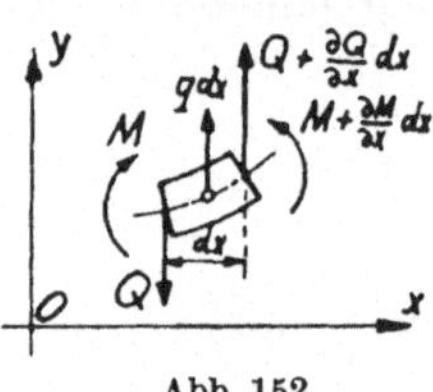

Abb. 152.

$Q + \dfrac{\partial Q}{\partial x}\,dx$ sowie die Biegemomente M und $M + \dfrac{\partial M}{\partial x}\,dx$. Die Masse des Elementes ist $dm = f\,\varrho\,dx$, sein körperliches Trägheitsmoment um die Schwerachse senkrecht zur Bewegungsebene $dJ_K = J\,\varrho\,dx$. Bewegungsgleichung des Elementes für die Richtung y:

$$f\,\varrho\,dx\,\frac{\partial^2 y}{\partial t^2} = q\,dx + \left(Q + \frac{\partial Q}{\partial x}\,dx\right) - Q$$

oder

$$\frac{\partial^2 y}{\partial t^2}\,f\,\varrho = q + \frac{\partial Q}{\partial x}. \tag{1}$$

Bewegungsgleichung des Elementes für seine Drehung um den Schwerpunkt:

$$J \varrho\, dx\, \frac{\partial^2}{\partial t^2}\left(\frac{\partial y}{\partial x}\right) = \left(M + \frac{\partial M}{\partial x}\right) dx - M + Q\, dx$$

oder

$$\frac{\partial^3 y}{\partial t^2\, \partial x}\, J \varrho = Q + \frac{\partial M}{\partial x}. \qquad (2)$$

Für die Deformation bei Biegung besteht die Gleichung

$$\frac{\partial^2 y}{\partial x^2} = \frac{M}{E\,J}. \qquad (3)$$

Nach Differenzieren von Gl. (2) nach x kann unter Zuhilfenahme von Gl. (1) Q eliminiert werden:

$$\left(\frac{\partial^4 y}{\partial t^2\, \partial x^2}\, J - \frac{\partial^2 y}{\partial t^2}\, f\right) \varrho = \frac{\partial^2 M}{\partial x^2} - q. \qquad (4)$$

Nach zweimaligem Differenzieren von Gl. (3) kann unter Zuhilfenahme von Gl. (4) $\dfrac{\partial^2 M}{\partial x^2}$ eliminiert werden:

$$\frac{\partial^4 y}{\partial x^4} + \frac{f}{J}\, \frac{\varrho}{E}\, \frac{\partial^2 y}{\partial t^2} - \frac{\varrho}{E}\, \frac{\partial^4 y}{\partial t^2\, \partial x^2} = q/EJ. \qquad (5)$$

Nach einem eventuellen Vorgang des Sich-Einspielens wird sich das Bild des Verlaufes von y mit der Geschwindigkeit u der Stabachse entlang bewegen, wie Abb. 153 zeigt. Ihre Betrachtung ergibt (ähnlich wie in der 92. Übung)

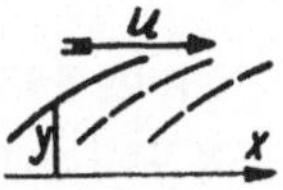

Abb. 153.

$$\frac{\partial y}{\partial t} = - \frac{u\, dt\, \dfrac{\partial y}{\partial x}}{dt} = - u\, \frac{\partial y}{\partial x}. \qquad (6)$$

Da nicht nur das Bild von y, sondern natürlich auch das der Steigung von y mit u dem Stab entlang läuft, gilt in Analogie zu Gl. (6):

$$\frac{\partial\left(\dfrac{\partial y}{\partial x}\right)}{\partial t} = - u\, \frac{\partial\left(\dfrac{\partial y}{\partial x}\right)}{\partial x} = - u\, \frac{\partial^2 y}{\partial x^2}.$$

Hierin wird $\dfrac{\partial y}{\partial x}$ aus Gl. (6) eingesetzt:

$$\frac{\partial\left(\dfrac{\partial y}{\partial x}\right)}{\partial t} = \frac{\partial}{\partial t}\left(-\frac{1}{u}\, \frac{\partial y}{\partial t}\right) = -\frac{1}{u}\, \frac{\partial^2 y}{\partial t^2} = - u\, \frac{\partial^2 y}{\partial x^2}$$

oder

$$\frac{\partial^2 y}{\partial t^2} = u^2\, \frac{\partial^2 y}{\partial x^2}. \qquad (7)$$

184 Elastische Schwingungen und Wellen.

Derselbe Gedankengang führt zu

$$\frac{\partial^4 y}{\partial t^2\,\partial x^2} = \frac{\partial^2}{\partial t^2}\left(\frac{\partial^2 y}{\partial x^2}\right) = u^2\,\frac{\partial^2}{\partial x^2}\left(\frac{\partial^2 y}{\partial x^2}\right) = u^2\,\frac{\partial^4 y}{\partial x^4}.$$

Die letzte Beziehung und Gl. (7) werden in Gl. (5) berücksichtigt:

$$\frac{\partial^4 y}{\partial x^4}\left(1 - \frac{\varrho}{E}\,u^2\right) + \frac{\partial^2 y}{\partial x^2}\,\frac{f}{J}\cdot\frac{\varrho}{E}\,u^2 = q/E\,J.$$

Der getroffenen Annahme entsprechend ist $q = q_{max}\,\sin 2\,\pi\,\dfrac{x}{l}$.

Mit der Schallgeschwindigkeit c im Stabmaterial ist $\dfrac{\varrho}{E} = \dfrac{1}{c^2}$.

Mit dem entsprechenden Trägheitsradius r ist $\dfrac{f}{J} = \dfrac{1}{r^2}$. Alles dies gibt:

$$\frac{\partial^4 y}{\partial x^4}\left[1 - \left(\frac{u}{c}\right)^2\right] + \left(\frac{1}{r}\,\frac{u}{c}\right)^2\frac{\partial^2 y}{\partial x^2} = \frac{q_{max}}{E\,J}\,\sin 2\,\pi\,\frac{x}{l}.$$

Da es sich um Biegebeanspruchung handelt, führt man zweckmäßig als neue Variable $\dfrac{\partial^2 y}{\partial x^2} = \varkappa$ ein, weil sie [Gl. (3)] dem Biegemoment proportional ist.

$\varkappa$ gibt für flach verlaufende Biegungen die Krümmung an. Mit $\varkappa$ und der Abkürzung $\dfrac{\partial^2 \varkappa}{\partial x^2} = \varkappa''$ wird

$$\varkappa''\left[1 - \left(\frac{u}{c}\right)^2\right] + \varkappa\left(\frac{1}{r}\,\frac{u}{c}\right)^2 = \frac{q_{max}}{E\,J}\,\sin 2\,\pi\,\frac{x}{l}.$$

Denkt man an praktische Fälle, dann ist $\left(\dfrac{u}{c}\right)^2$ gegen 1 zu vernachlässigen ($c \approx 5000$ m/sec in Metallen). Man bekommt dann

$$\varkappa'' + \varkappa\left(\frac{1}{r}\,\frac{u}{c}\right)^2 = \frac{q_{max}}{E\,J}\,\sin 2\,\pi\,\frac{x}{l}.$$

Das Integral davon lautet (siehe die Ausführungen zur 31. Übung):

$$\varkappa = A\,\sin\left(\frac{1}{r}\,\frac{u}{c}\,x + \alpha\right) + \frac{q_{max}/E\,J}{\left(\dfrac{1}{r}\,\dfrac{u}{c}\right)^2 - \left(\dfrac{2\,\pi}{l}\right)^2}\,\sin 2\,\pi\,\frac{x}{l},$$

wobei A und α Integrationskonstante sind.

Für $q_{max} = 0$ wird

$$\varkappa = A\,\sin\left(\frac{1}{r}\,\frac{u}{c}\,x + \alpha\right).$$

Der Lösungsanteil $A \sin\left(\dfrac{1}{r}\,\dfrac{u}{c}\,x + \alpha\right)$ hat somit nichts mit den quer zum Stab auftretenden Kräften q zu tun und braucht daher hier nicht berücksichtigt zu werden. (Er zeigt an, daß ohne solche Kräfte sinusförmige Ausbiegungen gleichförmig längs des Stabes laufen können, wobei die Wellenlänge gleich $2\,\pi\,r\,\dfrac{c}{u}$, genauer $2\,\pi\,r\,\sqrt{\left(\dfrac{c}{u}\right)^2 - 1}$ ist.) Also ist maßgebend

$$\varkappa = \frac{q_{\max}/E\,J}{\left(\dfrac{1}{r}\,\dfrac{u}{c}\right)^2 - \left(\dfrac{2\,\pi}{l}\right)^2}\,\sin 2\,\pi\frac{x}{l}. \tag{8}$$

Demnach gibt die Sinuslinie, welche q darstellt, in anderem Maßstab auch den Verlauf der Stabkrümmung an. Gl. (8) ergibt $\varkappa = \infty$ für $\dfrac{1}{r}\,\dfrac{u}{c} = \dfrac{2\,\pi}{l}$ oder $u = 2\,\pi\,\dfrac{r}{l}\,c$ oder $l = 2\,\pi\,r\,\dfrac{c}{u}$. Es entsteht dann eine einer Resonanz ganz ähnliche Erscheinung, die, wenn nicht Dämpfungen wirken, zum Bruch führt.

100. Übung.

In der 99. Übung ergab sich, daß sich in einem in der Länge unbegrenzten Stab ein Ausbiegungszustand von Sinuslinienform gleichmäßig mit einer Geschwindigkeit u fortbewegt, die mit der Länge λ der Sinuslinie im Zusammenhang $\dfrac{u}{c} = \dfrac{2\,\pi\,r}{\lambda}$ steht. Man versuche, auf den Schwingungszustand eines endlich langen Stabes zu kommen, indem man die Fortschreitungen von zwei Sinuslinien gleicher Länge l und gleicher Amplitude A in entgegengesetzten Richtungen überlagert.

Die beiden Ausbiegungen befolgen *einzeln* das Gesetz

$$y = A \sin 2\,\pi\,\frac{x + u\,t}{\lambda} \quad \text{und} \quad y = A \sin 2\,\pi\,\frac{x - u\,t}{\lambda}.$$

Die Überlagerung ergibt

$$y = A\left[\sin 2\,\pi\,\frac{x + u\,t}{\lambda} + \sin 2\,\pi\,\frac{x - u\,t}{\lambda}\right].$$

Trigonometrische Umformung und das Einsetzen von $u = \dfrac{2\,\pi\,r\,c}{\lambda}$ führt auf

$$y = 2\,A \sin 2\,\pi\,\frac{x}{\lambda}\cdot\cos 4\,\pi^2\,\frac{r\,c}{\lambda^2}\,t. \tag{1}$$

Man sieht: 1. Stabpunkte, für welche

$$2\,\pi\,\frac{x}{\lambda} = \pi,\ 2\,\pi,\ 3\,\pi \dots \quad \text{oder} \quad x = \frac{\lambda}{2},\ x = 2\,\frac{\lambda}{2},\ x = 3\,\frac{\lambda}{2}\dots$$

bleiben dauernd in Ruhe und benachbarte solcher, sogenannter Knotenpunkte stehen voneinander um $\frac{\lambda}{2}$ ab. 2. In jedem Augenblick ist die Ausbiegung sinuslinienförmig. 3. Alle Stabpunkte schwingen harmonisch und untereinander in gleicher Phase.

Man erhält sogenannte stehende Wellen (Abb. 154) mit dem Größtausschlag $a = 2\,A$.

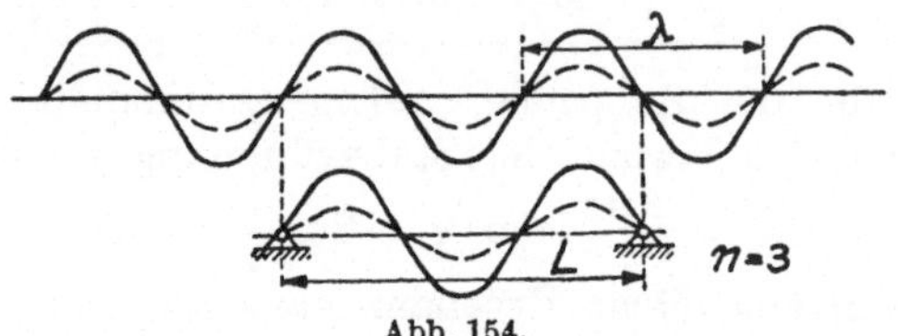

Abb. 154.

In den Knoten ist dauernd die Stabkrümmung gleich null, daher auch das Biegemoment. Somit ändert sich für einen Stabteil zwischen zwei (oder mehreren) Knoten nichts, wenn die benachbarten Stabteile weggelassen und an die Knotenstellen an den Stabenden zwei feste Auflager gesetzt werden.

Man hat somit die Schwingung eines an den Enden aufgelagerten Stabes, dessen Ausbiegungen im Ruhezustand sinusförmig verlaufen. Aus Gl. (1) ergibt sich im einfachsten Fall, der sogenannten Grundschwingung, bei der λ gleich der doppelten Stablänge L ist, und wenn $2\,A = a$ eingeführt wird:

$$y = a \sin \pi\,\frac{x}{L} \cdot \cos \pi^2\,\frac{r\,c}{L^2}\,t. \tag{2}$$

Die Ausbiegung im Ruhezustand ist also $y_r = a \sin \pi\,\frac{x}{L}$ und die Schwingungsdauer

$$T = \frac{2\,L^2}{\pi\,r\,c}. \tag{3}$$

Ist die Ausbiegungsform im Ruhezustand beliebig, dann zerlegt man sie nach Ergänzung zur vollen Periode in Harmonische, verfolgt die entsprechenden Einzelschwingungen und setzt sie wieder zur tatsächlichen Schwingung zusammen.

Die Länge der stehenden Welle der $n$ten Harmonischen ist (Abb. 154)

$$\lambda_n = \frac{2\,L}{n}.$$

In Gl. (1) eingesetzt, wird mit $2\,A = a_n$

$$y_n = a_n \sin n\,\pi\,\frac{x}{L} \cdot \cos n^2\,\pi^2\,\frac{r\,c}{L^2}\,t$$

und daraus folgt die Schwingungsdauer der $n$ten Harmonischen zu

$$T_n = \frac{2\,L^2}{n^2\,\pi\,r\,c} = \frac{T}{n^2}.$$

Manzsche Buchdruckerei, Wien IX.